地方应用型本科教学内涵建设成果系列丛书

江苏省教育厅高等教育教学改革项目"基于CDIO的食品感官评价项目化教学研究与实践"（2013JSJG105）
常熟理工学院教育教学改革重点项目"基于CDIO理念的食品感官科学项目化教学改革"（CITJGIN201303）
常熟理工学院教学团队培育项目（食品安全与品质控制教学团队，JXNH2014115）

食品感官评价
项目化教程

编 者　陈梦玲　权　英　詹月华

南京大学出版社

图书在版编目(CIP)数据

食品感官评价项目化教程 / 陈梦玲，权英，詹月华
编. 一 南京 : 南京大学出版社，2016.12(2019.6 重印)
（地方应用型本科教学内涵建设成果系列丛书）
ISBN 978 - 7 - 305 - 17937 - 2

Ⅰ. ①食… Ⅱ. ①陈… ②权… ③詹… Ⅲ. ①食品感
官评价－高等学校－教材 Ⅳ. ①TS207.3

中国版本图书馆 CIP 数据核字(2016)第 289802 号

出版发行　南京大学出版社
社　　址　南京市汉口路 22 号　　　　邮　编　210093
出 版 人　金鑫荣

丛 书 名　地方应用型本科教学内涵建设成果系列丛书
书　　名　**食品感官评价项目化教程**
编　者　陈梦玲　权 英　詹月华
责任编辑　刘 飞　蔡文彬　　　　编辑热线　025 - 83592146

照　　排　南京南琳图文制作有限公司
印　　刷　虎彩印艺股份有限公司
开　　本　718×960　1/16　印张 19.75　字数 355 千
版　　次　2016 年 12 月第 1 版　2019 年 6 月第 2 次印刷
ISBN 978 - 7 - 305 - 17937 - 2
定　　价　49.00 元

网址：http://www.njupco.com
官方微博：http://weibo.com/njupco
微信服务号：njuyuexue
销售咨询热线：(025) 83594756

前　言

食品感官评价自 20 世纪 90 年代进入我国的食品类专业教学体系，便得到迅速发展，形成了较为完善的理论和实践体系，已成为食品科学的一个重要研究领域，并成为食品企业进行新产品开发、工艺改进、成分替换、市场预测、品质检验及质量控制等工作的重要手段之一。

本书是依据食品质量与安全、食品科学与工程等相关专业的教学基本要求，全面贯彻 CDIO 工程教育理念〔CDIO 是指构思（Conceive）、设计（Design）、实现（Implement）和运作（Operate），它以产品研发到产品运行的生命周期为载体，让学生以主动的、实践的方式学习工程的理念〕，以食品感官评价的典型任务为载体，构建项目化学习情境，将课程知识点根据真实情境能力需求重构，强化项目导向的"教、学、做"一体化的教与学，以充分调动学生学习的主动性、探究性与创造性。

本教材体现了地方应用型本科高校"注重学理，亲近业界"的人才培养理念，以行业需求为本位重构了应用性本科人才"素质、知识与能力"的结构，注重知识的复合性、现时性和应用性，以培养学生综合运用理论知识和方法解决实际问题的综合能力和实践能力为主，特别强调技术创新能力。本书可以作为食品质量与安全、食品科学与工程、保健品开发、日化工程（工艺）等专业本科生的教材或教学参考书，也可供食品及日化产品企业市场开发、品质控制、新产品开发人员参考。

由于编者水平有限，书中难免存在不足及疏漏之处，敬请读者批评指正。

编　者
2016 年 8 月

目　录

第三部分 综合创新篇

第一部分　基础知识篇

项目 1　食品感官评价概述

　　感官评价(Sensory Evaluation)在工业中是一个新兴事物。20 世纪下半叶,随着加工食品和消费品工业的扩展,感官评价领域的教学、科研与技术应用迅速地成长起来。感官评价包含了一系列精确测定人对食品及其他工业消费品反应的技术,通过这些技术可以把对某种特殊品牌中存在的潜在偏见效应和一些相关信息对消费者感觉的影响降低到最小程度,同时通过解析食品及其他工业消费品本身的感官特性向产品开发者、食品科学家与管理人员提供其产品感官特性的信息。

一、食品感官评价定义

　　食品感官科学是现代食品科学中最具特色的学科分支之一,是通过应用现代多学科理论与技术的交叉手段系统研究人类感官与食物相互作用的形式与规律的一门学科。食品感官科学的核心表现形式是食品感官品质,基本的科学方法是食品感官评价(Sensory Evaluation of Food),基本内容包括食品感官品质的内涵、分析评价理论与方法、理化测定技术、工艺形成、消费嗜好等食品科学和消费科学的基本问题。

　　食品感官评价是用于唤起(evoke)、测量(measure)、分析(analyze)和解释(interpret)通过视觉(sight)、嗅觉(smell)、味觉(taste)和听觉(hearing)而感知到的食品及其他物质的特征或者性质的一种科学方法。该定义由美国食品科技专家学会(Institute of Food Technologists, IFT)感官评价小组于 1975 年提出,其原文为"Sensory evaluation is a scientific discipline used to evoke, measure, analyze and interpret reactions to those characteristics of food and materials as they perceived by the senses of vision, smell, taste, touch and hearing"。换而言之,食品感官评价是人们利用感觉器官通过看、听、闻、品尝和触觉等方式对所评价的食品进行感觉、分析和理解,最终对产品的质量状况做出客观的评价。其中用得最多的是味觉和嗅觉,即通过人的鼻子和口腔对产品进行感觉。而且感官分析还须借助一些特定的软件或程序对结果进行统计、分析、处理,最终得到一个对某食品比较系统完整的评价结果。

　　从定义可以看出,食品感官评价是以科学的方法,使人能够成为客观的检测食品感官品质的工具,最初的食品感官评价定义限定在食品领域,随着该技术在生产过程中的应用,到 1993 年,美国食品科学家 Herbert Stone 和 Joel Sidel 将该定义中的食品扩展到了产品,如对人类五官有刺激的化妆用品、洗涤用品、纺织品或印刷品等其他生活用品。因此,感官评价就是以人为工具,利用客观方法收集产品对人类产生的刺激的感官反应,以得到或推测消费者对产品的反应。基于上述特点,感官科学实际是现代科学中最具特色的学科分支之一,是融合了食品科学(或化妆品、纺织品、印刷品等专业科学)、生理学、心理学、统计学等现代多学科理论与技术来研究人类感官与产品相互作用的形式与规律的一门学科,其应用极为广泛。

感官评价的原理和实践包括以下四种活动:

第一是"唤起"。感官评价提出了应在一定的控制条件下制备和处理样品以使偏见因素最小这一原则。例如,感官评价者通常应在单独的品尝室(booth)中进行品尝或检验以便得出他们个人的判断,而不会反映周围的观点。被品尝的样品应进行随机编号,以使人们得出的判断来自自身的感官体验,而不受编号影响。另外,应使产品以不同的顺序提供给受试者,以帮助测量和平衡因连续地检验产品所引起的连续效应。对于样品的温度、体积和间隔时间应建立标准的操作程序,以控制意外的变化和提高检验精度。

第二是"测量"。感官评价是一门定量的科学,通过采集数据,在产品性质和人的感知之间建立合理的、特定的联系。感官分析方法主要来自行为研究方法,通过观察和测量人反应的方式来研究。例如,我们可以估计人们能分辨产品微小变化的次数的比例或者是一组受试者中偏爱一种产品的比例。又如,可以使人们产生数量化的反应,以表示他们对于一种产品尝起来或闻起来个人的感受有多么强烈。对于应该采用多少种测量方法以及其潜在的缺点和适用范围,行为研究的方法与实验心理学可为其提供方向。

第三是"分析"。合理的数据分析是感官评价的重要部分。感官评价中人被作为测量工具,而通过人的观察而产生的数据经常会有很大的变动。造成人对同一事物的反应不同有很多原因,这些在感官评价中难以完全控制。例如,参与者的情绪和动机,对感官刺激的生理敏感性以及过去的经历和对类似产品的熟悉程度。虽然针对这些因素有一些筛选方法,但也可能只是部分地控制了这些因素,一个检验小组的成员由于其自身的特性,就像是一个为了产生数据来源不同的仪器。为了评估观察得到产品性质和感官反应间的联系,可能是真实的而不仅仅是不可控制的反应变化的结果,可以采用统计方法来分析评价数据。一个好的实验设计应考虑到综合运用各种统计方法,使各种影响因素得到控制,从而获得合理的实验结论。

第四是"解释"。感官评价本质上是一项实验。在实验中,数据和统计信息是在解释假设、背景知识、结论的含义和应采取措施的过程中唯一有用的内容。所下的结论必须是基于数据、分析和实验结果而得到的合理判断。结论包括所采用的方法、实验的局限性以及研究的背景和前后框架。感官评价专家不仅仅只是给出实验结果,专家们必须给出解释并根据数据提出合理的措施。为指导进一步的研究,他们与顾客——实验结果的最终使用者应该是真正的伙伴。感官评价的专业人员在认识实验结果的合理解释及广大消费者对产品的感受时处于最好的地位,而对于消费者,这些结果可能并无特殊意义。感官评价专家也应该清楚该评价过程存在哪些局限性。以上所述都将有助于对评价实验结果的解释。

二、食品感官评价的发展

自从人类学会了对衣食住行所用的消费品进行好与坏的评价以来,就有了感官评价的启蒙。从神农尝百草,到现代人类日常生活中以看、闻、尝、摸等动作来决定食品或其他物品的品质状况,都是最基本的简单的感官评价,其依赖的是个人的经验积累与传承。长期以来,许多食品感官评价技术一直用于品评香水、精油、香料、咖啡、茶、酒类及香精等产品的感官特性,其中以酒类的感官评价历史最为悠久。

在传统消费品行业中,大部分的商品品质完全依赖具有多年经验的少量专家意见来判定,如香水专家、风味专家、酿酒专家、焙烤专家、咖啡和茶叶的品尝专家等。但是,随着食品科技进步,以师傅教徒弟方式培养专家的速度跟不上食品工厂与产量增加的速度,同时统计学的缺乏使得专家的质量及其他人的意见逐步失去了代表性,更为重要的是这些专家疲于应付的意见无法真正反映出消费者的意见。1931 年 Platt 提出产品的研发不可忽视消费者接受性的重要性,并且提出应该废除超权威的专家,以真正具有品评能力的一群评评员,来参与品评工作才更具有科学性。在 20 世纪 30 年代,发展出了许多新的食品感官评价方法,并朝着科学化方向迈进,如评分法、标准样品的使用等。

在 20 世纪中叶,美国政府要求提供可接受性的食物给军队。美军食品与容器研究所进行了大量关于食品接受性的研究工作,许多科学家开始思索如何收集人们对物品的感官反应以及形成这些反应的生理基础,同时发展出了测量消费者对食品喜爱性及接受性的评分方法,如 7 分评分法与 9 分评分法等,并对差异检验法(difference test)做了综合性整理与归纳,详细说明了比较法、三角法、稀释法、评分法、顺位法等感官评价方法的优劣。在20世纪50年代,科学家发表了更多更具体的感官评价方法,如评价员的选择与训练方法、试验结果的统计分析方法、品评结果与物理化学测量结果相关性研究等。

到了20世纪80年代,感官评价技术蓬勃发展,越来越多的企业成立感官评价部门,建立评价小组,如欧洲与美国大型食品企业:Nestle、Danone、Coca Cola、Pepsi、Frito-Lay、General Mills、Quaker、Nutrasweet、FMC等都拥有自己庞大的感官评价实验室用于新产品研发。各大学成立相关研究部门并纳入高等教育课程,感官评价成为食品科学领域五大学科领域(食品化学、食品工程、食品微生物、食品加工、食品感官评价)之一,如:美国加州大学戴维斯分校(Davis,University of California System)、法国南锡(Nancy)大学、杜尔(Tours)大学等,又如由私募基金资助的大型科研单位如美国莫内尔化学感觉中心(Monell Chemical Senses Center)、法国的欧洲嗅味觉中心(European Center for Taste and Smell)等。美国标准检验方法(ASTM)中也出现了感官评价实施标准(Committee E-18)。

进入21世纪以来,感官科学与感官评价技术不断融合其他领域的知识,如统计学家引入更新的统计方法及理念、心理学家或消费行为学家开发出新的收集人类感官反应的方法及心理行为观念、生理学家修正收集人类感官反应的方法等,通过逐步融合多学科知识,才发展成为今日之感官科学;在技术方面,则不断同新科技结合发展出了更准确、快速或方便的方法,如计算机自动化系统(Computer-auto system)、气相层析嗅闻技术(GC-sniffing or GC Olfactometry)、时间-强度研究(time-intensity study)等。

目前在欧美形成了若干国际交流与合作平台。每两年举行一次的Panborn Symposium被认为是感官评价技术领域里最重要的国际会议,侧重于感官评价技术应用层面,一般是一次在美国,一次在欧洲轮流举行。欧洲嗅味觉科学研究组织(European Chemoreception Research Organizations, ECRO)每两年举行一次的国际会议被认为是学术水平最高的化学感觉会议。另外主要由美国科学家组成的化学感觉科学协会(Association for Chemoreception Sciences, AChemS)每年举行一次年会,每四年召开一次世界性的化学感觉会议(International Society on Olfaction and Taste, ISOT),轮流和欧洲嗅味觉科学研究组织或和日本的嗅味觉会议(Japanese Symposium on Taste and Smell, JASTS)共同举办。以上这些国际交流平台的构建为食品感官科学与食品感官评价技术的交流与传播发挥了重要作用。

综上所述,感官评价技术的应用目前已超出食品范围,已经普及到汽车制造业(如法国的雷诺汽车就有针对汽车内的设计及气味进行感官品评实验室)、纺织业、化妆品制造业、医疗卫生、环保等多方面。

三、食品感官评价的范围

食品的感官评价最早应用于食品的评比上,例如,饮料酒的品评鉴定,我国称为评酒,在国内外文献中则有不同的名称,就像对饮料酒的品评、品尝、感官检查等,其实都是对饮料酒的感官评价或感官评比。对其他食品也是一样,例如,罐头食品评比、饼干评比、烹饪评比等。

对于广大消费者,甚至包括儿童,食品的感官评价鉴定则是择食的最基本的手段,我们每天都在自觉或不自觉地做着对每一件食品的感官检查,这也是人类和动物的最原始、最实用的自我保护的一种本能。由于人类的某些功能已经退化,这种择食本能的可靠性已经降低了,然而对于动物,这仍是它们生存的最可靠的本能。人类很容易因辨别力的退化而造成食物中毒,我们只能由知识和经验来判断,而动物因其保留了高度的感觉敏感性,在复杂的自然界中它们很少发生食物中毒的情况,例如,兔子不会采食毒蘑菇,牛不吃蕨类植物。

在现代,食品感官评价更多地被食品开发商应用于商业利益和战略决策方面,例如,市场调查、消费群体的偏爱、工艺或原材料的改变是否对产品的质量产生影响,一种新产品的推出是否会受到更多消费者的喜欢等。

食品感官评价除了在产品开发中有明显的应用外,还可以给其他部门提供信息。产品质量的感官标准是质量控制体系的一个重要组成部分。例如,工商管理人员在查处假冒伪劣食品时,最快速直接的方法就是感官鉴别,因为食品质量的好坏,首先表现在感官性状的变化上,有些食品在轻微劣变时精密仪器也难以检出,但通过人体的感觉器官却可以判断出来。

四、食品感官评价的规则

我国自 1988 年开始,相继制订和颁布了一系列食品感官分析方法的国家标准,包括《感官分析方法总论》(GB/T 10220—1988),《食品分析术语》(GB/T 10221—1998),感官分析的各种方法(GB/T 12310~12316—1990),以及感官分析评价员(简称评价员或评价员)的培训与考核(GB/T 14195—1993)和建立感官分析实验室的一般导则(GB/T 13868—1992)等。目前,我国及国际标准化组织已对感官分析中常用检验(差别检验、描述性分析、情感试验)颁布了 14 项相关标准。对食品主要感官特性(颜色、质地、风味)的评价建立了通用的标准方法。同时,我国国家及行业部门还针对酒、饮料、烟草、罐头、茶叶、粮食及其制品、调味料等不同产品颁布了产品感官评价专用方法标准。这些标准一般都是参照或等效相关的国际标准(ISO),具有较高的权威性和可比性,对推进和规范我国的感官分析方法起到了重要作用,也是执行感官分析的法律依据。具体标准会在后续内容中陆续涉及,特别是在第三部分综合创新篇的项目 1 中有相关标准方法的分类与概括,可供读者参考。

项目 2　食品感官属性

食品感官评价是一门不精确的科学,只有在完全了解食品感官属性的物理化学因素以后才能进行实验的设计,即便如此,实验后得到的结果也可能有多种解释。只有学习了食品感官属性的真正本质及感官识别的方法,我们才能减少对实验结果的曲解。人的感觉器官主要有眼、鼻、耳、舌、皮肤5种,与之所对应的人的感觉也有5种类型,分别是视觉、嗅觉、听觉、味觉和皮肤觉。食品的感官属性,就是食品直接作用于人的5种感觉器官,通过大脑分析而获取的食品属性或特征。按照获取它们顺序,分为以下五个方面:

(1) 外观;

(2) 气味/香气/香味;

(3) 黏度、均匀性与质地;

(4) 风味(芳香、味道和化学感觉);

(5) 咀嚼时的声音。

这些感官属性的种类是按照感官属性识别方式的不同来划分的。其中,"风味"是食品在嘴里经由化学感官所感觉到的一种复合印象,它不包括外观和质构。"芳香"是食物在咀嚼时产生的挥发性物质,它是通过后鼻腔的嗅觉系统识别的。但是,在获取过程中,这些感官属性大多数(甚至所有的)都会有部分重叠,因此,评价员感受到的几乎是所有感官属性印象的混合,未经培训的评价员很难对每一种感官属性做出一个独立的评价。

一、外观

外观通常是决定我们是否购买一件商品的唯一属性,例如表面的外观粗糙程度、表面印痕的大小和数量、液体产品容器中沉淀的密度和数量等。对于这些简单而具体的品质,评价员几乎不需要经过特殊训练,就能够很容易对产品的相关属性进行描述和介绍。

外观属性通常包括:

(1) 颜色

一种包括身体和心理因素的现象。眼睛对波长在 400~500 nm(蓝色)、500~600 nm(绿色和黄色)、600~800 nm(红色)的视觉感知通常是根据孟塞尔(Munsell)颜色体的色调(H)、数值(V)和色度(C)3个品质来描述的。孟塞尔颜色体用立体模型来表示物体表面色的亮度、色调和饱和度,并作为颜色分类和标定的体系方法。食品变质通常会伴随着颜色的改变。

（2）大小和形状

长度、厚度、宽度、颗粒大小、几何形状（方形、三角形、椭圆形等）；大小和形状在一定程度上可以反映产品的优劣。

（3）表面质地

表面的特性,例如:有光泽或暗淡、粗糙还是平滑、干燥还是湿润、柔软或坚硬、易碎或坚韧等。

（4）澄清度

透明液体、固体的浑浊或澄清程度,是否存在肉眼可见的颗粒。

（5）碳酸的饱和度

指充气饮料或酒类倾倒时产气的情况,可以通过专门的仪器 Zahm-Nagel 测试仪（二氧化碳测定仪）测试,并通过表 1.2－1 来判断。

表 1.2－1　碳酸饱和度的判断

碳酸饱和度	起泡程度	示　　例
<1.5	无	不充气饮料
1.5～2.0	轻	果汁饮料
2.0～3.0	中	啤酒、苹果酒
3.0～4.0	重	软饮料、香槟

二、气味/香气/香味

当样品的挥发性物质进入鼻腔时,它的气味就会被嗅觉系统所识别。气味的感知是需要鼻子来嗅的。在感官评价中,食物的气味通常叫作香气,化妆水和香水的气味称之为香味。而芳香通常代表食品在口腔时通过嗅觉系统所识别的挥发性香味物质。

从食品中逸出的挥发性成分受温度和食物本身的影响,物质的蒸气压随温度变化呈指数增加:

$$\lg p = -0.052\,23a/T + b + 2.125$$

式中,p 是大气压力;T 是绝对温度;a 和 b 为物质常数。挥发性还受表面情况的影响,在一定温度下,从柔软、多空、湿度大的表面逸出的挥发性成分比坚硬、平滑、干燥的表面逸出的多。

许多气味只有在食物被切割并发生酶促反应时才会产生，比如洋葱。气味分子必须通过气体的运输，可以是空气、水蒸气或工业气体，被感知的气体的强度由进入接受者嗅觉接受体系中的该气体的比例来决定。

许多感官评价工作者都试图将气味进行分类，但一直没有完成，这个领域所涉及的范围实在太广了。据 Harper 1972 年的报道，已知的气味就有 17 000 多种，一个优秀的香味工作者可以分辨出 150～200 种气味。许多气味可以被归为一类成分，比如植物的、生青的、橡胶的，这些气味都与一种叫作"百里酚"的成分有关，因此，它们都可以被归为"百里酚"这一词汇；而一个词汇又可能与多种成分有关，例如，柠檬的气味包括的具体成分有：α-松萜、β-松萜、α-柠檬油精、β-罗勒烯、柠檬醛、香茅醛、芳樟醇等。

三、黏度、均匀性与质地

这一类感官属性主要通过皮肤表面、口腔黏膜等部位的触觉而获取，不属于味觉和化学感觉，主要包括以下三方面：

（1）黏度：用以评价均一的牛顿液体，是指液体在某种力（如重力）的作用下流动的速度。不同物质的黏度差异很大，如水与啤酒只有 1 厘泊（cP，1 cP＝10 Pa·s），而胶状物质（花生酱、奶酪、果冻等）的黏度达几千厘泊。

（2）均匀性：用以评价非牛顿液体或非同质的液体和半固体，例如浓汤、酱油、果汁、糖浆、化妆品等的混合状况。

（3）质地：用以评价固体或半固体，表示产品结构或内部组成的感官表现，来源于 2 种行为：① 产品对压力的反应，通过手、指、舌、颌或唇的肌肉运动知觉测定其机械属性（如硬度、黏性、弹性等）；② 产品的触觉属性，通过手、唇或舌、皮肤表面的触觉神经测量其几何颗粒（粒状、结晶、薄片）或表面特性（湿润、油质、干燥）。

食品的质地属性包括 3 个方面：机械属性、几何属性、表面属性（也称湿润属性）。机械属性是产品对压力的反应，可以通过肌肉运动的直觉测定。表1.2-2列出了食品的机械属性。产品的几何特性可通过触觉感知颗粒的大小、形状和方位，而表面属性可通过触觉感知产品的水、油、脂肪特性。表 1.2-3 列出了食品的几何、表面特性。

表 1.2 - 2　食品的机械属性

机械属性	定　义	描　述
硬度	强迫变形	坚硬(压缩)、硬(咬)
黏结性	样品变形的程度(未破裂)	黏着的、不易嚼碎的
黏附性	迫使样品从表面移除	黏的(牙齿/上腭/牙缝)
密度	横截面的紧密度	稠密的、轻的/膨胀的
弹性	变形后恢复原来形状的比例	有弹性的

表 1.2 - 3　食品的几何、表面特性

几何属性		表面属性	
描述	感知	描述	感知
光滑度	所有颗粒的存在	湿润	水或油存在的程度
有沙砾的	小、硬颗粒	水分释放	水或油散发的程度
多粒的	小颗粒	油的	液态脂肪含量
粉状的	细颗粒	油脂的	固态脂肪含量
含纤维的	长、纤维颗粒(有绒毛的织物)		
多块状物的	大,平均片状或突出物		

四、风味

风味作为食品的一种属性,可以定义为对口腔中的产品通过化学感应而获得的一种复合印象。风味包括以下组成部分:

① 芳香:食物在嘴里咀嚼时,释放的挥发性香味物质被后鼻腔的嗅觉系统识别出的感觉;

② 味道:口腔中可溶性物质引起的感觉(咸、酸、苦、甜、鲜等);

③ 化学感觉:在口腔、鼻腔黏膜里刺激三叉神经末端产生的感觉(涩、辣、凉、金属味等)。

五、咀嚼时的声音

声音产生于食品的咀嚼过程,是次要的感官属性,但不能忽视。通常情况

下,通过测量咀嚼时产生声音的频率、强度和持久性,尤其是频率与强度有助于评价员的整个感官印象。食物破碎时产生声音的频率与强度的不同可以帮助我们判断产品的新鲜与否,如苹果、土豆片等。而声音的持久性可以帮助我们了解其他属性,如强度、硬度、均匀性。表1.2-4列出了常见食品的声音属性。

表 1.2-4　食品的声音属性

声音属性	定　义	描　述
音　质	声音的频率	松脆声
响　度	声音的强度	咯吱声
持久性	声音的持续时间	尖利声

项目3　食品感觉生物学

视频资源

一、感觉的定义与分类

感觉是生物(包括人类)认识客观世界的本能,是客观事物直接作用于人的感觉器官,在人脑中所产生的对事物的个别属性(颜色、声音、滋味、气味、轻重、软硬等)的反应。早在2 000多年前,人类就将感觉分为五种基本感觉:味觉、嗅觉、视觉、听觉和触觉。除了五种基本感觉外,人类可辨认的感觉还有:痛觉、温度觉和疲劳觉等多种感觉。

感觉器官(感官)是人体借以感知外部世界信息的器官,包括:眼、耳、鼻、口、皮肤、内脏等。各种感觉的产生都是由相应感觉器官实现的。感觉器官一般由三部分组成:① 感受器;② 神经传导部分;③ 大脑的终端部分。

来自身体内外环境的适宜刺激直接作用于感受器,由感受器将这些物理的、化学的能量转换成神经脉冲,经由传入神经传送到大脑皮层相应的感觉投射中枢,在那里产生特定的感觉。感觉过程瞬息之间便可完成。从接受刺激到产生一定的反应,这段时间叫作反应时间(简称RT)。五官的反应时间是不同的:眼睛—视觉是20/100秒;耳朵—听觉是16/100秒;鼻—嗅觉为25/100秒;舌—味觉为40/100秒;身体—触觉为11/100秒。

主要感觉的分类见下表1.3-1。

表1.3-1　感觉的分类

外部感觉(基本感觉)	内部感觉
视觉	运动觉
听觉	平衡觉
皮肤觉	机体觉
嗅觉	
味觉	

二、感官的基本特征

在人类产生感觉的过程中,感受器官直接与客观事物特性相联系。不同的

· 14 ·

感官对于外部刺激有较强的选择性。感官由感觉受体或组织中对外界刺激有反应的细胞组成,这些受体物质获得刺激后,能将这些刺激信号通过神经传递到大脑。感官通常具有以下 5 个共同特征。

1. 特征之一:一种感官只能接受和识别一种刺激

对于每一种感觉器官,适宜的刺激物只有一种。眼睛只接受光刺激,耳朵只接受声刺激。人的感觉印象 80% 来自眼睛,14% 来自耳朵,6% 来自其他器官。如果同时使用视觉和听觉,感觉印象保持的时间会较长。

2. 特征之二:只有刺激量在一定范围内才会对感官产生作用

人的各种感受器都有一定的感受性和感觉阈限(感觉强度与刺激强度的依从性)。感官或感受器并不是对所有变化都会产生反应,只有当引起感受器发生变化的外部刺激处于适当范围内时,才能产生正常感觉。刺激量过小或过大都会造成感受器无反应而不产生感觉或过于强烈而失去感觉。例如,人眼对波长为 380~780 nm 的光波产生的辐射能量变化有反应。因此,对各种感觉来说都有一个感受器所能接收的外界刺激变化范围,因此,感觉阈限有不同的种类,如表 1.3-2 所示。

表 1.3-2　感受性与感觉阈限

名称	定义	关系
感受性	感觉器官对适宜刺激的感觉能力。	感受性一般用感觉阈限来度量,两者呈反比例关系。感受性越强,感觉阈限越小;感受性越弱,感觉阈限越大。
感觉阈限	能引起感觉的,持续一定时间的刺激量或刺激强度。	
绝对感受性	刚刚能觉察出最小刺激强度的能力。	绝对感受性可以用绝对阈限来衡量,两者呈反比例关系。绝对阈限越小,则绝对感受性越大;绝对阈限越大,则绝对感受性越小。用公式表示为:$E=1/R$,其中,E 为绝对感受性,R 为绝对感觉阈限。
绝对阈限	刚刚能引起感觉的最小刺激量。	
差别感受性	刚能觉察出两个同类刺激物之间最小差异量的能力。	差别感受性可以用差别阈限来衡量,两者呈反比例关系。差别阈限越小,则差别感受性越大;差别阈限越大,则差别感受性越小。差别阈限不是一个恒定值,它会随一些因素的变化而变化。
差别阈限	刚能引起差别感觉的两个同类刺激物之间的最小差别量。	

（1）绝对阈限的应用举例

① 体检

我们体检的时候会有这样的经验：在听觉测试的时候医生会在我们脑后拨弄一根 Y 型金属棒，这个金属棒会发出很低沉的嗡嗡的声音，然后医生让我们判断这个声音离哪一个耳朵近。这根金属棒所发出的声音就是听觉的绝对阈限。这个绝对域值是根据大量抽样调查结果制定出来的。听不到这个声音的人听觉有问题——耳背。我们在测视力的时候，医生会让我们看 E 字，我们能够看到的最小的 E 字就是我们的绝对阈限，正常人的视力的绝对感受性是 1.5，视力绝对感受性达到 2.0 以上的人，可以看到更小的 E。

② 广告营销

由于每个人的视力（绝对感受性不一样），所以在那些对于视力有要求的行业中，会对人的视力有要求，不同的工种，例如火车、轮船、飞机司机，对于视力的要求是不一样的。在同一个起点，有的人裸眼可以看到 500 米以外的广告牌，有的人只能看到 300 米，所以对于高速公路，广告公司就要考虑根据普通人群正态分布的绝对阈限设置合理的广告牌的距离。

制定价格策略的时候要学一点心理学，因为每个人的心理感受力也有绝对感受性，每个人的心理感觉的绝对阈限是不一样的。譬如说某一样商品价格 10 元，元旦期间降价 0.5 元促销，可能只有 1% 的人去买，说明 0.5 元的绝对阈限太小，还没有达到一般人的绝对感受性。降价 2 元的时候，可能有 10% 的人去买，说明 2 元的绝对阈值已经引起了足够的感觉刺激。当降价 5 元（通常商家不愿意降价 50%，而是采用"买一赠一"）或者"买一赠一"的时候，50% 以上的人可能会去买，甚至 100% 去抢购。这就说明这个绝对阈限已经够大。绝对阈限与价格、商品性质以及消费者阶层都有关。也就是说不同阶层（收入、教育程度、职业）的人对同一种商品的绝对阈限是不一样的。

（2）差别阈限与韦伯定律

1860 年，德国生理学家韦伯（E. H. Weber）发现，差别阈限值与原有刺激量之间的比值在很大范围内是稳定的，即感觉的差别阈限随原来刺激量的变化而变化，而且表现为一定的规律性，用公式表示为：$K = \Delta I / I$，其中，K 为韦伯分数，是一个常数；I 为原刺激量；ΔI 为此时的差别阈限。这就是韦伯定律。

例如，对于 50 克的重物，如果其差别阈限是 1 克，那么该重物必须增加到 51 克我们才刚能觉察出稍重一些；对于 100 克的重物，则必须增加到 102 克我们才刚能觉察出稍重一些。不同感觉的韦伯分数是不一样的，在中等刺激强度的范围内，视觉的韦伯分数是 1/100；听觉的韦伯分数是 1/10；重量感觉的韦伯分数是 1/30。

(3) 测定感觉阈限的三种方法(心理物理法)

① 最小变化法(又称极限法)。这种方法是将刺激的强度逐渐增大或逐渐减小,直至引起感觉或使感觉消失为止,然后以感觉出现的阈限与感觉消失的阈限的算术平均数作为绝对阈限来衡量感觉能力。从较小的刺激量开始,直到有感觉为止,称为渐增法,这时刺激物的刺激量的大小就是"出现阈限"。从较大的刺激量开始,直到感觉消失为止,称为渐减法,这时刺激物的刺激量的大小就是"消失阈限"。

② 平均误差法(又称调整法)。这种方法是让被试人自己调整刺激强度,使它和标准刺激的强度相等。每次用刚能引起感觉的强度值与标准刺激强度值作比较,多次实验的平均值就是感觉阈限。被试人可以从一个低于阈限的值开始调整,逐渐增大强度,直至引起感觉为止;也可以从高于阈限的值开始调整,逐渐减小强度,直到感觉刚刚消失为止。根据多次调整的平均数来确定感觉的绝对阈限。

③ 恒定刺激法。这种方法是选择在绝对阈限上、下 5~10 个刺激值。这些刺激按一定量级变化。用随机的次序呈现给被试人。被试人在测定过程中要报告是否感觉到刺激(绝对阈限)或者比标准刺激大些、小些或相等(差别阈限),每一种量级的刺激都呈现多次,以被试人判断的正确率作为计算结果。一般要选择报告正确率为 75% 的刺激值作为感觉阈限值。

3. 特征之三:感觉器官经过连续刺激一段时间后会产生适应现象

感觉适应是指由于刺激物对感受器的持续作用,使感受性发生下降的现象。感觉适应在视觉与嗅觉中最为明显。

4. 特征之四:心理作用对感官识别刺激有影响

感觉是人通过感觉器官对客观事物的认知,但是在接受感觉器官刺激时受心理作用的影响也是巨大的。人的饮食习惯和生活环境对食品是否被接受起着决定性作用,很难想象一个不习惯某种食品的评价员会对该种食品做出喜爱的评价。同时,感官评价时评价员的心情也会极大地影响感官评价的结果,心情好时会给予食品较高的评价,而心情差时会降低食品的评分。

5. 特征之五:不同感官在接受信息时会互相影响

不同感觉的相互作用指不同感受器因接受不同刺激而产生的感觉之间的相互影响,也就是说,对某种刺激的感受性会因其他感受器受到刺激而发生变化。

不同感觉的相互作用的一般规律:对一个感受器的微弱刺激能提高其他感

受器的感受性,对一个感受器的强烈刺激会降低其他感受器的感受性。例如,常见的味觉和嗅觉的相互作用:如果闭上眼睛,捏住鼻子,我们将分不清嘴里吃的是苹果,还是土豆;感冒的人常常味觉不敏感。

不同感觉的相互作用的特殊规律——联觉:指一种感觉兼有另一种感觉的心理现象。例如,切割玻璃的声音会使人产生寒冷的感觉;看见黄色产生甜的感觉;看见绿色产生酸的感觉;红、橙、黄色使人产生暖的感觉;绿、青、蓝使人产生冷的感觉。

三、基本感觉与食品感官评价

1. 视觉

视觉是人类重要的感觉之一,绝大部分外部信息要靠视觉来获取。视觉是建立客观事物第一印象的最直接途径,因此,视觉在食品感官评价中的作用不容忽视。光进入眼睛的晶状体,集中到视网膜上,在那里它被转换成神经冲动,通过视神经传达到大脑。

视觉虽不像味觉和嗅觉那样对食品感官评价起决定性作用,但仍有重要的影响。色、香、味、形是构成食品感官性状的四大要素。而食品的色,是食品给人视觉的第一感官印象。食品的色的作用:① 便于挑选食品和判断食品质量,食品的颜色比形状、质构等对食品的接受性和质量影响更大更直接;② 食品的颜色和接触食品时环境的颜色能显著增加或降低人对食品的食欲;③ 食品的颜色也决定其是否受欢迎;④ 通过经验积累可以掌握不同食品应该具有的颜色,并据此判断食品应具有的特性。

感官评价顺序中首先由视觉判断物体的外观,确定物体的外形、色泽。食品的颜色变化会影响其他感觉。人类视觉的适宜刺激物是波长为 400～760 nm 的光波。物体的颜色是由它所反射的光波决定的,不同波长(nm)引起不同的颜色感觉。只有当食品处于正常颜色范围内才会使味觉和嗅觉对该食品的评价正常发挥,否则这些感觉的灵敏度会下降,甚至不能正确感觉。在感官评价过程中,颜色识别必须考虑到以下几个方面:

(1) 观察区域的背景颜色和对比区域的相对大小都会影响颜色的识别。

(2) 样品表面的光泽和质地也会影响颜色的识别。

(3) 评价员的观察角度和光线照射在样品上的角度不应该相同,因为那样会导致入射光线的镜面反射,以及因该方法造成的一种可能的光泽。通常,品评室设置的光源垂直在样品之上,当评价员就座时,他们的观察角度约与样品成45 度。

（4）评价员是否存在色弱或色盲，如不能区分红色和橙色、蓝色和绿色等。同时有些人对颜色存在特殊敏感性，能看到别人看不到的颜色差别。

总之，观察样品在颜色和外观上的差异非常重要，它可以避免评价员在识别风味和质构上存在差别时做出有误的结论。

2. 听觉

听觉是人类认识周围环境的重要感觉之一。人类的听觉范围（声波频率）约为16～24 000 赫（次/秒）之间，而应用听力范围则为 500～3 000 赫之间。听觉在食品感官评价中主要用于某些特定食品（如膨化谷物食品）和食品的某些属性（如质地）的评价上。

听觉的产生有两条路径：（1）空气传导（主要）：声波→外耳道→鼓膜→听骨链→耳蜗→螺旋器→听神经→听中枢→听觉产生；（2）骨传导（次要）：声波→颅骨→耳蜗→螺旋器→听神经→听中枢→听觉产生。

听觉与食品感官评价有一定联系。食品的质感特别是咀嚼食品时发出的声音，在决定食品质量和食品接受性方面起着重要作用。比如，焙烤制品中的酥脆薄饼、爆米花和某些膨化制品，在咀嚼时应该发出特有的声响，否则可认为质量已变化而拒绝接受这类产品。同时，评价员应该理解声音强度和音质两个概念，强度是用分贝来衡量，而音质是用声波的频率来衡量。在进行声音试验时，有可能产生一种偏差，这种偏差发生在头盖骨里面，是来自耳朵意外的声音。比如，颚和牙齿的移动就使其经过骨结构传播产生声音，这种现象在感官评价中要注意。

3. 触觉

触觉主要可以分为"触感"和"动感"两种。这两种感觉在物理压力上不同，前者来自于触摸的感觉和皮肤上的感觉，后者是深层压力的感觉。我们所说的触摸、压力、冷、热和痒属于"触感"；而和肌肉的机械运动有关的"动感"（重、硬、黏等）是通过施加在手、下颚、舌头上的肌肉的重力产生的，或者是对样品的处理、咀嚼等而产生的拉力（压迫、剪切、破裂）造成的。嘴唇、舌头和手的敏感性要比身体其他部位更强，因此，通过手和咀嚼通常能感受到比较细微的颗粒大小、冷热和化学感应的差别。

皮肤的触觉敏感程度，常用两点识别阈表示。两点识别阈就是对皮肤或黏膜表面两点同时进行接触刺激，当距离缩小到开始要辨认不出两点位置区别时的尺寸，即可以清楚分辨两点刺激的最小的距离。显然这一距离越小，说明皮肤在该处的触觉越敏感。

对于口腔而言，口腔前部感觉敏感。这也符合人的生理要求，因为这里是食物进入人体的第一关,需要敏感地判断这食物是否能吃,需不需要咀嚼,这也是口唇、舌尖的基本功能。在感官品尝试验中,这些部位都是非常重要的检查关口。口腔中部因为承担着用力将食品压碎、嚼烂的任务,所以感觉迟钝一些,从生理上讲这也是合理的。口腔后部的软腭、咽喉部的黏膜感觉也比较敏锐,这是因为咀嚼过的食物,在这里是否应该吞咽,要由它们判断。

4. 嗅觉

嗅觉是一种感觉,它由两个系统参与,即嗅觉神经系统和鼻三叉神经系统。鼻腔是人类感受气味的嗅觉器官,在鼻腔上部有一块对气味异常敏感的区域,称为嗅感区或嗅裂。嗅感区内的嗅黏膜是嗅觉感受体。空气中气味分子在呼吸作用下,首先进入嗅感区吸附和溶解在嗅黏膜表面,进而扩散至嗅毛,被嗅细胞所感受,然后嗅细胞将所感受到的气味刺激通过传导神经以脉冲信号的形式传递到大脑,从而产生嗅觉。

按通常的概念,气味就是"可以闻到的物质"。该定义非常模糊,有些物质人类嗅不出气味,但某些动物却能嗅出,这类物质按上述定义就很难确定是否为气味物质。有些学者根据气味被感觉过程给气味提出了一个现象学上的定义,即"气味是物质或可感受物质的特性"。海宁(Henning)曾提出过气味三棱体概念,他所划分的 6 种基本气味分别占据三棱体的 6 个角。海宁相信所有气味都是由这六种基本气味以不同比例混合而成的,因此,每种气味在三棱体中有各自的位置。除此之外,还有一些按气味分子外形和电荷大小或按气味在一定温度下蒸气压的大小进行分类的方法,所有这些方法都存在一定缺陷,不能准确而全面地对所有气体进行划分。

一种气味持续作用于嗅觉器官,导致嗅感受性的降低,称之为嗅觉疲劳,它是嗅觉长期作用于同一种气味刺激而产生的适应现象。主要是由于受体细胞上没有及时清除(嗅腺)前面接触的化学分子导致无法感受后面化学分子的刺激。嗅觉疲劳比其他的感觉疲劳都要突出,具有以下三个特征:① 施加刺激到嗅觉疲劳或嗅觉消失有一定的时间间隔;② 在产生嗅觉疲劳的过程中,嗅觉阈值逐渐增加;③ 嗅觉对一种刺激疲劳后,其灵敏度再恢复需要一定的时间。在嗅觉疲劳期间,有时所感受到气味本质也会发生变化。例如在闻三甲胺时,开始像鱼味,但过一会又像氨味。除此以外,还存在交叉疲劳现象,即对某一种气味物质的疲劳会影响到嗅觉对其他气味刺激的敏感性。例如对碘气味产生嗅觉疲劳的人,对酒精气味的感觉也会降低。

嗅觉阈是指能够引起嗅觉的有气味物质的最小浓度。受体对不同化学物质的灵敏度的变化范围很大,可达 10^{12} 或更大。例如,人的甲醛嗅觉阈为

$0.06\ \mathrm{mg \cdot m^{-3}} \sim 0.07\ \mathrm{mg \cdot m^{-3}}$（空气）；人的麝香嗅觉阈为 $5 \times 10^{-6}\ \mathrm{mg \cdot m^{-3}}$（空气）；人的甲硫醇嗅觉阈则仅为 $4 \times 10^{-11}\ \mathrm{mg \cdot m^{-3}}$（空气）。

人的嗅觉器官相当敏感，甚至用仪器分析的方法也不一定能检查出的极轻微的变化，用嗅觉鉴别却能够发现。鼻子识别要比气相色谱法灵敏 10～100 倍。因此，嗅觉在食品市场检查中可以有很好的应用价值。当食品发生轻微的腐败变质时，就会有不同的异味产生。如核桃的核仁变质产生酸败而有哈喇味，西瓜变质会带有馊味等。食品的气味是一些具有挥发性的物质形成的，所以在进行嗅觉鉴别时常须稍稍加热，但最好是在 15 ℃～25 ℃ 的常温下进行，因为食品中的气味挥发性物质常随温度的高低而增减。在鉴别食品的异味时，液态食品可滴在清洁的手掌上摩擦，以增加气味的挥发；识别畜肉等大块食品时，可将一把尖刀稍微加热刺入深部，拔出后立即嗅闻气味。

在食品感官分析应用中经常涉及以下三种常见的嗅闻法：

（1）嗅技术

属于直接嗅闻法。嗅觉受体位于鼻腔最上端的嗅上皮内，在正常的呼吸中，吸入的空气并不倾向通过鼻上部，多通过下鼻道和中鼻道。带有气味物质的空气只能极少量而且缓慢地通入鼻腔嗅区，所以只能感受到轻微的气味。要使空气到达嗅区并获得一个明显的嗅觉，就必须适当用力吸气（收缩鼻孔）或煽动鼻翼做急促的呼吸，并使头部稍微低下对准被嗅物质，使气味自下而上地通入鼻腔，使空气在鼻腔形成急行的涡流，导致气体分子较多的接触嗅上皮，从而引起较强的嗅觉。以上所述的嗅过程即为嗅技术。嗅技术并不适应所有气味物质，如一些能引起痛感的含辛辣成分的气体物质。因此使用嗅技术要非常小心。另外，一般对同一气味物质使用嗅技术不超过三次，以免发生适应现象导致嗅敏度下降。

（2）范氏技术

属于鼻后嗅闻法。首先用手捏住鼻孔通过张口呼吸，然后把一个盛有气味物质的小瓶放在张开的口旁，迅速地吸入一口气并立即拿走小瓶，闭口放开鼻孔使气流通过鼻孔流出（口仍闭着），从而感觉该物质的气味。该试验被广泛应用于训练和扩展人们的嗅觉能力。

（3）啜食技术

亦属于鼻后嗅闻法。由于吞咽大量样品不卫生，品茗专家和鉴评专家发明了一项专门技术——啜食技术，把样品送入口内并用力吸气，使液体杂乱地吸向咽壁（就像吞咽时一样），气体成分通过鼻后部到达嗅感区而被识别，吞咽变得不必要，样品可以被吐出。品酒专家也可以采用这种技术，酒被送入张开的口中，轻轻地吸气并进行咀嚼,由于酒香比茶香和咖啡香具有更多挥发成分,所以品酒专家的啜食技术更应谨慎。这种技术对于多数人来说要用较长的时间才能正确掌握。

在嗅闻过程中应注意以下要点:

① 嗅闻距离

每次嗅闻,鼻子与样品之间的距离尽量一致,鼻子不能沾着样品。

② 嗅闻力度

嗅闻力度一致,吸气要平稳,不能过猛,不能忽大忽小,尽量保证嗅闻一致。

③ 嗅闻次数

嗅闻次数要加以控制,对于刺激性较强的样品,不宜超过三次。

④ 嗅闻清零

测试前应闻手背、衣袖、呼吸新鲜空气、嗅闻其他气味的物体或者空白,帮助鼻子清零和防止适应。

⑤ 嗅闻强度

嗅闻时间不宜过长,鼻子闻 1～2 秒,要求浅吸而避免深吸,以免疲劳。

⑥ 嗅闻休息

两个样品之间一般有休息时间,3 个样品后必须休息,休息时间一般为 2～3 分钟。

5. 味觉

味觉是人的基本感觉之一,对人类的进化和发展起着重要的作用。味觉是由溶解性化学物质刺激味觉感受器而引起的感觉。味觉一直是人类对食物进行辨别、挑选和决定是否予以接受的主要因素之一。同时由于食品本身所具有的风味对相应味觉的刺激,使得人类在进食的时候产生相应的精神享受。味觉在食品感官评价中占有重要位置。

味蕾是味觉感受器,正常成年人约有一万个味蕾,主要分布在舌背、舌缘、上腭、喉咽部。舌和软腭上的专门感觉器官分布着味觉感受器。30～50 个细胞成簇聚集成称为味蕾的分层小球,味觉感受器就是在这些细胞团的细胞膜上。这些细胞分化成上皮细胞(皮样细胞)而不是神经元(神经细胞),它们的存活期大约 1 周。新细胞从周围的上皮细胞中分裂出来,移入味蕾结构并与感觉神经相联系。味蕾的顶端有一个小孔与口腔中的外部液体环境相接触,一般认为里味物质分别与这一开口或其附近的微丝相结合。味觉细胞通过一个突触间隙与初级感觉神经相连。神经递质分子的信息包释放进这一间隙,刺激初级味觉神经,并将味觉信号传递到大脑较高级的处理中心。

味蕾本身包含于舌面上凸起和凹槽构成的特殊结构内。我们通过偶然的观察也能注意到：舌头的表面并不光滑均匀。其表层覆盖着细小的圆锥形线状乳头。它们起到触感的功能，但不包含味蕾。散布在线状乳头处，特别是舌尖和舌侧处，是稍大一些的蘑菇形的蕈状乳头（也称菌状乳头），色泽上较微红一些，每个平均含有 2～4 个味蕾。在普通成年人舌前部，每一边都有超过 100 个菌状乳头，所以平均有几百个味蕾。沿着舌体两侧，大约从舌尖到舌根处 2/3 处，有几条平行的凹槽。这些是叶状乳头，常难以被发现，因当舌体伸出时，它们往往会变平，每一凹槽包含几百个味蕾。第三种特殊结构是大的扣状肿块，以倒"V"形排列在舌后部。这些是轮廓乳头，其周围的外部凹槽或沟状缝隙内也包含几百个味蕾。味蕾在软腭上也有分布，主要位于上腭根部或说多骨部分的后面，这是一个对于味觉重要的但又经常被忽略的区域。舌根部和咽喉的上部对于味觉也很敏感，味蕾的频率计数表明：有较高味觉灵敏度的人一般有较多的味蕾。

表 1.3-3　年龄与一个轮廓乳头中味蕾数量的关系

年龄	0～11 个月	1～3 岁	4～20 岁	30～45 岁	50～70 岁	74～85 岁
味蕾数/个	241	242	252	200	214	88

外伤、疾病或者老化过程都很难使所有味觉区域受到破坏，味觉会保持相当好的完整性直到生命末期，这与嗅觉相反。菌状乳头受面神经（脑神经Ⅶ）的鼓索所支配，正如其名，这一神经通过鼓膜。在中耳的外科手术中这一迂回路线实际上可以监听人的味觉神经冲动。舌咽神经（脑神经 X）发出分支到舌的背面，述走神经（脑神经Ⅹ）到舌根等后面的部位。唾液对味觉功能有很重要的作用，它既作为呈味分子到达受体的载体，又包含可调节味觉反应的物质。唾液中含有钠和其他一些阳离子，能缓冲酸和碳酸氢钠，并能提供具有光滑和覆膜性质的一定量的蛋白质和黏多糖。最近的研究表明，唾液中的谷氨酸可能改变食品风味感觉的作用。唾液对味觉反应来说，是否是必需的物质，一直是一个有争论的话题。

目前认为动物能识别五种基本味觉模式：甜、苦、酸、咸、鲜，可分别由糖类、奎宁、H⁺、食盐（氯化钠）和谷氨酸钠引起。甜味的代表性化合物是碳水化合物，如各种糖类，也包括现在的人工甜味剂如安赛蜜；能引起苦味的化合物有很多种，但它们之间并没有共同的分子特征，通常而言，引起苦味的物质对于动物而言都是有毒或有害的，这提示苦味识别可能是动物在生物进化过程中形成的一种自我保护机制；能作为氢离子供体的酸性物质均能引发酸味；各种盐类在合适的浓度下都呈咸味，在高浓度下都呈苦味；鲜味主要是指谷氨酸单钠引起的味觉,比如蘑菇中的内源性谷氨酸单钠含量很高,所以蘑菇给出很强的鲜味。只有纯净的化学物质才能引发单一的甜味、苦味、酸味、咸味或鲜味,而天然的味觉是一种复杂的、混合的感觉,是由这五种基本的味觉模式组合形成的"复合味"。另外,生活中常提及的辣味不是基本的味觉模式,而是咸味、热觉及痛觉的综合感觉,如舌头遇到烧碱刺激时的感觉。最新的国际标准 ISO 5492—2008《感官分析术语》将食品的味感划分为酸味、甜味、苦味、咸味、鲜味、碱味、金属味 7 种基本味。金属味很难理解,有时它可以表达为甜料(如乙酰磺胺-K)的副口味,有时它也是一种表述符,用于表述特定的病理复发性幻觉味觉紊乱和烧嘴综合征。

味觉生理和味觉行为学研究表明,舌面上各个区域的味蕾都能感受到酸、咸、苦、甜、鲜这五种基本味感,但是不同区域对不同味感的敏感程度有所差异,这种差异取决于味蕾的种类、性质及其分布密度。舌尖部对甜味比较敏感,两侧对酸味比较敏感,两侧前部对咸味比较敏感,而软腭和舌根部对苦味比较敏感。这种味区的分布模式有很好的合理性:识别甜味的区域在舌尖将有利于动物寻找到更多有益健康的碳水化合物;而因为多数苦味物质是有害的或有毒的,舌根感受苦味将使吞咽受阻并刺激咽喉产生呕吐反应,避免有毒物质继续进入消化系统,因此,识别苦味的区域在舌根能够对动物形成一种安全保护机制。需要指出的是,这种区域化的味觉敏感性并非绝对,这主要表现在以下两点:一是舌面对不同味质最敏感的区域之间有重叠;二是其对某种味质最敏感区域并不是对其他几种味质没有任何应答,只是阈值较高而已。

味觉有两个重要的功能特性和嗅觉相同,即适应性和混合物间的相互影响。适应性可定义为在继续刺激的条件下反应的降低。这是大多数感官系统的特性,目的是警告生物体内发生的变化,对于现状几乎没有兴趣。我们不太注意刺激的周围环境,特别是对化学的、触觉的和热量的感觉。当穿上袜子后,你不会再考虑关于它们感觉怎样的问题。同样,当你把脚放入热水中时可能会立刻发出惊叫,但皮肤感觉是适应的。我们的眼睛不断适应周围光线的变化,正如我们进入一家漆黑的电影院所注意到的一样。如果刺激物能维持在舌体的一个控制区域内,那么就很容易证明味觉的适应性。实验室中经常做这类实验,将氯化钠溶液流过伸出的舌体或通过舌体周围的一个腔室,在这样的条件下,大多数味觉会在 1～2 分钟内消失。我们一般不会感觉到唾液中的钠,但用去离子水冲洗舌体后再提供盐水,可感觉到氯化钠浓度将会高于阈值。然而,若没有很好地控制刺激的话,就会像在饮食或波动的刺激条件下,味觉适应的趋势不太明显,有时会完全消失。

味觉与嗅觉相比,具有以下几个方面的区别:(1) 嗅觉感受细胞与神经细胞的整合成一体,即嗅觉细胞实质上就是一个神经细胞,前端为风味感受器,后端为神经递质传递和神经信号释放器,而味觉细胞就是一个独立的感受细胞,必须由一个神经细胞相连接;(2)感觉发生基本条件不同,对于嗅觉而言,风味化合物必须是脂溶性的,而味觉则是水溶性的;(3)味觉分为稳定的五大基本类型,而嗅觉却难以类分,虽然也有多种分类,但在学术和工业界一直不能统一定论。

感官评价中的味觉对于辨别食品品质的优劣是非常重要的一环。味觉器官不但能品尝到食品的滋味如何,而且对于食品中极轻微的变化也能敏感地察觉。如做好的米饭存放到尚未变馊时,其味道即有相应的改变。应用味觉在食品市场检查时要注意,味觉器官的敏感性与食品的温度有关,在进行食品的滋味鉴别时,最好使食品处在 20 ℃~45 ℃之间,以免温度的变化会增强或减低对味觉器官的刺激。几种不同味道的食品在进行感官评价时,应当按照刺激性由弱到强的顺序,最后鉴别味道强烈的食品。在进行大量样品鉴别时,中间必须休息,每鉴别一种食品之后必须用温水漱口。

味觉特性评价的技巧要从入口动作、入口量、保留时间和所用舌头部位四个方面去把握。

(1)入口动作规范

根据食物的状态选择入口的方式。液体食品可以啜、吸、饮、喝;半固态食品可以抿、舔、吸、放入;固态食品可以切、咬、放入等,并对同一样品不同轮次的评价动作要一致。

(2)入口量适宜、等量

所有样品的入口量应适中并保持一致。液态食品一般为 15~30 mL,固态、半固态食品根据具体产品的类型经预实验确定适宜的尺寸、大小和数量。避免入口量太多或太少。太少刺激不充分,太多易感官疲劳。

(3)保留时间充足、一致

样品在口腔中应停留一定的时间,一般 3~6 s,体现刺激的时间强度效应。同时,每个样品在口中的停留时间应尽量控制一致。

(4)巧用舌头

评价甜味主要用舌尖,无须让样品遍布整个舌面,故小口品、尝、吐或吞咽均可。但评价苦味时必须要吞咽以保证样品抵达舌根。此外,解析样品的风味剖面或评价复合味觉特性,如不同滋味的平衡感时,也必须让样品充盈整个舌面并吞咽样品。

项目 4　影响感官评价的因素

感官评定需要我们把评价员当作测量仪器,然而,评价员不同,品评时间也不一致,极易产生偏见。为了减小差异和存在的偏见,评价员必须了解基本的生理知识以及生理因素对感官认知的影响。Gregson 指出,对现实世界的认知不是一个被动的过程,而是一个主动的有选择性的过程。评价员只会记录那些在复杂情况下容易发现并认为有意义的因素,剩下的那些因素即使就在他们面前,也极易被忽略。我们必须让评价员感性地去理解将要评定的产品属性,这就要通过训练评价员、尽量避免样品和评分表中存在固有缺陷以及评价员的操作来实现。

感官评定的原则来源于生理学和心理学,通过感觉测试实验所获得的信息是对产品特性的最佳解释。但要得到这样的解释必须有一套完整的测试过程,许多生理学上的信息和感受到的产品特性要经过归纳总结,然后方可得到心理学上面的信息。本项目主要从生理和心理两方面因素进行阐述,以便提高整个评价过程的准确度。

一、生理因素

1. 适应性

适应性是由于持续地接受相同或类似物的刺激而对所给刺激物感觉的下降。在感官评定中,此因素会导致感官阈值和强度等级的变化,是必须要避免的因素。

感觉适应也称为感觉疲劳,感觉疲劳发生在感官的末端神经、感受中心的神经和大脑的中枢神经上,感觉疲劳的结果是感官对刺激的灵敏度急剧下降。嗅觉器官若长时间嗅闻某种气味,就会使嗅觉受体对这种气味产生疲劳,灵敏度逐渐下降,随刺激时间的延长甚至达到忽略这种气味存在的程度。例如,刚刚进入鲜鱼店时,会嗅到强烈的鱼腥味,随着在鱼店逗留时间的延长,所感受到的鱼腥味渐渐变淡。对长期工作在鱼店的人来说,甚至可以忽略这种鱼腥味的存在。对味道也有类似现象的发生,刚刚开始食用某种食物时,会感到味道特别浓,随后味感逐步降低。感觉的疲劳程度以所施加刺激强度的不同而有所变化,在去除产生感觉疲劳的强烈刺激之后,感官的灵敏度还会逐步恢复。一般情况下,感觉疲劳产生越快,感官灵敏度恢复越快。

在下面的例子(见表 1.4 - 1)中,评价员在条件 B 中会认为测试物的甜度相对较低,这是由于他对蔗糖的品尝减小了他对甜度的感觉。在条件 A 中的水没有甜味,所以不会产生对甜度的疲劳感(或者导致对甜度感觉的适应)。

表 1.4 - 1　适应示例条件表

	适应物	测试物
条件 A	水	阿斯巴甜
条件 B	蔗糖	阿斯巴甜

2. 增强或抑制

自然界中大多数呈味物质的味道都不是单纯的基本味,而是由两种或两种以上的味道组合而成。食品中经常含有 2 种、3 种、甚至全部 4 种基本味。因此,增强或抑制主要由混合物中存在的各种刺激物的相互作用而引起的。

(1) 增强

由于一种物质的存在而增强了对第二种物质强度的感知,增强现象包括同时增强和先后增强。在 150 g·L⁻¹ 的蔗糖溶液中加入 0.17 g·L⁻¹ 的氯化钠后,会感觉甜度比单纯的 150 g·L⁻¹ 蔗糖溶液要高;同种颜色不同深浅的样品放在一起比较时,会感觉颜色深者更深,颜色浅者更浅,这些都是常见的同时增强现象。在吃过糖后,再吃山楂则感觉山楂特别酸,这是常见的先后增强现象。

在下面的例子(见表 1.4 - 2)里,在条件 B 中,评价员因为蔗糖增强了他对奎宁的敏感度,认为测试物更苦。

表 1.4 - 2　增强示例条件表

	适应物	测试物
条件 A	水	奎宁
条件 B	蔗糖	奎宁

(2) 协同

由于一种物质的存在而增强了对两种物质混合强度的感知,这样使得对混合物的感觉要比分别对每种组分的感觉总和更为强烈。例如,将麦芽酚添加到饮料或糖果中能明显增强这些产品的甜味。

(3) 抑制

由于一种物质的存在而减弱了对两种或两种以上物质的混合物的感知的强度。例如,产于西非的神秘果会阻碍味感受体对酸味的感觉。在食用过神秘果后,再食用带有酸味的物质就感觉不出酸味来。匙羹藤酸能阻碍味感受体对苦味和甜味的感觉,而对咸味和酸味无影响。如果咀嚼过含有匙羹藤酸的匙羹藤叶后,再食用带有甜味和苦味的物质就感觉不到味道,吃砂糖就像嚼砂子一样无味。表1.4-3、表1.4-4为两种示例。

表 1.4-3　混合物的总体感知强度

情景	作用名
混合＜A＋B(每个单独)	混合抑制(味道)
混合＞A＋B(每个单独)	协同

表 1.4-4　混合物组分的感知强度

情景	作用名
A′＜A	混合抑制
A′＞A	增强

表中:混合——对混合物的强度感知;

　　　A——对未混合的组分 A 的强度感知;

　　　A′——对混合物中组分 A 的强度感知;

　　　A＋B——对 A 与 B 单独强度感知的和。

　　由于味道之间的相互作用受多种因素的影响,这方面的研究工作困难较多。呈味物质相混合并不是味道的简单叠加,因此,味道之间的相互作用不可能用呈味物质与味感受体的机理进行解释,只能通过感官评定员去感受味道相互作用的结果。采用这样的手段进行分析时,评价员的感官灵敏性和所用试验方法对结果的影响很大,尤其在浓度较低时波动更大,只有聘用经过训练的感官评价员才能获得比较可靠的结果。

二、心理因素

1. 期望误差

所提供的样品信息可能会导致偏差,人们总是找寻自己所期望的结果。比如评价员如果得知过剩的产品返回车间,将会认为样品的口味已经过时了;啤酒的评价员如果得知啤酒花的含量,将会对苦味的判定产生偏差。期望误差会直接破坏测试的有效性,所以必须对样品的原料保密并且不能在测试前向评价员透露任何信息。样品应被编号,呈递给评价员的顺序应该是随机的。有时,我们认为优秀的评价员不应受到样品信息的影响,可实际上评价员并不知道该怎样调整结论才能抵消由于期望所产生的自我暗示对其判断的影响。所以,最好的办法是评价员对样品的情况一无所知。

2. 习惯误差

人类是一种习惯性的生物,这就是说在感觉世界里存在着习惯,并能导致偏差——习惯误差。这种误差来源于当所提供的刺激物产生一系列微小的变化时(如每天控制数量的增加或减少),而评价员却给予相同的反应,忽视了这种变化趋势,甚至不能察觉偶然错误的样品。习惯误差是常见的,必须通过改变样品的资料或者提供掺和样品来控制。

3. 刺激误差

这种误差产生于某种不相关的条件参数,例如容器的外形或颜色会影响评价员。如果条件参数上存在差异,即使完全一样的样品,评价员也会认为他们有所不同。举个例子:装在螺旋盖瓶里的酒一般比较便宜,评价员对于这种瓶子装的酒往往比用软木塞瓶装的酒给出更低的分。评定小组的紧急召集也可能会引发对评定产品的不利报告。较晚提供的产品一般被划分在口味较重的一档中,因为评价员知道为了减小疲劳,组长总是会将口味较淡的样品放在前面进行品评。避免这种情况发生的措施是:避免留下不相关(和相关)的线索,鉴定小组的时间安排要有规律,但提供样品的规律和方法要经常变化。

4. 逻辑误差

逻辑误差发生在当有两个或两个以上特征的样品在评价员的脑海中相互联系时。例如,越黑的啤酒口味越重,颜色越深的蛋黄酱口味越不新鲜,知道这些类似的知识会导致评价员更改他的结论,而忽视自身的感觉。逻辑误差必须通过保持样品的一致性以及通过用不同颜色的玻璃和光线等的掩饰作用减少产生的差异。有些特定的逻辑误差不能被掩饰但是可以通过其他途径来避免。举个例子:比较苦的啤酒一般由于啤酒花的香气而给更高分。组长可以尝试着训练评价员,通过偶然混杂一些为了提高苦味少用啤酒花而含有奎宁成分的样品来打破他们的逻辑联想。

5. 光圈效应

当需要评估样品的一种以上属性时,评价员对每种属性的评分会彼此影响(光圈效应)。对不同风味和总体可接受性同时评定时,所产生的结果与每一种属性分别评定时所产生的结果是不同的。例如:在对橘子汁的消费测试中,评价员不仅要按自己对橘子汁的整体喜好程度来评分,还要对其他的一些属性进行评分。当一种产品受到欢迎时,其各方面:甜度、酸度、新鲜度、风味和口感等同样也被划分到较高的级别中。相反,若产品不受欢迎,则它的大多属性的级别都不会很高。当任何特定的变化对产品评定结果都很重要时,避免光圈效应的方法就是提供几组独立的样品用来评估那些属性。

6. 呈送样品的顺序

呈送样品的顺序至少可能产生以下五种误差:

(1) 对比效应

在评价劣质样品前,先呈送优质样品会导致劣质样品的等级降低(与单独评定相比);相反,情况也成立,优质样品呈送在劣质样品之后,它的等级将会被划分得更高。

(2) 组群效应

一个好的样品在一组劣质产品中会降低它的等级,反之亦然。

(3) 集中趋势误差

在呈送样品的过程中,位于中心附近的样品会比那些在末端的更受欢迎。因此,在三试验(在 3 种样品中挑选出与另外两种不同的样品)中,位于中间的样品更容易被挑选出来。

(4) 模式效应

评价员将会利用一切可用的线索很快地侦测出呈送顺序的任何模式。

(5) 时间误差/位置误差

评价员对样品的态度经历了一系列变化,从对第一个样品的期待、渴望,到对最后一个样品的厌倦、漠然。第一个样品在通常情况下都是格外的受欢迎(或被拒绝)。一个短时间的测试(品尝到评估)会对第一个样品产生偏差,而长时间的测试则会对最后一个样品产生偏差。在一个系列中对一个样品的偏差往往比后几组更为明显。

所有的这些效应如果运用一个平均的、随机的呈送顺序就会减小。"平均"意味着每一种可能的组合呈送的次数相同,即品评组内的每一个样品在每个位置应该出现相同的次数。如果需要呈送数量大的样品,应运用平均的不完全分组设计方案。"随机"意味着根据机会出现的规律来选择组合出现的次序。在实践时,随机数的获得是通过从袋子里随机取出样品卡或者通过编辑随机数据来实现的。

7. 相互抑制

由于一个评价员的反应会受到其他评价员的影响,所以,评价员应被分到独立的小房间里,防止他的判断被其他人脸上的表情所影响,也不允许口头表达对样品的意见。进行测试的地方应避免噪声和其他事物的影响,故应与准备区分开。

8. 缺少主动

评价员的努力程度会决定是否能辨别出一些细微的差异,或是对自己的感觉进行适当的描述,或是给出准确的分数,这些对鉴定的结果都极为重要。评价小组的组长应该创造一个舒适的环境使组员顺利工作,一个有工作兴趣的组员总是更有效率。主动性能在测试中起到最大的效用,因此,可以通过给出结果报告来维持评价员的兴趣。并且,应使评价员觉得品评是一个重要的工作,这样可以使品评工作以高效率的方式精确地完成。

9. 极端与中庸

一些评价员习惯于使用评分标准中的两个极端来评判,这样会对测试结果有较大的影响。而另一些则习惯用评分标准中的中间部分来评判,这样就缩小了样品中的差异。为了获得更为准确的、有意义的结果,评价小组的组长应该每天监控新的评价员的评分结果,以样板(以评估过的样品)给予指导。如果需要,可以使用掺和样品作为样板。

三、身体状况的影响

1. 疾病的影响

身体患某些疾病或发生异常时,会导致失味、味觉迟钝或变味。这些由于疾病所引起的变化是暂时性的,待病恢复后可以恢复正常,而有些则是永久性的变化。若用钴源或 X 射线对舌体两侧进行照射,7 天后舌体对酸味以外的其他味道的敏感性均降低,大约两个月后才能恢复正常。如果品尝人员发烧或感冒,触摸人员的皮肤或者免疫系统失调,有口腔疾病或者齿龈炎,还有情绪压抑或者工作压力太大等都不应参与品评任务。

体内某些营养物质的缺乏也会造成对某些味道的喜欢发生变化。比如在体内缺乏维生素 A 时,会显现对苦味的厌恶甚至拒绝食用带有苦味的食物,若这种维生素 A 缺乏症持续下去,则对咸味也拒绝接受。通过注射补充维生素 A 以后,对咸味的喜好性可以恢复,但对苦味的喜好性却不再恢复。

2. 饥饿和睡眠的影响

人处在饥饿状态下会提高味觉敏感性。有试验证明,4 种基本味的敏感性在上午 11:30 达到最高。在进食后 1 小时内敏感性明显下降,降低的程度与所饮用食物的热量值有关,因此,品尝在餐后的 2 小时内不能进行。饥饿对敏感性有一定影响,但是对于喜好性却几乎没有影响。

缺乏睡眠对咸味和甜味阈值不会产生影响,但是能明显提高酸味的阈值。

适宜的品评工作时间(对日班的人员而言)是上午 10 点到午饭时间。一般来说,每个评价员的最佳时间取决于生物钟:一般为一天中最清醒和最有活力的时间。

3. 年龄和性别的影响

年龄对感官评定的影响主要发生在 60 岁以上的人群中。老年人会经常抱怨没有食欲以及很多食物吃起来无味。感官试验证明:年龄超过 60 岁的人对咸、酸、苦、甜 4 种基本味的敏感性会显著降低。造成这种情况的原因,一方面是随着年龄增长,舌头上的味蕾约有 $\frac{2}{3}$ 逐渐萎缩,造成角质化增加,味觉功能下降。另一方面,老年人自身所患的疾病也会阻碍这种敏感性。

性别的影响主要有两种看法:一些研究者认为性别在感觉基本味的敏感性上基本无差别,另一些研究者则指出性别对苦味敏感性没有影响,而对咸味和甜味,女性要比男性敏感,对酸味则是男性比女性敏感。

项目 5　感官体验的度量

一、标度类型

感官评价过程中，可使用数字对感官体验进行量化。通过这种数字化处理，感官评价成为基于统计分析、模型和预测的定量科学。评价员用数字来确定感觉有多种方法，例如分类、排序，或者尝试使用数字来反映感官体验的强度等。标度就是将人的感觉、态度或喜好等用数字表示出来的一种方法。当我们要求评价员用数字对一些样品进行标记时，这些标记（数字）的功能，或者说代表的意义一般有以下 4 种，即 4 种常见的标度类型。

（1）名义标度

评价员将观察到的样品分给两个或更多的组，它们只是在名称上有所不同，这些数字不能反映样品内部的任何联系，比如 1 代表香蕉，2 代表苹果。命名的数字只是用来标记样品并将样品分类，它所包含的信息最少，唯一的性质就是"不相同"，也就是说标记为 1 的样品和标记为 2 的样品是完全不同的样品。除了数字以外，字母或其他符号也有命名作用。对这类数据的分析是进行频率统计，然后报告结果。

（2）序级标度

评价员将观察到的样品按照一定的顺序排列起来，比如将面包按烘烤程度排序，1＝轻微，2＝中等，3＝强烈。用于排序的数字所包含的信息就多一些，该方法赋予产品数值的增加表示感官体验的数量或强度的增加。如对葡萄酒可以根据甜度进行排序，对薯片可以根据喜好程度进行排序，但这些数值不能告诉我们产品间的相对差别是什么，比如排在第三位产品的甜度不一定就是排在第一位产品甜度的 1/3。一般以中值来反映总的趋势。

（3）等距标度

评价员将观察的样品根据其性质，按照一定数字间隔进行标记，如将蔗糖溶液按照含糖量标记为 3、4、5 或 6、8、10 等，间隔是相等的。间隔数字包含的信息就更多一些，因为数据之间的间距是相等的，因此，被赋予的数值就可以代表实际的差别程度，这种差别程度就是可以比较的。例如 20 ℃和 40 ℃之间的温度差与 40 ℃和 60 ℃之间的温度差是相等的。

（4）比率标度

以参照样为标准,评价员将观察的样品或感受到的刺激用相应的数字表示出来,如参照样蔗糖的甜度为1,葡萄糖的甜度为0.69,果糖的甜度为1.5,麦芽糖的甜度为0.46。表示比例的数字反映感官强度之间的比例。例如,假定某一糖溶液的甜度是10,那么2倍于它甜度的产品的甜度就是20。许多人倾向使用比例数字,因为他们不受终点的限制,但实践经验表明,间隔数字具有相同的功能,而对于评价员来说,间隔数字更容易掌握一些。

二、心理物理学理论

标度的基础是感觉强度的心理物理学。心理物理学是研究感官刺激和人类反应的心理学的一个分支,它的一个主要任务就是研究物理量和心理量之间的数量关系,物理量是指对身体各感官的刺激,心理量是指各种感觉或主观印象,即刺激(C)和它引起的感受(R)之间的关系,用数学公式可以表示为$R=f(C)$。在过去的几个世纪里,两种心理物理学功能被广泛使用,即 Fechner 理论和 Stevens 理论。虽然它们都不完善,但每一种都在其适用范围内为试验设计提供了较好的指导。

(1) Weber 定律

1860 年 E. H. Weber 发表了他关于重量差别阈限的研究,系统地阐明了差别阈限和标准刺激之间的关系,这是心理学史上第一个数量法则。他指出差别阈限和标准刺激成正比,并且差别阈限和标准刺激的比例是一个常数,通常用$\Delta C/C = k$表示。ΔC代表至少一个差别阈限,即刺激强度的变化,C代表刺激的绝对强度,k是小于1的常数,也称作韦伯比例或韦伯分数。不同感觉通道的韦伯分数是不同的。后来,G. T. Fechner 把这个关于差别阈限的规律称为韦伯定律。韦伯定律表明,以风味物质为例,需要添加的风味物质的量取决于已经存在的风味量,如果 k 确定,就可计算出应再添加多少风味物质。韦伯定律的主要贡献是提供了一个比较辨别能力的指标,可对不同感觉通道的感受性进行比较。

(2) Fechner 理论

哈佛学者 G. T. Fechner 研究发现,刺激量按几何级数增加而感觉量则按算术级数增加,他在 Weber 定律基础上推导出该理论,故又称 Weber-Fechner 理论,也称对数定律,即心理感觉量值 R 是物理刺激量 C 的对数函数,仅适用于中等强度的刺激。该理论表示为:$R = k\lg C$,其中,R 为感觉强度,C 为刺激强度,k 为常数。类项标度是对 Fechner 理论很好的支持,比如,当评价员用 0~9 的标尺对样品进行甜度的度量时,得出的结果是对数曲线。声音的强度标度也是根据 Fechner 理论得出的,即分贝标度。

（3）Stevens 理论

在 Fechner 理论诞生 100 年后，另一位哈佛学者 S. S. Stevens 发现，通过量值估计标度法测得 100 分贝的声音是 50 分贝声音的 40 倍而不是 2 倍。Stevens 的主要论点是，人所感受到的强度是按刺激强度的幂指数形式增加的，用数学方式表示为：$R = kC^n$，其中，R 为感觉强度，C 为刺激强度，k 为常数，n 为幂指数。这个理论也称幂函数定律或乘方定律。通过该理论，人们发现视觉长度的幂指数是 1，这就是感官强度打分的线性标度法的理论基础。

（4）Beidler 模型

无论是对数形式还是幂指数形式均只是恰巧能解释感官数据的数学公式，不能具备真正的心理物理学功能。Beidler 于 1987 年建议使用建立于描述酶与底物关系的米氏动力学公式来描述人类的味觉反应，即不考虑评价员对数字或标度的使用，而仅认为人类心理物理学反应同神经心理物理学反应成比例。该理论表示为：

$$\frac{R}{R_{max}} = \frac{C}{k + C}$$

其中，R 为感觉强度，C 为刺激的物质的量浓度，k 为常数，是反应为最大反应一半时的刺激浓度。将 C 以对数作图，R 与 C 之间呈 S 形曲线关系。Beidle 模型对中等和高浓度范围内的感官表达很有效，比如对甜食和饮料中甜度的表达。与 Fechner 理论和 Stevens 理论不同的是，该模型认为反应有个最大限度，该值不会超过刺激的最大浓度所引起的反应，它被视为所有感受器都饱和时的浓度。

对糖、盐、柠檬酸和咖啡因的大量试验表明，Beidler 公式能够用以估计其他方法无法获得的人类味觉反应参数 R_{max} 和 k。因此，不像 Fechner 理论和 Stevens 理论，Beidler 公式可以用来对人类味觉反应进行定量估计，也就是说，该公式具有心理物理学功能。

三、常用的标度方法

在食品感官评价领域，常用的标度方法有 3 种：① 类项标度，最古老、应用最广泛，将数值赋予察觉的感官刺激；② 线性标度，在一条线上做标记来评价感觉强度或喜爱程度；③ 量值估计标度，对感觉赋予任何数值来反映其比率，是流行的标度技术。现分别介绍这 3 种标度方法。

1. 类项标度

在类项标度中，要求评价员就样品的某项感官性质在给定的数值或给定的等级中,选定一个合适的位置,以表明它的强度或自己对它的喜好程度。类项标度的数值通常是 7～15 个类项,取决于实际需要和评价员能够区别出来的级别数。

类项标度的数值不能说明一个样品比另一个样品多多少,比如,在一个用来评价硬度的 9 点类项标度中,被标为 6 的样品其硬度不一定就是被标为 3 的样品硬度的 2 倍。在 3 和 6 之间的硬度差别可能与 6 和 9 之间的差别并不一样。类项标度中使用的数字有时是表示顺序的,有时是表示间距的,下面是一些常用的类项标度的例子:

（1）数字标度

1 2 3 4 5 6 7 8 9

弱　　　　　　　强

（2）语言类标度

如表 1.5-1 和表 1.5-2 所示。

表 1.5-1　语言类标度一

数值	语言分类标尺Ⅰ
0	没有
1	阈值
2	非常轻
3	轻微
4	轻微-中等
5	中等
6	中等-强烈
7	强烈

表 1.5-2　语言类标度二

数值	语言分类标尺Ⅱ	数值	语言分类标尺Ⅱ
0	没有	8	
1	阈值	9	中等-大
2		10	
3	轻微	11	大
4		12	
5	轻微-中等	13	大-极度
6		14	
7	中等	15	极度

（3）端点标示的 15 点方格标

甜味 □ □ □ □ □ □ □ □ □ □ □ □ □ □ □

不甜　　　　　　　　　　　　　　　　　　　　很甜

（4）相对于参照物类项标度

甜度　　□ □ □ 　 □ 　 □ 　 □

较弱　　　　　　参照　　　　　较强

（5）适用于儿童的快感标度

| 1 | 2 | 3 | 4 | 5 | 6 | 7 |

（6）其他方法

综合使用以上方法的标度法，如数字标度和语言标度，端点标度和语言标度的综合。

实际上，方格标度法的出现是为了克服数值法的一些不足，因为有的人在使用数字上有一定的倾向，为了避免这种倾向，才使用没有标注的方格法。但在使用的时候，没有数字，有的人又会觉得不好选择，因此又出现了方格加数字法。类项标度在实际应用当中使用较多，尤其是 9 点法，无论是数字法，方格法还是数字加方格法。如果评价员可选择的点很少，比如只有 3 点，他们会觉得不能完全表达他们的感受，如果可选择的点非常多，他们又会觉得无从选择，因此会影响试验结果。

喜爱程度：

极度不喜欢	很不喜欢	中等不喜欢	轻度不喜欢	无所谓	轻度喜欢	中等喜欢	很喜欢	极度喜欢
□	□	□	□	□	□	□	□	□
1	2	3	4	5	6	7	8	9

类项标度的数值可以用 χ^2 分布来检验。如果数值间的间距被认为是相等的话，也可以使用 t 检验、方差分析，以及回归分析来处理数据。

2. 线性标度

线性标度也叫图标评估或视觉相似标度。自从发明了数字化设备以及随着在线计算机化数据输入程序的广泛应用，这种标度方法的使用变得非常普遍。在这种标度法中要求评价员在一条线上标记出能代表某感官性质强度或数量的位置，这条线的长度一般为 15 cm，端点一般在两端或距离两端 1.5 cm 处。通常，最左端代表"没有"或者"0"，最右端代表"最大"或者"最强"。一种常见的变化形式是在中间标出一个参考点，代表标准品的标度值。评价员在直线的相应处做标记，来表示其感受到的某项感官性质，而这些线上的标记又用直尺转化成相应的数值，然后输入计算机进行分析。线性标度中的数字表示的是间距。Stone 等人在 1974 年发表的一篇文章中建议在定量描述分析（QDA）中使用线性标度，使得这种方法得以普及，现在这项技术在受过培训的评价员中使用比较广泛,但在消费者试验当中则较少使用。

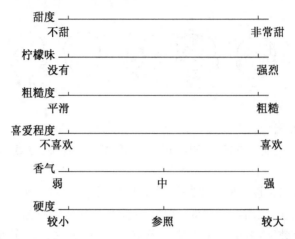

3. 量值估计标度法

在这种方法中,评价员得到的第一个样品就被某项感官性质随意给定了一个数值,这个数值既可以是由组织试验的人给定(将其作为模型),也可以由评价员给定。然后要求评价员根据第二个样品对第一个样品该项感官性质的比例,给第二个样品确定一个数值。如果评价员觉得第二个样品的强度是第一个样品的 3 倍。那么给第二个样品的数值就应该是第一个样品数字的 3 倍。因此,数字间的比率反映了感应强度大小的比率。量值估计法虽然本意表示比例,但实际上通常是既表示比例也表示间距。下面是一些例子:

(1)有参考模型

品尝的第一块饼干的脆性是 20,请将其他样品与其进行比较,以 20 为基础,就脆性与 20 的比例给定一个数值。如果某块饼干的脆度只有第一块饼干的一半,那么它脆度的数值就是 10。

第一个样品:20

样品 348:_____

样品 432:_____

(2)没有参考模型

品尝第一块饼干,就其脆性给定你认为合适的任何一个数值。然后,将其他样品与它进行比较,按比例给出它们脆性的数值。

样品 837:_____

样品 639:_____

样品 324:_____

参加试验的人一般会选择他们感觉合适的试验范围，ASTM（American Society for Testing and Materials）建议第一个样品的值在 30～100 之间，应该避免使用太小的数字。但对于以前受过培训使用其他标度方法的评价员来说，可能会有些困难，因为他们已经习惯了使用 1～9 或 0～15 这样的数字了，为了避免这一问题，可以让评价员进行一些活动来理解"比例"的含义，比如让他们估计不同几何图形的面积或直线的长度等。

量值估计标度法与类项标度法的比较：量值估计标度法得到的数据具有比例性质，它避免了评价员不愿意使用两端数值这一问题，而在类项标度法中，试验组织者要设计标尺，并确保评价员了解如何使用。量值估计标度法也有其不足之处，就是评价员容易使用 5、10、15 这样粗略易记的数值，而不大愿意使用 6、7 或者 1.3、4.2 这样比较精确的数值，实际生活中，在 9：30 左右的时候我们习惯说九点半，而不说 9：26，即便当时的时间真的是 9：26。但实际上，一些应用表面，这两种方法并没有明显的差别。量值估计标度法在喜好程度的试验中作用不大，但在评价员比较少（少于 20 人）的情况下，还是比较有用的。

有这么多的标度法，那么到底哪一种更有效、更可靠或者比其他方法在某些方面更优越呢？Lawless 和 Milone 于 1986 年进行了一次广泛地系列研究（超过 20 000 次试验），对集中场所的消费者利用不同的感官系统（包括嗅觉、视觉和触觉形式）进行了检验。他们进行了线性度、量值估计和类项标度法，利用产品间统计上的差别程度来作为方法有效性的标准。试验结果表明，各标度法的表现大致相同。Shand 等人在 1985 年对有经验的评价员的试验也得到相似的结论，这些建立在试验基础上的研究表明了各方法之间的等同性。在实践当中，应该考虑的一些问题有：① 标度的空间要足够大，以将产品区别开来；② 考虑端点效应；③ 考虑参评人员的参考框架，包括语言和实际参照物；④ 被评价的感官特性要适当并有确切定义；⑤ 在分析前，要考虑数据是否能够进行统计分析。

在选择测量反应的方法时，最好是选择能够测量出样品之间差距的最简单的方法。有时也会使用比较复杂一些的方法，比如使用复杂的词汇或复杂的标度，这样的方法所花费的培训时间和评定时间会多一些。实际上，对于同一批评价员来说，全面系统地培训表面上看起来花费的时间比较多，但从长远来说，却是节省时间的，因为如果评价员受的训练程度比较高的话，他们可以对任何样品进行试验，而不需要针对不同样品进行单独的训练。

项目6 食品感官评价实验室

进行一项食品的感官评价需要具备一些必备的硬件和软件设施。首先要建立感官分析实验室;然后是对评价员的筛选和培训,选择感官分析方法、制备样品;最后对评价结果进行统计分析。首先来谈一下实验室的建立,环境条件对食品感官分析有很大影响,这种影响体现在两个方面:对评价员心理和生理上的影响以及对样品品质的影响。建立食品感官分析实验室时,应尽量创造有利于感官评价的顺利进行和评价员正常评价的良好环境,尽量减少评价员的精力分散以及可能引起的身体不适或心理因素的变化,使得判断上产生错觉。环境条件包括感官分析实验室的硬件环境和运作环境,其物理条件如表1.6-1所示。

表1.6-1 食品感官评价的物理条件

环境	感官分析应在专门的检验室内进行;应给评价员创造一个安静的不受干扰的环境;检验室应与样品制备室分开;室内应保持舒适的温度与通风;避免无关的气味污染检验环境;检验室空间不宜太小,以免评价员有压抑的感觉;座位应舒适;应限制音响,特别是应尽量避免能使评价员分心的谈话和其他干扰;应控制光的色彩和强度。
器具	与样品接触的容器应适合所盛样品;容器表面无吸收性并对检验结果无影响;应尽量使用已规定的标准化的容器。
用水	应保证水质量;为了某些特殊目的,可使用蒸馏水、矿泉水、过滤水、凉开水等。

国家相关标准:GB/T 13868—2009《感官分析 建立感官分析实验室的一般导则》。

一、感官分析实验室的设计原则

(1) 保证感官评价在已知和最小干扰的可控条件下进行。
(2) 减少生理因素和心理因素对评价员判断的影响。

二、实验室的建立

感官分析实验室的建立应根据是否为新建实验室或是利用已有设施改造而有所不同。典型的实验室设施一般包括:

① 供个人或小组进行感官评价工作的检验区;

② 样品准备区；

③ 办公室；

④ 更衣室和盥洗室；

⑤ 供给样品贮藏室；

⑥ 评价员休息室。

针对特定的检验产品或检验类型,实验室设计需要进行调整。图 1.6-1 至图 1.6-6 列举了一些感官分析实验室平面图示例以及实验室的局部平面图。

实验室至少应具备供个人或小组进行感官评价工作的检验区和样品准备区。

感官分析实验室适宜建立在评价员易于到达的地方,且除非采取了减少噪声和干扰的措施,否则应避免建立在交通流量大的地段(如餐厅附近),并应考虑采取合理的措施以使残疾人易于到达。

评价员在进入评价间之前,实验室最好能有一个集合或等待的区域。此区域应易于清洁以保证良好的卫生条件。

三、检验区

1. 食品感官分析实验室检验区的一般要求(表 1.6-2)

表 1.6-2　食品感官分析实验室检验区的一般要求

位置	检验区应紧邻样品准备区,以便提供样品;但两个区域应隔开,以减少气味和噪声等干扰;为了避免对检验结果带来偏差,不允许评价员进入或离开检验区时穿过准备区。
温度和相对湿度	检验区的温度应可控,如果相对湿度会影响样品的评价时,检验区的相对湿度也应可控;除非样品评价有特殊条件要求,否则检验区的温度和相对湿度都应尽量让评价员感到舒适。
噪声	检验期间应控制噪声,宜使用降噪地板,最大限度地降低因步行或移动物体等带来的噪声。
气味	检验区应尽量保持无气味,可安装带有活性炭过滤器的换气系统,必要时也可利用形成正压的方式减少外界气味的侵入;检验区的建筑材料应易于清洁,不吸附和不散发气味。检验区内的设施和装置(如地毯、椅子等)也不应散发气味干扰评价。根据实验室用途,应尽量减少使用织物,因其易吸附气味且难以清洗。
装饰	检验区墙壁和内部设施的颜色应为中性色,以避免影响对被检样品颜色的评价。宜使用乳白色或中性浅灰色(地板和椅子可适当使用暗色)。

（续表）

照明	感官评价中照明的来源、类型和强度非常重要。应注意所有房间的普通照明及评价小间的特殊照明。检验区应具备均匀、无影、可调控的照明设施。光源应该是可以选择的，以产生特定的照明条件。例如，色温为 6 500 K 的灯能提供良好的、中性的照明，类似于"北方的日光"；色温为 5 000～5 500 K 的灯具有较高的显色指数，能模仿"中午的日光"。
安全设施	应考虑建立与实验室类型相适应的特殊安全设施。若检验有气味的样品，应配备特殊的通风橱；若使用化学药品，应建立化学药品清洗点；若使用烹调设备，应配备专门的防火设施。无论何种类型的实验室，都应适当设置安全出口标志。

2. 评价小间

（1）一般要求

许多食品感官评价要求评价员独立进行评价。当需要评价员独立进行评价时，通常使用独立评价小间以在评价过程中减少干扰和避免相互交流。

（2）数量

根据检验区实际空间的大小和通常的检验类型确定评价小间的数量，并保证检验区内有足够的活动空间和提供样品的空间。

（3）设置

一般推荐使用固定的小间，也可以使用临时的、移动的评价小间。若评价小间是沿着检验区和准备区的隔墙设立的，则宜在评价小间的墙上开一扇窗口以传递样品。窗口应该装有静音的滑动门或上下翻转门。窗口的设计应便于样品的传递并保证评价员看不到样品准备和样品编号的过程。为了方便使用，应在准备区内沿着评价小间外壁安装工作台。

需要时应在合适的位置安装电器插座，以便于特定检验条件下电器设备的方便使用。

若评价员使用计算机输入数据，要合理配备计算机组件，以便评价员集中精力于感官评价工作。例如，屏幕高度应适合观看，屏幕设置应使炫目最小，一般不设置屏幕保护。在令人感觉舒适的位置，安置键盘和其他输入设备，并且不影响评价操作。

评价小间内宜设有信号系统，以使评价员准备就绪时通知检验主持人，特别是准备区与检验区有隔墙分开时尤为重要。可通过开关等打开准备区一侧的指示灯或者在送样品窗口下移动卡片。样品按照特定的时间间隔提供给评价小组时例外。

评价小间可标有数字或符号，以便评价人员对号入座。

（4）布局和大小

评价小间内的工作台应足够大以容纳以下物品：样品、器皿、漱口杯、水池（若必要）、清洗剂、问答表、笔或计算机输入设备。

工作台至少长为 0.9 m，宽为 0.6 m。若评价小间内需要增加其他设备时，工作台尺寸应相应加大。工作台要高度合适，以便评价员可以舒适地进行样品检测。

评价小间侧面隔板的高度至少应超过工作台表面 0.3 m，以部分隔开评价员，使其专心评价。隔板也可从地面一直延伸至天花板，将评价员完全隔开，但同时要保证小间内空气流通和清洁。也可采用固定于墙上的隔板围住就座的评价员。

评价小间内应设有舒适的座位，高度与工作台表面相协调，以供评价员就座。若座位不能调整或移动，座位与工作台的距离至少应为 0.35 m，可移动的座位应尽可能可以安静的移动。

评价小间内可配备水池，但要在卫生和气味得以控制的条件下才能使用，若评价过程中需要用水，水的质量和温度应该是可控的。抽水型水池可处理废水，但也会产生噪声。

如果相关法律法规有要求，应至少设计一个高度和宽度适合坐轮椅的残疾评价员使用的专用评价小间。

（5）颜色

评价小间内部应涂成无光泽的、亮度因数为 15% 左右的中性灰色（如孟塞尔色卡 N4 至 N5），当被检样品为浅色和近似白色时，评价小间内部的亮度因数可为 30% 或者更高（如孟塞尔色卡 N6），以降低待测样品颜色与评价小间之间的亮度对比。

四、准备区

1. 一般要求

准备样品的区域（或厨房）要紧邻检验区，同时要避免评价员进入检验区时需穿过样品准备区而对检验结果造成偏差。

各功能区内及各功能区之间要布局合理，以使样品准备的工作流程便捷高效。

准备区内应保证空气流通，以利于排除样品准备时的气味及来自外部的异味。

地板、墙角、天花板和其他设施所用的材料应易于维护、无味、无吸附性。

准备区建立时,水、电、气装置的放置空间要有一定的余地,以备将来位置的调整。

2. 设施

准备区需配置的设施取决于要准备的产品类型。通常主要有:工作台;洗涤用水池和供应洗涤用水的设施;必要设备,包括用于样品的贮存、样品的准备和准备过程中可控的电器设备,以及用于提供样品的用具(如容器、器皿、器具等),设备应合理摆放,需校准的设备应于检验前校准;清洗设施;收集废物的容器;贮藏设施;其他必需的设施。

用于准备和贮存样品的容器以及使用的烹饪器具和餐具,应采用不会给样品带来任何气味或滋味的材料制成,以免干扰样品。

五、办公室

1. 一般要求

办公室是感官评价中从事文案工作的场所,应靠近检验区域并与之隔开。

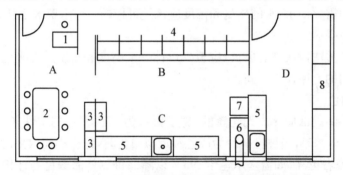

图 1.6-1 分析研究型食品感官科学实验室平面图

A—办公讨论区 B—品评试验区 C—试验准备区 D—仪器分析区

1—办公桌 2—会议桌 3—储物柜 4—品评小室 5—实验台 6—通风柜 7—冰箱 8—仪器台

2. 大小

办公室应有适当的空间,以能进行检验方案的设计、问答表的设计、问答表的处理、数据的统计分析、检验报告的撰写等工作为宜,需要时也能用于与客户讨论检验方案和检验结论。

3. 设施

根据办公室内需进行的具体工作,可配置以下设施:办公桌或工作台、档案柜、书架、椅子、电话、用于数据统计分析的计算器和计算机等,也可配备复印机和文件柜,但不一定都放置在办公室中。

六、辅助区

若有条件,可在检验区附近建立更衣室和盥洗室等,但应建立在不影响感官评价的地方。设置用于存放清洁和卫生用具的区域非常重要。

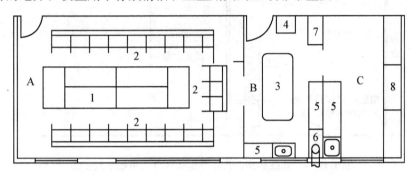

图 1.6-2 教学研究型食品感官科学实验室平面图

A—教学、品评、讨论区   B—试验准备区   C—仪器分析区

1—课桌(会议桌)   2—品评小室   3—样品准备台   4—冰箱   5—实验台

6—通风柜   7—储物柜   8—仪器台

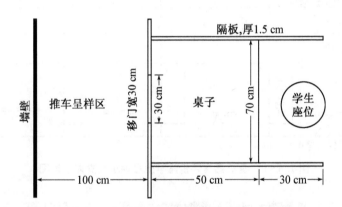

图 1.6-3 食品感官评价室学生品评单元俯视示意图一

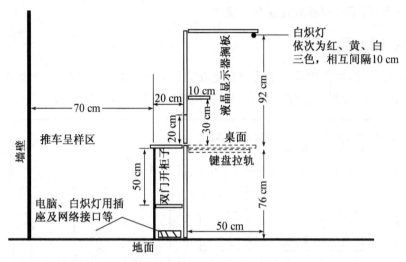

图 1.6-4　食品感官评价室学生品评单元俯视示意图二

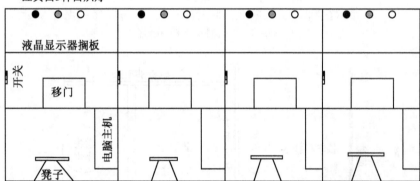

图 1.6-5　食品感官评价室学生品评单元立体示意图

图 1.6-6　食品感官评价室

项目 7　样品的制备与呈送

　　样品在感官评价中处于相当重要的地位,实验样品制备中所使用的设备、盛样器具以及制备的方式和过程都直接或间接地影响着评价结果的准确性与可靠性。同时,样品提供的顺序也会因导入时序误差、趋中误差、反差与趋同误差等对感官评价产生心理影响。因此,在感官评价前,应严格控制样品的均匀一致性、样品的温度、盛样的器具、样品的数量、样品加热或冻藏的方式、样品的编号、提供顺序等,同时采用合适的方式对不能直接进行感官评价的样品进行制备,尽可能保持样品间的真实差异,避免因为样品制备与提供而扩大或缩小这种差异。

　　国家相关标准:GB/T 10220—2012《感官分析　　方法学总论》、GB/T 12314—1990《感官分析方法　　不能直接感官分析的样品制备准则》。

一、样品的均匀一致

　　要获得可重复、再现的结果,样品的均匀一致性十分关键,以下列举了均匀一致性要求的总则以及不同类型检验中样品均匀一致性保持的 7 个要点。

　　(1)实验样品在生产批次、包装尺寸、储存条件、保质期等方面必须一致。

　　(2)对于面包、蛋糕、饼干等表面和中心位置不同的烘焙样品,应从中心位置取样后放置在密封容器里,以保证样品尺寸、颜色、硬度均一。另外,可根据实验目的决定是否对其表面进行评价;对饼干、脆饼等样品取样时,要将样品正面朝上放置在密封袋中,不应采用碎片作为样品。

　　(3)对于冷冻产品,应提前制备并冷冻,以确保样品温度均匀后进行评价。同样的,对于正常情况是热吃的食品就应按通常方法制备并趁热评价。

　　(4)对于分层的液体产品,取样时要保证提供给评价员的样品在容器内同一位置。在制备液体或半固体饮料时,首先要搅拌均匀,不能出现沉淀、分层现象。搅拌时,要注意搅拌速率和时间要一致,如有特殊需要,必须事先向评价员解释清楚,否则会影响评价员的客观评价;对于碳酸饮料,倒出样品后要立即进行评价,以确保最优的碳酸饱和状态;对于热饮,实验间隙应将样品封盖,推荐使用容积相同的锥形瓶盛放样品以确保热量流失最小。

　　(5)对于印有产品标识的样品(如巧克力棒),可将其切块或将商标刮掉;对于颜色不同的同一样品(如糖果)进行喜好试验时,应向评价员提供相同颜色搭配的样品;而对于差别检验和描述性分析则不一定要抽取颜色搭配相同的样品。

（6）由于所有样品均具有可变性，样品制备人员要根据实验目的处理好样品的可变性，除非实验目的是为了了解样品的可变性程度，否则应将其降至最低，以保证每名评价员受到的刺激是相同的。

（7）对风味进行差别检验时应掩蔽其他特性，以避免可能存在的交互作用。对于有颜色差异的样品，可使用遮光器、微暗的灯光或彩色玻璃器皿来掩饰样品差异。

二、样品的温度

温度变化会影响产品的风味、口感和组织状态，只有样品保持在恒定或适当的温度下进行评价时，才能获得充分反映样品特点并可重复的结果。感官评价时，不仅要求提供给每位评价员的每个样品的温度一致（样品数量较大时尤其如此），还应根据 5 点来确定适合的样品温度，即① 通常食用温度；② 易检出品质差异的温度；③ 实验中容易保持的温度；④ 不易产生感官疲劳的温度；⑤ 不使样品变性的温度。通常样品温度在 10～40 ℃时感觉较好，气味样品温度应保持在该产品日常使用的温度。表 1.7－1 列举了几种样品在感官评价时的最佳呈送温度。

表 1.7－1　样品在感官评价时的最佳呈送温度

食品种类	最佳温度/℃	食品种类	最佳温度/℃
啤酒	11～15	食用油	55
白葡萄酒	13～16	肉饼、热蔬菜	60～65
乳制品	18～20	汤	68
红葡萄酒、餐味葡萄酒	15	面包、糖果、鲜水果、咸肉	室温
冷冻橙汁	10～13		

所有同次实验样品温度应保持一致且在预设的范围内。由于不同类型的样品食用温度各不相同，可根据推荐的温度范围选择温度。在实验前和评价期间，可采用恒温箱、热沙子、热水浴、具盖预热玻璃容器、碎冰、隔装的干冰（使用干冰时请勿将样品与干冰接触，若不慎接触，一律丢弃）等维持样品温度，然后统一呈送，以保证样品温度恒定一致。

三、盛样器具

明确实验目标，选择合适的盛样器具。根据样品的数量、形状、大小、食用温度、湿润度选择相应数量、形状及性能的器具盛装。在同一实验中,要求盛放样品的容器在大小、形状、颜色、材质、重量、透明度等方面一致。容器本身无色、无味、透明,外观上无文字或图案(三位随机编码除外)。

样品容器通常采用玻璃或陶瓷器皿,但应经过清洗和消毒。洗涤容器时,所用洗涤剂应安全、无味。洗涤后,在 93 ℃下烘烤数小时,以除去不良气味。

在实际工作中,由于评价容器的使用量较大,清洗起来比较麻烦,存储也占用空间,常采用一次性塑料杯或纸质杯子、托盘等作为盛装样品的器具,既避免清洗和消毒处理的工作量,又不易破碎、不占空间、容易摆放。当然,在使用一次性器皿时,需要特别注意环保以及安全卫生问题,在选购时应保证产品生产和运输渠道正规,避免使用会沾染样品又不环保的器皿。在实验前 2 h,应将评价容器提前准备好,经过初步挑选和清理,除去某些残次品后待用。

四、样品量

样品量中应考虑的因素有评价样品数、每次评价的样品量,以及评价所需要的样品总量。

评价样品数一般控制在每轮 4~8 个样品,每评价一组样品后,应间歇一段时间再评,一次实验可连续进行 3~5 轮。通常对于气味重、油脂高的样品,每次只能提供 1~2 个样品;对于含酒精饮料和带有强刺激性的样品,评价样品数限制在 2~4 个;若只评价产品的外观,每次可提供的样品数为 20~30 个。

每次评价的样品量,首先应一致,以保证不同轮次实验以及不同评价员之间感官评价的可比性。此外,应考虑到评价员的感官响应、感官疲劳以及样品的经济性等来确定每次评价适宜的提供量。若过少,则不能保证样品与感官之间充分作用而降低判断的灵敏性;若过多,则会增加感官负担,容易疲劳。每个样品的数量应随着试验方法和样品种类的不同而有所差别。通常,对于差别检验,每个样品的分量控制在液体或半固体 15~30 mL,固体 30~40 g 为宜;情感试验的样品分量比差别检验多一倍;描述性试验的样品分量可依实际情况而定,应提供给评价员足够试验的量。此外,有时候需进行一定的预实验才能确定固体样品的大小、尺寸和质量。

评价所需的样品总量则根据实验设计中参加的评价员人数、评价的轮次进行估算并留有富余。稳定性好的样品应在其保质期内留样以便对感官评价的结果质疑时可复检。

五、样品加热或冻藏的方式

若需要数台微波炉、烤箱、烤炉或煎锅等加热样品时,应注意选择同一品牌、型号和输出功率的装置,同时打开运行,预实验校准后,将样品正面朝上放置炉内同一位置进行加热、烘焙或煎炸。在使用以上仪器对样品进行加热时,要选择重量、尺寸、形状相同的样品以确保加热均匀;有时,完全相同的加热时间也不一定能达到相同的最终温度,可通过预实验确定加热时间。采用同一装置制备多个样品时,要确保产品变量相互间不受影响。对于油炸食品,在食品放入油锅之前保证油液面恒定,通过预实验确定油炸过程中是否需要翻动或搅动,保证其受热均匀。为避免微生物,所有需冻藏样品必须保存在 4 ℃以下,同时要注意空气流通,以防样品吸收设备或其他产品的不良气味。

六、不能直接进行感官评价的样品的制备

有些样品由于风味浓郁或物理状态(黏度、颜色、粉状度等)等原因不能直接进行感官评价,如黄油、香精、调味料、糖浆等。为此,需根据检验目的进行适当稀释,或与化学组分确定的某一物质进行混合,或将样品添加到中性的食品载体中,再按照以上所述的五个步骤进行制备。根据实验目的的不同,不能直接进行感官评价的样品制备可分两种情况:

1. 为评估样品本身的性质

包括两种方法:

(1) 与化学组分确定的物质混合

① 将均匀定量的样品用一种化学组分确定的物质(如水、乳糖、糊精等)稀释或在这些物质中分散样品。每一个试验系列的每个样品应使用相同的稀释倍数或分散比例。

② 稀释会改变样品的原始风味,因此,配制时应避免改变其所测特性。

③ 当确定风味剖面时,对于相同样品有时推荐使用增加稀释倍数和分散比例的方法。

(2) 添加到中性食品载体中

① 在选择样品和载体混合的比例时,应避免二者之间的拮抗或协同效应。

② 将样品定量地混入选用的载体(牛奶、油)中或放在载体(面条、大米饭、馒头、菜泥、面包、乳化剂和奶油等)上面,样品混入载体所具有的香气、味道、质感、外表应一致,任何的不一致将与产品本身产生偏差。

③ 在检验系列中,被评价的每种样品应使用相同的样品/载体比例。

2.为评估食物制品中样品的影响

适用于评价将样品加到需要它的食物制品中的一类样品,如香精、香料等。详见 GB/T 12314—90 的规定。一般情况下,使用的是一个复杂制品,样品混于其中。在这种情况下,样品将与其他风味竞争。

关于不能直接感官分析的样品制备,表 1.7－2 列出了一些食品的通常试验条件。

表 1.7－2　不能直接感官分析食品的通常试验条件

样品	试验方法	器皿	数量及载体	温度/℃
果冻片	P	小盘	夹于 1/4 个三明治中	室温
油脂	P	小盘	一个炸面包圈或 3～4 个油炸点心	烤热或油炸
果酱	D,P	小杯和塑料匙	30 g 夹于淡饼干中	室温
糖浆	D,P	小杯	30 g 夹于威化饼干中	32
芥末酱	D	小杯和塑料匙	30 g 混于适宜肉中	室温
色拉调料	D	小杯和塑料匙	30 g 混于蔬菜中	60～65
奶油沙司	D,P	小杯	30 g 混于蔬菜中	室温
卤汁	D,DA	小杯 150 mL 带盖杯,不锈钢匙	30 g 混于土豆泥中 60 g 混于土豆泥中	60～65 65
火腿冻胶	P	小杯、碟或塑料匙	30 g 与火腿丁混合	43～49
酒精	D	带盖小杯	4 份酒精加 1 份水混合	室温
热咖啡	P	瓷杯	60 g 加入适宜奶、糖	65～71

注:D 表示辨别检验;P 表示嗜好检验;DA 表示描述检验。

七、样品编号

样品的编号可采用字母编号、数字编号及其组合的多种方式。

以字母编号时,要避免按顺序编写,避免使用字母表中相邻字母或开头、结尾字母,以双字母为最好,防止产生记号效应。编号的关键是不带有任何相关信息。

使用数字编号时,一般采用三位随机数。同次实验中,提供给每位评价员的样品,其编号应位数相同而数字不相同,避免使用重复编号,以免评价员相互讨论或猜测。而且,每轮实验提供给同一评价员的样品编号也要求不同,以防止评价员的短期记忆。此外,不要选择评价员忌讳或喜好的数字,如中国人不喜欢4、250,欧美人不喜欢13等。在使用记号笔给样品编号时,应注意其味道并做好消除味道的准备。

八、样品的提供

样品提供需要遵循交叉、平衡的基本要求。通过合理的样品摆放或者摆放顺序随机化,避免所提供的样品呈现一定的规律而被评价员猜测。当每个评价员需要评价多个样品时,所有样品应采用不同组合使得样品在每个位置上出现的概率相同以达到平衡,而提供给评价员时这些组合是随机的,或让每位评价员评价所有组合的样品组。必要时可以设计摆成圆形,打破日常生活中从左到右或从右到左的顺序思维,或采用一一上样的方式以避免颜色细微差异的影响,减少预期误差。如评价相似度很高的样品或在阈值附近进行评价时,常采用一一上样的方式。评价时,样品提供顺序一般遵循由易到难的方式,例如从无色到有色,酒精度由低到高,气味由淡到浓,品质由低到高等。

所有样品都通过送样口提供,提供完后应将送样口关闭,保证评价员看不到样品准备过程,也不打扰评价员的正常评价。

应根据具体情况选择适宜的样品评价时间。餐后2～3 h进行感官评价实验为佳,也有资料建议饭后2 h或饭前1 h。实际操作上,一般选择上午或下午的中间时间,例如上午9～11点或下午3～5点,因为这时评价员的敏感性较高。关于样品评价速度控制,一般情况下,每个样品的评价时间在30 s～2 min,样品之间的休息时间1～2 min,刺激性强的样品或特性评价如苦味、辣味等休息时间不少于5 min。

项目 8　感官评价员的筛选与培训

　　食品感官评价是以人的感觉为基础,通过感官评价食品的各种属性后,再经过统计分析而得到客观结果的实验方法。所以其结果不仅要受到客观条件的影响,而且要受到主观条件的影响。食品感官评价的客观条件包括外部环境条件和样品的制备,而主观条件则涉及参与感官评价实验人员的基本条件和素质。因此,对于食品感官评价,外部的环境条件、参与实验的评价员和样品的制备是实验得以顺利进行并获得理想结果的三个必备要素。当客观条件都具备时,只有通过参加实验的感官评价评价员的密切配合,才能取得可靠而且重现性强的客观分析结果。而参加分析评价员的感官灵敏性与稳定性严重影响最终结果的趋向性和有效性。由于个体感官灵敏性差异较大,而且有许多因素会影响到感官灵敏性的正常发挥。因此,食品感官评价员的选拔和培训是使感官评价实验结果稳定和可靠的首要条件。

　　国家相关标准:

　　GB/T 10220—2012《感官分析　方法学　总论》;

　　GB/T 10221—2012《感官分析　术语》;

　　GB/T 15549—1995《感官分析　方法学　检测和识别气味方面评价员的入门与培训》;

　　GB/T 23470.1—2009《感官分析　感官分析实验室人员一般导则　第一部分:实验室人员职责》;

　　GB/T 23470.2—2009《感官分析　感官分析实验室人员一般导则　第二部分:评价小组组长的聘用和培训》;

　　GB/T 16291.1—2012《感官分析　选拔、培训和管理评价员一般导则　第一部分:优选评价员》;

　　GB/T 16291.2—2010《感官分析　选拔、培训和管理评价员一般导则　第二部分:专家评价员》;

　　GB/T 12312—2012《感官分析　味觉敏感度的测定方法》;

　　GB/T 22366—2008《感官分析　方法学　采用三点选配法(3 - AFC)测定嗅觉、味觉和风味觉察阈值的一般导则》。

一、感官评价员的初选

工作任务

感官评价是用人来对样品进行测量,他们对环境、产品及实验过程的反应方式都是实验潜在的误差因素。因此,食品感官评价员自身状况对整个实验是至关重要的,为了减少外界因素的干扰,得到正确的实验结果,就要在食品感官评价员这一关上做好初选、筛选和培训工作。感官评价员选拔和培训的第一步就是初选,淘汰那些明显不适宜作感官评价员的候选者。初选合格的候选评价员将参加筛选检验。

教学内容

➤能力目标

(1) 了解:感官评价员的类型。
(2) 掌握:感官评价员的初选方法。

➤教学方式

教学步骤	时间安排	教学方式(供参考)
阅读材料	课余	学生自学、查资料、相互讨论
知识点讲解 (含课堂演示)	2课时	在课堂学习中,结合多媒体课件解析感官评价员的类型,感官评价员的初选方法。使学生对排序检验法有良好的认识
评估检测		教师与学生共同完成任务的监测评估,并能对问题进行分析和处理

➤知识要点

食品感官评价实验种类繁多。各种实验对感官评价员的要求不完全相同,而且能够参加食品感官实验的人员在感官评价上的经验及相应的训练层次也不同。根据相关国家标准,感官评价员的类型及定义等如表1.8-1所示。

表 1.8－1　感官评价员

评价员类型	定义	在优选评价员水平上附加的特征	利用这些评价员的优势
评价员	参加感官评价的人员。	—	—
准评价员	尚未满足特殊判断准则的人员。	—	—
初级评价员	具有一般感官评价能力的评价员。	—	—
优选评价员	挑选出的具有较高感官评价能力的评价员。	—	—
专家评价员	具有高度的感官敏感性和丰富的感官方法学经验的优选评价员。他们对各种产品能做出一致的、可重复的感官评价。	在一个时期内或从一个时期到另一个时期内判断力具有良好的一致性；长期良好的感官记忆。	较少的评价员做出有一定可靠性的结论；长期的感官记忆和积累的经验可以识别细微的特性，如沾染；专家评价小组的证据更具有说服力，例如，在法庭上。
专业专家评价员	具备产品生产和（或）加工、营销领域专业经验的专家评价员，并能够对产品进行感官评价，能评价或预测原材料、配方、加工、贮藏、老化等方面相关变化对产品的影响。	有专业领域内广泛的经验；高度发展的确认和评价感官性质的能力；对参考标准的了解；对关键特性的识别；用于解决问题的推理能力；良好的描述和交流结论或采取适当行动的能力。	具备专业知识的专家评价员对所有判断、评论和评估，包括由评价小组长承担的任务负有完全的责任；对感官方面的合同或法规要求提出建议；在评价的早期阶段，提出是否需要改变配方或加工方法；预测产品在整个生产和贮藏时期的变化；预测由原材料、加工、贮藏等方面的变化引起的产品变化的实际结果。

注：表中归纳了各种类型评价员的差异，同时举例说明了他们的工作方式。

任务分析

通过本项目的学习,在实际的任务引导下,经过一步一步地实践操作,使学生融会贯通感官评价员的初选过程。掌握筛选过程,包括挑选候选人员和在候选人员中确定通过特定实验手段筛选两个方面。

任务实施

任务 1   感官评价员的初选

1. 目的

初选包括报名、填表、面试等阶段,目的是淘汰那些明显不适宜作感官评价员的候选者,初选合格的候选评价员将参加筛选检验。

2. 人数

参加初选的人数一般应是实际需要评价员人数的 2~3 倍。

3. 人员基本情况

选择候选人员就是感官试验组织者按照制定的标准和要求在能够参加试验的人员中挑选合适的人选。食品感官评价实验根据试验的特性,对参加感官评价实验的人员提出不同的标准和要求。组织者可以通过调查问卷或者面谈方式来了解和掌握每个人的情况,下列几个因素是挑选各种类型感官评价员都必须考虑的,组织者应了解候选评价员基本情况并依此决定候选评价员是否参加筛选检验,如表 1.8-2 所示。

表 1.8-2   候选评价员基本情况调查

项目	内容
1. 兴趣和动机	对感官评价工作的兴趣和动机是关系到今后能否认真学习与正确操作的基本因素,因此,需掌握候选评价员这方面的情况。
2. 评价员的可用性	候选评价员应能参加培训和以后的评价工作,出勤率至少要达到 80%,经常出差或工作繁重的人不宜参加感官评价工作。
3. 对评价对象的态度	应了解候选评价员是否对某些评价对象(例如,食品或饮料)特别厌恶,特别是对将来可能的评价对象(食品和饮料)的态度。同时应了解是否由于文化上、种族上、宗教上或其他方面的原因而禁忌某种食品。

(续表)

项目	内容
4. 知识和才能	如果只要求候选评价员评价一种类型的产品,则最好从掌握这类产品各方面知识的人中挑选。
5. 健康状况	要求候选评价员健康状况良好,无痛苦、过敏或疾病。不应服用那些会减弱其对产品感官特性的真实评价能力的药品,戴假牙者不宜担任某些质地特性的感官评价。但感冒或者某些暂时状态(例如,怀孕)不应成为淘汰候选评价员的理由。
6. 表达能力	在描述性检验时,候选评价员表达和描述感觉的能力特别重要。这种能力可在面试和筛选检验中显示出来。在选拔描述检验的候选评价员时,要特别重视这方面的能力。
7. 个性特点	候选评价员应在感官评价工作中表现出兴趣和积极性。能专心致志地致力于需要花费大量精力的工作,能准时参加评价会,并有认真负责的态度。
8. 其他情况	例如,现在的职业以及感官评价的经验。是否吸烟也可记录,但不作为淘汰候选评价员的理由。

　　4. 获得评价员基本情况的途径

候选评价员的有关情况可通过填写各种询问单及面谈获得。

询问单的设计要求:

(1) 询问单应能提供尽量多的信息;

(2) 询问单应能满足组织者的需求;

(3) 询问单应能识别出不合格人选;

(4) 询问单应容易理解;

(5) 询问单应容易回答。

感官评价员筛选询问单举例如下:

风味评价员筛选调查问卷

个人情况:

姓名:_____　　　性别:_____　　　年龄:_____

地址:

联系电话:

你从何处听说我们这个项目:

时间：

(1) 一般来说，一周中你的时间怎样安排？你哪一天有空余时间？

(2) 从×月×日到×月×日，你是否要外出，如果外出，需要多长时间？

健康状况：

(1) 你是否有下列情况？

假牙：_____ 糖尿病：_____

口腔或牙龈疾病：_____ 食物过敏：_____

低血糖：_____ 高血压：_____

(2) 你是否在服用对感官有影响的药物，尤其是对味觉和嗅觉有什么影响？

饮食习惯：

(1) 你目前是否在限制饮食？如果有，限制的是哪种食物？

(2) 你每月有几次在外就餐？

(3) 你每月吃几次速冻食品？

(4) 你每月吃几次快餐？

(5) 你最喜爱的食物是什么？

(6) 你最不喜欢的食物是什么？

(7) 你不能吃什么食物？

(8) 你不愿意吃什么食物？

(9) 你认为你的味觉和嗅觉辨别能力如何？

味觉　　　　嗅觉

高于平均水平

平均水平

低于平均水平

(10) 你目前的家庭成员中有在食品公司工作的吗？

(11) 你目前的家庭成员中有在广告公司或市场研究机构工作的吗？

风味检测：

(1) 如果一种配方需要香草香味物质，而手头又没有，你会用什么代替？

(2) 还有哪些食物吃起来像奶酪？

(3) 为什么往肉汁里加咖啡会使其风味更好？

(4) 你怎样描述风味和香味之间的区别？

(5) 你怎样描述风味和质地之间的区别？

(6) 用于描述啤酒的最适合的词语(一个或两个词)是什么？

(7) 请对食醋的风味进行描述。

(8) 请对可乐风味进行描述。

(9) 请对某种火腿的风味进行描述。

(10) 请对苏打饼干的风味进行描述。

香味评价员筛选调查表个人情况：

姓名：_____　　性别：_____　　年龄：_____

地址：

联系电话：

你从何处听说我们这个项目：

时间：

(1) 一般来说，一周中你的时间怎样安排？你哪一天有空余时间？

(2) 从×月×日到×月×日，你是否要外出，如果外出，需要多长时间？

健康状况：

(1) 你是否有下列情况？

鼻腔疾病：＿＿＿＿＿＿＿　　　低血糖：＿＿＿＿＿＿＿

经常感冒：＿＿＿＿＿＿＿　　　过敏史：＿＿＿＿＿＿＿

(2) 你是否在服用对感官有影响的药物，尤其是对味觉和嗅觉有什么影响？

日常生活习惯：

(1) 你是否喜欢使用香水？如果使用，是什么品牌？

(2) 你喜欢不带香味还是带香味的物品？（如肥皂等）

陈述理由：

(3) 请列出你喜爱的香味产品，它们是什么品牌？

(4) 请列出你不喜爱的香味产品：

陈述理由：

(5) 你讨厌哪些气味？

陈述理由：

(6) 你喜欢哪些香气或者气味？

(7) 你认为你辨别气味的能力在何种水平？

高于平均值＿＿＿＿＿　　　平均值＿＿＿＿＿　　　低于平均值＿＿＿＿＿

(8) 你目前的家庭成员中有在香精、食品或者广告公司工作的吗？如果有,是在哪一家？

(9) 评价员在品评期间不能用香水,在评价小组成员集合之前也不能吸烟,如果你被选为评价员,你愿意遵守以上规定吗？

香气测验:

(1) 如果某种香水类型是水果,你还可以用什么词汇来描述它？

(2) 哪些产品具有植物气味？

(3) 哪些产品具有甜味？

(4) 哪些气味与"干净"、"新鲜"有关？

(5) 你怎样描述水果味和柠檬味之间的不同？

(6) 你用哪些词汇来描述男用香水和女用香水的不同？

(7) 哪些词汇可以用来描述一篮子刚洗过的衣服的气味？

(8) 描述一下面包房里的气味。

(9) 请你描述一下某品牌的洗涤剂气味。

(10) 请你描述一下某品牌的香皂气味。

(11) 请你描述一下某食品店的气味。

(12) 请你描述一下地下室的气味。

(13) 请你描述一下香精开发试验室的气味。

任务2　候选评价员的面试

面谈可提供一个双向交流的机会。候选评价员可以询问有关的问题，接见者可以谈谈有关感官评价程序以及对候选评价员的期望等问题，面谈可收集询问单中没有反映出的问题，从而可获得更多的信息。为了使面谈更富有成效，应注意以下几点：

(1) 接见者应具有感官评价的丰富知识和经验；

(2) 面谈之前，接见者应准备所有要询问的问题和要点；

(3) 接见者应创造一个轻松的气氛；

(4) 接见者应认真听取并作记录；

(5) 所问问题的顺序应有逻辑性。

二、感官评价员的筛选

工作任务

在初步确定评价候选人后，通过一系列筛选检验，进一步淘汰那些不适宜作感官评价工作的候选者。筛选就是通过一定的筛选方法观察候选人员是否具有感官评价能力。例如，对感官评价实验的兴趣；普通的感官分辨能力；适当的评价人员行为(主动型、合作性、准时性等)；分辨和在线实验结果的能力等。从而决定候选人是否符合参加感官评价的条件，通过筛选检验的候选评价员将参加培训。

教学内容

➤能力目标

(1) 了解：感觉的定义以及影响感觉的因素。

(2) 了解：味觉、嗅觉的器官特征及生理学功能。

(3) 掌握：掌握阈的基本知识。

(4) 学生在教师的指导下能够进行对候选人感官功能的检验；对候选人感官灵敏度的检验；对候选人描述和表达感官反应能力的检验。

➤教学方式

教学步骤	时间安排	教学方式（供参考）
阅读材料	课余	学生自学，查资料，互相讨论。
知识点讲解（含课堂演示）	2 课时	在课堂学习中，应结合多媒体课件讲解感觉的基本知识以及让学生掌握感觉阈的基本知识；讨论品评过程；使学生对感官评价员筛选的基础知识有良好的认识。
任务操作	4 课时	完成味觉灵敏度测定，配比检验，三点检验，排序检验，嗅觉辨别检验以及气味描述检验的实践任务，学生边学边做，同时教师应在学生实训中有针对性地向学生提出问题，引起其思考。
评估检测		教师与学生共同完成任务的检测与评估，并能对问题进行分析和处理。

➤知识要点

食品感官评价员的筛选工作在初步确定感官评价候选人后进行。根据筛选试验的结果获知参加筛选试验人员在感官评价试验上的能力，决定候选人员适宜作为哪种类型的感官评价或不符合参加感官评价试验的条件而淘汰。筛选试验的主要检验内容：

（1）感官功能的检验：基本识别试验（基本味或气味识别试验）。

（2）感官灵敏度的检验：差异分辨试验（配比试验、三点试验、排序试验等）。

（3）描述和表达感官反应能力的检验。

感官评价员的筛选包括两种类型：

（1）区别检验感官评价员的筛选：确定感官评价员区别不同产品之间性质的差异能力。

（2）描述分析试验评价员的筛选：确定评价员对感官性质及其强度进行区别的能力，对感官性质进行描述的能力以及抽象归纳能力。

筛选过程中应注意的几个问题：

（1）最好使用与正式感官评价试验相类似的试验材料。

（2）根据各次试验的结果随时调整试验的难度。

（3）参加筛选试验的人数要多于预定参加实际感官评价试验的人数。

（4）多次筛选以相对进展为基础，连续进行直至挑选出人数适宜的最佳人选。

(5) 做好筛选的组织工作。

任务分析

感官评价员筛选通常包括基本识别实验(味觉敏感度测定、嗅觉敏感度测定)和差异分辨实验(配比检验、三点检验、排序检验等)。根据需要可设计一系列实验来多次筛选人员,或者采用初选的人员分组进行相互比较性质的实验。有些情况下,筛选试验和训练内容可以结合起来,在筛选的同时进行人员训练。

任务实施

任务3 味觉敏感度检验——对候选人感官功能的检验

感官评价员应具有正常的感觉功能。每个候选者都要经过各有关感官功能的检验,以确定其感官功能是否正常。例如,是否有视觉缺陷,嗅觉缺失或味觉缺失等,其过程可采用相应的敏感性检验来完成。通过本任务的学习,使学生在实际的任务引导下,经过逐步地品评实践操作,融会贯通味觉的相关理论及影响味觉识别的因素。本任务是选择及培训评价员的初始实验。

1. 评价员的任务及分析品评要素

酸、甜、苦、咸是人类的四种基本味觉,取四种标准味觉物质按两种系列(几何系列和算数系列)稀释,以浓度递增的顺序向评价员提供样品,品尝后记录味感。

本法适用于评价员味觉敏感度的测定,可用作选择及培训评价员的初始实验,测定评价员对四种基本味道的识别能力及其察觉阈、识别阈、差别阈值。

(1) 四种基本味的识别

制备甜(蔗糖)、咸(氯化钠)、酸(柠檬酸)和苦(咖啡碱)四种呈味物质的两个或三个不同浓度的水溶液。按规定号码排列顺序(表1.8-3)。然后,一次品尝各样品的味道。品尝时应注意品味技巧:样品应一点一点地啜入口内,并使其滑动时接触舌的各个部位(尤其应注意使样品能达到感觉酸味的舌边缘部位)。样品不得吞咽,在品尝两个样品的中间应用35℃的温水漱口去味。

表 1.8-3　四种基本识别的编码排列

样品	基本味	呈味物质	实验溶液 /(g/100 mL)	样品	基本味	呈味物质	实验溶液 /(g/100 mL)
A	酸	柠檬酸	0.02	F	甜	蔗糖	0.60
B	甜	蔗糖	0.40	I	苦	咖啡碱	0.03
C	酸	柠檬酸	0.03	J	—	水	
D	苦	咖啡碱	0.02	K	咸	氯化钠	0.15
E	咸	氯化钠	0.08	L	酸	柠檬酸	0.40

（2）四种基本味的阈值实验准备

味觉识别是味觉的定性认识，阈值实验才是味觉的定量认识。

制备一种呈味物质（蔗糖、氯化钠、柠檬酸或者咖啡碱）的一系列浓度的水溶液。然后，按浓度增加的顺序依次品尝，以确定这种味道的察觉阈。

试剂（样品）及设备

① 水：无色、无味、无臭、无泡沫，中性，纯度接近于蒸馏水，对实验结果无影响。

② 四种味感物质储备液：按表 1.8-4 规定制备。

表 1.8-4　四种基本储备液

基本味道	参比物质		浓度/(g/L)
酸	DL-酒石酸（结晶）	M=150.1	2
	柠檬酸（一水化合物结晶）	M=210.1	1
苦	盐酸奎宁（二水化合物结晶）	M=196.9	0.020
	咖啡因（一水化合物结晶）	M=212.12	0.200
咸	无水氯化钠	M=58.46	6
甜	蔗糖	M=324.3	32

注：M 为物质的相对分子质量；酒石酸和蔗糖溶液，在实验前几小时配制；试剂均为分析纯。

③ 四种味觉物质的稀溶液：用上述储备液按两种系列制备稀释溶液，如表 1.8-5 和表 1.8-6 所示。四种基本味的察觉阈如表 1.8-7 所示。

表 1.8-5　四种基本味液几何系列稀释度

稀释液	成分		试验溶液浓度/(g/L)					
	储备液 /mL	水 /mL	酸		苦		咸	甜
			酒石酸	柠檬酸	盐酸奎宁	咖啡因	氯化钠	蔗糖
G6	500	稀释至 1 000	1	0.5	0.010	0.100	3	16
G5	250		0.5	0.25	0.005	0.050	1.5	8
G4	125		0.25	0.125	0.002 5	0.025	0.75	4
G3	62		0.12	0.062	0.001 2	0.012	0.37	2
G2	31		0.06	0.031	0.000 6	0.006	0.18	1
G1	16		0.03	0.015	0.000 3	0.003	0.09	0.5

表 1.8-6　四种基本味液算数系列稀释液

稀释液	成分		试验溶液浓度/(g/L)					
	储备液 /mL	水 /mL	酸		苦		咸	甜
			酒石酸	柠檬酸	盐酸奎宁	咖啡因	氯化钠	蔗糖
G9	250	稀释至 1 000	0.50	0.250	0.005 0	0.050	1.50	8.0
G8	225		0.45	0.225	0.004 5	0.045	1.35	7.2
G7	200		0.40	0.200	0.004 0	0.040	1.20	6.4
G6	175		0.35	0.175	0.003 5	0.035	1.05	5.6
G5	150		0.30	0.150	0.003 0	0.030	0.90	4.8
G4	125		0.25	0.125	0.002 5	0.025	0.75	4.0
G3	100		0.20	0.100	0.002 0	0.020	0.60	3.2
G2	75		0.15	0.075	0.001 5	0.015	0.45	2.4
G1	50		0.10	0.050	0.001 0	0.010	0.30	1.6

表 1.8 - 7　四种基本味的察觉阈(g/L)

	蔗糖(甜)	NaCl(咸)	柠檬酸(酸)	咖啡碱(苦)
1	0.00	0.00	0.000	0.000
2	0.05	0.02	0.005	0.003
3	0.10	0.04	0.010	0.004
4	0.20	0.06	0.013	0.005
5	0.30	0.08	0.015	0.006
6	0.40	0.10	0.018	0.008
7	0.50	0.13	0.020	0.010
8	0.60	0.15	0.025	0.015
9	0.80	0.18	0.030	0.020
10	1.00	0.20	0.035	0.030

注:带有下划线的数据为平均阈值。

④ 仪器:容量瓶、玻璃容器(玻璃杯)

2. 设计品评方案

学生分组设计品评方案,讨论并确定实施方案。

3. 品评步骤(举例)

(1) 把稀释溶液分别放置在已编号的容器内,另准备好容器盛水。

(2) 溶液依次从低浓度开始,逐渐提交给评价员,每次 7 杯,其中一杯为水。每杯约 15 mL,杯号按随机数编号,品尝后按表 1.8 - 8 填写记录。

表 1.8 - 8　四种基本味测定记录(按算数系列稀释)

姓名:_____　　时间:___年___月___日

项目	未知	酸味	苦味	咸味	甜味	水
一						
二						
三						
四						
五						
六						
七						
八						
九						

4. 品评结果分析及优化

根据评价员的品评结果,统计该评价员的察觉阈、识别阈和差别阈值,总结品评结果以及选择最优方案。

5. 注意事项

(1)要求评价员细心品尝各种溶液,如果溶液不下咽,须含在口中一段时间。每次品尝后,用水漱口。如果要品尝另一种味液,需等待 1 分钟后,再品尝。

(2)试验期间样品和水温尽量保持在 20 ℃。

(3)试验样品的组合,可以是同一浓度系列的不同味液样品,也可以是不同浓度系列的同一种味感样品或两三种味感样品,每批样品数一致(如均为 7 个)。

(4)样品以随机数编号,无论以哪种组合,各种浓度的试验溶液都应被品评过,浓度顺序应从低浓度逐步到高浓度。

任务4　配比检验——对候选人感官灵敏度检验

感官评价员应不仅能够区别不同产品之间的性质差异,而且能够区别相同产品某项性能的差别程度或强弱。确定候选者具有正常的感官功能后,应对其进行感官灵敏度的测试。此过程可采用相应的灵敏度检验来完成。

1. 目的

识别明显高于阈限水平的具有不同感官特性的材料样品。

2. 器材及工具

明显高于阈水平的材料的样品(检验味道所用材料见表1.8-9)。每个样品都编上不同的随机三位数码。

表1.8-9　配比检验所用材料

味道	材料	室温下水溶液浓度(g/L)
甜	蔗糖	16
酸	酒石酸或柠檬酸	1
苦	咖啡因	0.5
咸	氯化钠	5
涩	鞣酸	1
	或豕草花粉苷(栎精)	0.5
金属味	硫酸铝钾(明矾)	0.5
	水合硫酸亚铁($FeSO_4 \cdot 7H_2O$)	0.01

注:① 该物质不溶于水。

② 尽管该物质有最典型的金属味,但其水溶液有颜色,所以最好在彩灯下用密闭不透明的容器提供这种溶液。

3. 品评步骤

向候选评价员提供同种类型的一个样品并让其熟悉这些样品。然后向他们提供一系列同材料但带有不同编码的样品。让候选评价员与原来的样品配比并描述他们的感觉。

4. 结果的评价

若候选评价员对表 1.8-9 中所给出的不同材料的浓度配比的正确率小于 80%,则不能选为优选评价员。同时要求对样品产生的感觉做出正确描述。

任务 5　三点检验——对候选人感官灵敏度检验

1. 目的

观察某一特性,区别两种样品。

2. 器材及工具

向每位候选评价员提供两份被检验材料样品,如一份水或其他中性介质的样品;或一份被检验样品和两份水或其他中性介质。被检材料的浓度应在阈限水平之上,所用材料及浓度见表 1.8-10。

表 1.8-10　三点检验所用材料及浓度

材料	室温下的水溶液浓度(g/L)
咖啡因	0.27
柠檬酸	0.60
氯化钠	2
蔗糖	12
3-顺-乙烯醇	0.4

3. 品评步骤

要求候选评价员区别所提供的样品。

4. 结果的评价

经过几次重复检验候选评价员还不能完全正确地觉察出差别,则表明其不适合这种检验。

任务6　排序检验——对候选人感官灵敏度检验

1. 目的

区别某种感官特性的不同水平。

2. 器材及工具

在每次检验中,将4个具有不同特性强度的样品以随机的顺序提供给候选评价员,要求他们以强度递增的顺序将样品排序。注意应以相同的顺序向所有候选评价员提供样品,以保证候选评价员排序结果的可比性,而避免由于提供顺序的不同而造成的影响。所用材料及浓度见表1.8-11。

表1.8-11　排序检验所用材料

检验	材料	室温下水溶液浓度(g/L)或特性强度
味道辨别	柠檬酸	0.4、0.2、0.1、0.05
气味辨别	丁子香酚	1、0.3、0.1、0.03
质地辨别	有代表性的样品(例如豆腐干、豆腐)	例如质地从硬到软
颜色辨别	布,颜色标度等	颜色强度可从强到弱

3. 品评步骤

要求候选评价员区别所提供的样品。

4. 结果的评价

应根据具体产品来确定实际排序水平的可接受程度。对表1.8-11中规定的浓度,候选评价员如果将顺序排错一个以上,则认为该候选评价员不适合作为该类分析的优选评价员。

任务7　嗅觉辨别检验——对候选评价员描述能力的检验

1. 目的

检验候选评价员的嗅觉辨别能力。嗅觉属于化学感觉,是辨别各种气味的感觉。嗅觉的感受器位于鼻腔最上端的嗅上皮内,嗅觉的感受物质必须具有挥发性和可溶性的特点。嗅觉的个体差异很大,有嗅觉敏锐者和迟钝者。嗅觉敏锐者也并非对所有的气味都敏锐,也会因不同气味而异,且易受身体状况和生理的影响。

2. 器材及工具

(1) 标准香精样品,例如,柠檬、苹果、茉莉、玫瑰、菠萝、香蕉、乙酸乙酯、丙酸异戊酯等。

（2）具塞棕色玻璃小瓶、辨香纸。

（3）溶剂：乙醇、丙二醇等。

3．步骤

（1）基础测试

挑选 3～4 个不同香型的香精（如柠檬、苹果、茉莉、玫瑰），用无色溶剂（如丙二醇）稀释配制成 1％浓度。以随机数编码，让每个评价员得到 4 个样品，其中有两个相同，一个不同，外加一个为稀释用的溶剂（对照样品）。

评价员应有 100％选择正确率。

（2）辨香测试

挑选 10 个不同香型的香精（其中有 2～3 个比较接近易混淆的香型），适当稀释至相同香气强度，分别装入干净棕色的玻璃瓶中，贴上标签名称，让评价员充分辨别并熟悉它们的香气特征。

（3）等级测试

将上述辨香试验的 10 个香精制成两份样品，一份写明香精名称，一份只写编号，让评价员对 20 瓶样品进行分辨评香，并填写表 1.8-12。

表 1.8-12　评香分辨表

标明香精名称的样品号码	1	2	3	4	5	6	7	8	9	10
你认为香型相同的样品编号										

（4）配对试验

在评价员经过辨香试验熟悉了评价样品后，任取上述香精中 5 个不同香型的香精稀释，制成外观完全一致的两份样品，分别写明随机数码编号。让评价员对 10 个样品进行配对实验，并填写表 1.8-13。

表 1.8-13　辨香配对试验表

辨香配对试验

试验日期：＿＿＿年＿＿＿月＿＿＿日

试验员：＿＿＿＿＿＿＿

经仔细辨香后，填入上下对应你认为二者相同的香精编号，并简单描述其香气特征。

相同的两种香精的编号					
它的香气特征					

4. 结果分析

（1）参加基础测试的评价员最好有100％的选择正确率，如经过几次重复还不能觉察出差别，则不能入选评价员。

（2）等级测试中可用评分法对评价员进行初评，总分为100分，答对一个香型得10分。30分以下者为不及格；30～70分者为一般评价员，70～100分者为优选评价员。

（3）配对试验可用差别试验中的配偶试验进行评估。

5. 注意事项

（1）评香实验室应有足够的换气设备，以1分钟内可换室内容积2倍量空气的换气能力为最好。

（2）香料：香气评定法参见 GB/T 14454.2—1993。

任务8　气味描述检验——对候选评价员描述能力的检验

1. 目的

检验候选评价员描述气味刺激的能力。

2. 样品的制备

向候选评价员提供5～10种不同的嗅觉刺激样品。这些刺激样品最好与最终评价的产物相联系。样品系列应包括比较容易识别的某些样品和一些不常见的样品。刺激强度应在识别阈之上但不要太多地高出实际产品中可能遇到的水平。

识别样品主要有两种方法，一种是鼻后法；另一种是直接法。

鼻后法是从气体介质中评价气味。例如，通过放置在口腔中的嗅条或含在嘴中的水溶液评价气味。

直接法是使用包含气味的瓶子、嗅条或空心胶丸。它是最常用的方法，具体做法如下：将吸有样品气味的石蜡或棉绒置于深色无气味的50～100 mL 的有盖细口玻璃瓶中，使之有足够的样品材料放在瓶子的上部。在将样品提供给评价员之前应检验一下气味的强度。

3. 步骤

一次只提供给候选评价员一个样品，要求候选评价员描述或记录他们的感受。初次评价后，组织者可主持一次讨论以便引出更多地评论，从而充分显露候选评价员描述刺激的能力。所用材料见表1.8-14。

表 1.8 - 14　气味描述检验所用材料

材料	由气味引起的通常联想物的名称
苯甲酸	苦杏仁
辛烯-3-醇	蘑菇
材料	由气味引起的通常联想物的名称
乙酸苯-2-乙酯	花卉
(二)烯丙基硫醚	大蒜
樟脑	樟脑丸
薄荷醇	薄荷
丁子香酚	丁香
茴香脑	茴香
香兰醇	香草素
β-紫罗铜	紫罗兰、悬钩子
乙酸	醋
乙酸异戊酯	水果
二甲基噻吩	烤洋葱

4. 结果评价

按表 1.8 - 15 所示的标度给候选评价员的操作评分。

表 1.8 - 15　评分表

标度	分值
描述准确的	5 分
仅能在讨论后才能较好描述的	4 分
联想到产品的	2～3 分
描述不出的	1 分

应根据所使用的不同材料规定出合格操作水平。气味描述检验的候选评价员其得分应达到满分的 65%,否则不宜做这类检验的评价员。

三、感官评价员的培训

1. 培训目的

向候选评价员提供感官评价基本技术与基本方法,有关产品的基本知识,提高他们觉察、识别和描述感官刺激的能力,使最终产生的评价员小组能作为特殊的"分析仪器"产生可靠的评价结果。

2. 人数

参加培训的人数一般应是实际需要的评价员人数的 1.5～2 倍。

3. 培训场所

所有的培训都应在 GB/T 13868—2009；ISO 8589—2007《感官分析　建立感官分析实验室的一般导则》规定的适宜环境中进行。

4. 培训时间

根据不同产品所使用的检验程序以及培训对象的知识与技能基础，确定适宜的培训时间。

5. 培训内容

（1）对候选评价员的基本要求

候选评价员应提高对将要从事的感官评价工作及培训重要性的认识，以保持其参加培训的积极性。

除偏爱检验以外，应指示候选评价员在任何时候都要客观评价，不应掺杂个人喜好和厌恶情绪。

应避免可能影响评价结果的外来因素。例如，在评价味道或气味时，在评价之前和评价过程中不能使用有气味的化妆品，手上不得有洗手肥皂的气味等。至少在评价前一小时不要接触烟草和其他有强烈气味与味道的物质。

（2）感官评价技术培训

① 认识感官特性的培训

认识并熟悉各有关感官特性，例如，颜色、质地、气味、味道、声响等。

② 接受感官刺激的培训

应培训候选评价员正确接受感官刺激的方法。例如，在评价气味时，应浅吸不要深吸，并且吸的次数不要太多，以免嗅觉混乱和疲劳。对液体和固体样品，在用嘴评价时应事先告诉评价员可吃多少，样品在嘴中停留的大约时间，咀嚼的次数以及是否可以吞咽。另外要告知如何适当地漱口，以及两次评价之间的时间间隔以保证感觉恢复，同时要避免间隔时间过长以免失去区别能力。

③ 使用感官评价设备的培训

应培训候选评价员正确并熟练使用有关感官评价设备。感官评价方法的培训见后面各模块。

6. 再培训

优选评价员的评价水平可能会下降，因此，对其操作水平应定期检查和考核。达不到规定要求的应重新培训。

评价员成为优选评价员、专家评价员以及具备专业知识的专家评价员，一般要遵循一定的选拔培训流程或步骤,如图 1.8-1 至图 1.8-3 所示。

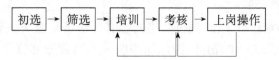

图 1.8-1　优选评价员选拔培训流程图

图1.8-2　受训者成为专家评价员,然后成为具备专业知识的专家评价员步骤

图1.8-3　受训者成为具备专业知识的专家评价员步骤

项目小结

为了完成感官评价工作,选拔合格的感官评价员是至关重要的。通过发放问卷或面谈等方法进行的初选,淘汰那些明显不适宜做感官评价员的候选者。初选合格的候选评价员将参加筛选检验。

在初步确定候选评价员之后进行感官评价员的筛选,筛选就是通过一定的筛选试验方法观察候选人员是否具有感官评价能力,主要包括对候选人感官功能的检验;感官灵敏度的检验;描述和表达感官反应能力的检验。在感官评价员筛选的过程中,应注意以下事项:

(1) 最好使用与正式感官评价实验相类似的实验材料,这样既可以使参加筛选实验的人员熟悉今后实验中将要接触的样品的特性,也可以减少由于样品间差距而造成人员选择不适当。

(2) 在筛选过程中,要根据各次实验的结果随时调整实验的难度。难易程度取决于参加筛选实验人员识别气味或者差别判断能力。在筛选过程中,以大多数人员能够分辨出差别或识别出味道(气味),但其中少数人员不能正确分辨或识别为宜。

(3) 参加筛选实验的人数要多于预定参加实际感官评价实验的人数。若是多次筛选,则应采用一些简单易行的实验方法,在每一步筛选中随时淘汰明显不适合参加感官评价的人选。

(4) 多次筛选以相对进展为基础,连续进行直至挑选出人数适宜的最佳人选。

在感官评价员的筛选中,感官评价实验的组织者起决定性的作用。他们不但要收集有关信息,设计整体实验方案,组织具体实施,而且要对筛选实验取得进展的标准和选择人员所需要的有效数据做出正确判断。只有这样,才能达到筛选的目的。

思考题

(1) 简述感官评价员的类型及其定义。

(2) 设计一套简单的候选评价员基本情况调查表。

(3) 感官评价员面试的注意事项有哪些?

(4) 正确描述感觉阈、识别阈、差别阈的概念。

(5) 完整设计一套对候选人感官功能的检验,感官灵敏度的检验,描述和表达感官反应能力的检验方案。

第二部分　技能技术篇

模块一 总体差别检验基本技能训练

引言

差别检验是感官分析中经常使用的方法之一,它是让评价员评定两个或两个以上的样品之间是否存在感官差异或差异的大小。它的分析是基于频率和比率的统计学原理,根据能够正确挑选出产品差别的受试者的比率来推算出两种产品是否存在差异。差别检验方法广泛应用于食品配方设计、产品优化、成本降低、质量控制、包装研究、货架寿命、原料选择等方面的感官评价。

试验者进行差别检验,其目的通常分为两种:一是确定两种样品是否不同(差别检验);二是研究两种样品是否相似到可以相互替换的地步(相似检验)。以上两种情况,需要通过选择合适的试验敏感参数,α,β 和 P_d,借助专用表(例如,表2.1-3)来确定合理的参评者人数。

α,也叫作 α-风险,是指错误地估计两者之间的差别存在的可能性。

β,也叫作 β-风险,是指错误地估计两者之间的差别不存在的可能性。

P_d(proportion of distinguisher),指能够分辨出差异的人数比例。

以寻找差异为目的的差别检验,α 值通常要选得比较小,一般为 5%~1%(0.05~0.01),统计学上表明存在显著性差异;选择合理的 β 和 P_d 值,通过查表(例如,表 2.1-3)确定参评者的人数。以寻找样品之间相似性(即是否可以替换)为目的的差别检验,需要选择一个合理的 P_d 值和一个较小的 β 值。例如,P_d 值<25% 表示比例较小,即能够分辨出差异的人的比例较小;β 值一般在 1%~5%(0.01~0.05)。α 值可以稍微大一些,例如在 10%~20%(0.1~0.2)。

差别检验的方法可以分为两大类:一是总体差别检验,用于评定样品之间是否存在总体上的感官差异;二是单项差别检验,用于测定两个或多个样品之间某单一感官特征的差异以及差异的大小,例如甜度、酸度。如果样品之间的差异较大,所有评价员都能察觉出不同,这种情况下,总体差别检验的意义就不大,应通过单项差别检验来检测样品间差异的确切程度。

本模块重点围绕几种常用的总体差别检验方法,设置典型工作任务,以项目化的方式展开,包括三点检验法、二-三点检验法、成对比较检验法以及五中取二检验法等。

知识目标

(1) 掌握食品感官总体差别检验常用的方法及原理。

(2) 掌握总体差别检验方法的应用领域和范围。

技能目标

(1) 能采用总体差别检验评定样品在感官性质上是否有差异。

(2) 能正确制定实验方案。

(3) 能正确处理统计数据。

(4) 能根据检验结果进行统计分析,给出正确结论。

项目1 三点检验法

工作任务

本项目讲授、学习、训练的内容是食品感官差别检验中最常用的一种方法，包含了实验技能、方案设计与实施能力。食品感官评价员要对三点检验方法很熟悉，能根据样品评定的任务要求，实施相应的评定程序和步骤，并统计分析相应的结果。感官评价员根据三点检验法的原理、品评步骤进行葡萄酒和不同碳酸饮料(雪碧、七喜)感官品质的评定，由最终的品评结果得出样品之间是否存在显著性差异。

国家相关标准：GB/T 12311—2012《感官分析方法 三点检验》。

教学内容

➤能力目标

(1) 了解三点检验法基本原理和应用领域与范围。

(2) 具有三点检验法的设计及评价能力。

(3) 能够运用三点检验法对某样品的感官性质做出品评。

➤教学方式

教学步骤	时间安排	教学方式(供参考)
阅读材料	课余	学生自学、查资料、相互讨论。
知识点讲解(含课堂演示)	2课时	在课堂学习中，结合多媒体课件解析三点检验法;讨论品评过程，使学生对三点检验法有良好地认识。
任务操作	4课时	完成三点检验法的实践任务，学生边学边做，同时教师应在学生实训中有针对地向学生提出问题，引发思考。
评估检测		教师与学生共同完成任务的检测与评估，并能对问题进行分析和处理。

▷**知识要点**

概念:三点检验法适用于确定两种样品之间是否有可觉察的差别,这种差异可能涉及一个或多个感官性质的差异,但三点检验法不能辨别有差异的产品在哪些感官性质上有差异,也不能评价差异的程度。

用途:① 在原料、加工工艺、包装或贮藏条件发生变化,确定产品感官特征是否发生变化时,三点检验法是一种有效的方法;② 三点检验法可使用在产品开发、工艺开发、产品匹配、质量控制等过程中;③ 三点检验法也可以用于对评价员的筛选和培训。

步骤:每次随机提供给评价员 3 个样品,两个相同,一个不同,这两种样品可能的组合是 ABB、BAA、BBA、BAB、AAB、ABA,要求每种组合被呈送的机会相等。每个样品均有唯一随机编码号。评价员按照从左到右的顺序品尝样品,然后找出与其他两个样品不同的那一个,如果找不出,可猜一个答案,即不能没有答案。

(1) 设计问答表

在问答表的设计过程中,通常要求评价员指出不同的样品或者相似的样品。当评价员必须告知该批检验的目的时,提示要简单明了,不能有暗示。常用的三角检验法问答表如表 2.1-1 所示。

表 2.1-1　三点检验问答表的一般形式

三点检验

评价员编号＿＿＿＿＿＿　　姓名＿＿＿＿＿＿　　日期＿＿＿＿＿＿＿＿

说明:

从左到右品尝样品。两个样品相同;一个不同。在下面空白处写出与其他样品不同的样品编号。如果无法确定,记录你的最佳猜测;可以在陈述处注明你是猜测的。

与其他样品不同的两个样品是:＿＿＿＿＿＿＿＿＿＿＿＿＿＿＿＿＿＿＿＿＿

陈述:＿＿＿＿＿＿＿＿＿＿＿＿＿＿＿＿＿＿＿＿＿＿＿＿＿＿＿＿＿＿＿＿＿

(2) 三点检验法结果分析与判断

按三点检验法要求统计回答正确的问答表数,查表可得出两个样品间有无差异。

例如,36 张评价表,有 21 张正确地选择出单个样品,表 2.1-2 中,$n = 36$ 栏。由于 21 大于 1‰显著水平的临界值 20,小于 0.1‰显著水平的临界值 22,则说明在 1‰显著水平处两样品间存在差异。

表 2.1 - 2　三点检验确定存在显著性差别所需最少正确答案数

n	α					n	α				
	0.20	0.10	0.05	0.01	0.001		0.20	0.10	0.05	0.01	0.001
6	4	5	5	6	—	27	12	13	14	16	18
7	4	5	5	6	7	28	12	14	15	16	18
8	5	5	6	7	8	29	13	14	15	17	19
9	5	6	6	7	8	30	13	14	15	17	19
10	6	6	7	8	9	31	14	15	16	18	20
11	6	7	7	8	10	32	14	15	16	18	20
12	6	7	8	9	10	33	14	15	17	18	21
13	7	8	8	9	11	34	15	16	17	19	21
14	7	8	9	10	11	35	15	16	17	19	22
15	8	8	9	10	12	36	15	17	18	20	22
16	8	9	9	11	12	42	18	19	20	22	25
17	8	9	10	11	13	48	20	21	22	25	27
18	9	10	10	12	13	54	22	24	25	27	30
19	9	10	11	12	14	60	24	26	27	30	33
20	9	10	11	13	14	66	26	28	29	32	35
21	10	11	12	13	15	72	28	30	32	34	38
22	10	11	12	14	15	78	30	32	34	37	40
23	11	12	12	14	16	84	33	35	36	39	43
24	11	12	13	15	16	90	35	37	38	42	45
25	11	12	13	15	17	96	37	39	41	44	48
26	12	13	14	15	17	102	39	41	43	46	50

注 1：因为表中的数值根据二项式分布求得，因此是准确的。对于表中未设的 n 值，根据下列二项式的近似值计算其近似值。

最小正确答案数 (x) ＝大于式中最近似的整数：$x = (n/3) + z\sqrt{2n/9}$

其中 z 随下列显著性水平变化而异：$\alpha = 0.20$ 时，$z = 0.84$；$\alpha = 0.10$ 时，$z = 1.28$；$\alpha = 0.05$ 时，$z = 1.64$；$\alpha = 0.01$ 时，$z = 2.33$；$\alpha = 0.001$ 时，$z = 3.09$。

注 2：当 n 值＜18 时，不宜用三点检验差别。

三点检验法操作技术要点总结如下：

（1）在感官评定中，三点检验法是一种专门的方法，可用于两种产品的样品间的差异分析，而且适合于样品间细微差别的鉴定，如品质管制和仿制产品。其差别可能与样品的所有特征或者与样品的某一特征有关。

（2）三点检验中，每次随机呈送给评价员3个样品，其中2个样品是一样的，一个样品则不同。并要求在所有的评价员间交叉平衡。为了使3个样品的排列次序和出现次数的概率相同，这两种样品可能的组合是：BAA、ABA、AAB、ABB、BAB和BBA。在检验中，组合在六组中出现的概率也应是相同的，当评价员人数不足6的倍数时，可舍去多余样品组，或向每个评价员提供六组样品做重复检验。

（3）对三点检验的无差异假设规定：当样品间没有可察觉的差别时，做出正确选择的概率为1/3。因此，在检验中此法的猜对率为1/3，这要比差别成对比较检验法和二-三点检验法的1/2的猜对率准确度低得多。

（4）在食品的三点检验中，所有评价员都应基本上具有同等的鉴别能力和水平，并且因食品的种类不同，评价员也应该是各具专业所长。参与评价的人数多少要因任务而异，可以在5人到上百人的很大范围内变动，并要求做差异显著性测定。三点检验通常要求评价员人数在20～40人，而如果试验目的是检验两种产品是否相似（是否可以互相替换），则要求的参评人员人数为50～100人。

（5）食品三点检验法要求的技术比较严格，每项检验的主持人都要亲自参与评定。为使检验取得理想的效果，主持人最好主持一次预备试验，以便熟悉可能出现的问题，以及先了解一下原料的情况。但要防止预备试验对后续的正规检验起诱导作用。

（6）三点检验是强迫选择程序，不允许评价员回答"无差别"。当评价员无法判断出差别时，应要求评价员随机选择一个样品，并且在评分表的陈述栏中注明，该选择仅是猜测。

（7）评价员进行检验时，每次都必须按从左到右的顺序品尝样品。评价过程中，允许评价员重新检验已经做过检验的那个样品。评价员找出与其他两个样品不同的样品或者相似的一个样品，然后对结果进行统计分析。

（8）尽量避免同一评价员的重复评价。但是，如果需要重复评价以产生足够的评价总数，应尽量使每位评价员重复评价的次数相同。例如，如果只有10位评价员，为得到30次评价总数，应让每位评价员评价3组三联样。注意，进行相似检验时，将10名评价员做的3次评价作为30次独立评价是无效的，但是进行差别检验时，即使进行重复评价也是有效的。

（9）每张评分表仅用于一组三联样。如果在一场检验中一个评价员进行一次以上的检验,在呈送后续的三联样之前,应收走填好的评分表和未用的样品。评价员不应取回先前的样品或更改先前的检验结论。

（10）评价员做出选择后,不要问其有关偏好、接受或差别程度的问题。任何附加问题的答案都可能影响评价员刚做出的选择。这些问题的答案可通过独立的偏好、接受、差别程度检验等获得。询问为何做出选择的陈述部分可以包含评价员的解释。

➤实例

【例1】 三点检验法——差别检验

问题:某啤酒厂开发了一项工艺,以降低无醇啤酒中不良谷物风味。该工艺需投资新设备。厂长想要确定研制的无醇啤酒与公司目前生产的无醇啤酒不同。

检验目的:确定新工艺生产的无醇啤酒能区别于原无醇啤酒。

试验设计:因为试验目的是检验两种产品之间的差异,可将 α 值设为 0.05(5%)。保证检验中检出差别的机会为95%,即 $100(1-\beta)\%$,且50%的评价员能检出样品间的差别。将 $\alpha=0.05,\beta=0.05$ 和 $P_d=50\%$ 代入表2.1-3,查得 $n=23$。为了平衡样品的呈送顺序,公司分析员决定用24个评价员。因为每人所需的样品是3个,所以一共准备72个样品,新、老产品各36个。用唯一随机数给样品(36杯"A"和36杯"B")编码。每组三联样 ABB、BAA、AAB、BBA、ABA 和 BAB 以平衡随机顺序,分四次发放,以涵盖24个评价员。所用评分表的示例如表2.1-1所示。

表 2.1-3 三点检验所需的评价员数

α	P_d	β				
		0.20	0.10	0.05	0.01	0.001
0.20		7	12	16	25	36
0.10		12	15	20	30	43
0.05	50%	16	20	23	35	48
0.01		25	30	35	47	62
0.001		36	43	48	62	81

（续表）

α	P_d	β				
		0.20	0.10	0.05	0.01	0.001
0.20		12	17	25	36	55
0.10		17	25	30	46	67
0.05	40%	23	30	40	57	79
0.01		35	47	56	76	102
0.001		55	68	76	102	130
0.20		20	28	39	64	97
0.10		30	43	54	81	119
0.05	30%	40	53	66	98	136
0.01		62	82	97	131	181
0.001		93	120	138	181	233
0.20		39	64	86	140	212
0.10		62	89	119	178	260
0.05	20%	87	117	147	213	305
0.01		136	176	211	292	397
0.001		207	257	302	396	513
0.20		149	238	325	529	819
0.10		240	348	457	683	1 011
0.05	10%	325	447	572	828	1 181
0.01		525	680	824	1 132	1 539
0.001		803	996	1 165	1 530	1 992

结果分析：总共 15 位评价员正确地识别了不同样品。在表 2.1-2 中，由 $n=24$ 个评价员对应行和 $\alpha=0.05$ 对应的列，可以查到对应的临界值是 13，然后与统计答对人数比较，得出两啤酒间存在感官差别，做出这个结论的置信度是 95%，即错误估计两者之间的差别存在的可能性是 5%，即正确的可能性是 95%。

【例2】 三点检验法——相似检验

问题：某方便面的生产商最近得知他的一个调料包的供应商要提高其调料价格，而此时有另外一家调料公司向他提供类似产品，而且价格比较适当。该公司的感官品评研究室的任务就是对这两种调料包进行评价，一种是以前的生产商的调料包，另一种则是用新供应商提供的调料包，以决定是否使用新的供应商的产品。

检验目的：确定两种调料包的风味是否相似，新调料是否可以取代旧调料。

　　试验设计:感官分析员和生产商一起确定适于本检验的风险水平,确定能够区分产品的评价的最大允许比例为 $P_d=20\%$。生产商仅愿意冒 $\beta=0.10$ 的风险来检测。感官分析员选择 $\alpha=0.20$,$\beta=0.10$ 和 $P_d=20\%$,在表 2.1-3 中查到需要评价员 $n=64$ 个。感官分析员用表 2.1-4 所示的工作表和表 2.1-5 所示的问答表进行检验。分析员用六组可能的三联样:AAB、ABB、BAA、BBA、ABA和 BAB 循环 10 次送给前 60 个评价员,然后,随机选择四组三联样送给 61 号至64 号评价员。

表 2.1-4　样品准备工作表

日期:　　　　　　　　　　　　　　　　　　　　　　　　检验员编号:

三点检验样品顺序和呈送计划
在样品托盘准备区张贴本表,提前将评分表和呈送容器编码准备好。

样品类型:
样品编码:
样品 A(旧包装)　　　　　　　　　　　　　　样品 B(新包装)

呈送容器编码如下:

评价组成员	样品编码			评价组成员	样品编码		
1	A-108	A-795	B-140	16	B-582	B-659	A-486
2	A-189	B-168	A-733	17	B-429	A-884	B-499
3	B-718	A-437	A-488	18	A-879	B-891	B-404
4	B-535	B-231	A-243	19	A-745	A-247	B-724
5	B-839	B-402	A-619	20	A-344	B-370	A-355
6	A-145	B-296	B-992	21	B-629	A-543	A-951
7	A-792	A-280	B-319	22	B-482	B-120	A-219
8	A-167	B-936	A-180	23	B-259	A-384	B-225
9	B-589	A-743	A-956	24	A-293	B-459	B-681
10	B-442	B-720	A-213	25	A-849	A-382	A-390
11	B-253	A-444	B-505	26	A-294	B-729	A-390
12	A-204	B-159	B-556	27	B-165	A-661	A-336
13	A-142	A-325	B-632	28	B-281	B-409	A-126
14	A-472	B-762	A-330	29	B-434	A-384	B-948
15	B-965	A-641	A-300	30	A-819	B-231	B-674

表 2.1－4 续

日期：   检验员编号：

三点检验样品顺序和呈送计划
在样品托盘准备区张贴本表，提前将评分表和呈送容器编码准备好。

样品类型：
样品编码：
样品 A(旧包装)   样品 B(新包装)

呈送容器编码如下：

评价组成员	样品编码			评价组成员	样品编码		
31	A－740	A－397	B－514	48	A－574	B－393	B－753
32	A－354	B－578	A－815	49	A－793	A－308	B－742
33	B－360	A－303	A－415	50	A－147	B－395	A－434
34	B－134	B－401	A－305	51	B－396	B－629	A－957
35	B－185	A－651	B－307	52	A－147	B－395	A－434
36	A－508	B－271	B－465	53	B－525	A－172	B－917
37	A－216	A－941	B－321	54	A－325	B－993	B－736
38	A－494	B－783	A－414	55	A－771	A－566	B－377
39	B－151	A－786	A－943	56	A－585	B－628	A－284
40	B－432	B－477	A－164	57	B－354	A－526	A－595
41	B－570	A－772	B－887	58	B－358	B－606	A－586
42	A－398	B－946	B－764	59	B－548	A－201	B－684
43	A－747	A－286	B－913	60	A－475	B－339	B－573
44	A－580	B－558	A－114	61	A－739	A－380	B－472
45	B－345	A－562	A－955	62	A－417	B－935	A－784
46	B－385	B－660	A－856	63	B－127	B－692	A－597
47	B－754	A－210	B－864	64	A－157	B－315	A－594

表 2.1－5　三点检验法问答表

三点检验

编号：＿＿＿＿　　姓名：＿＿＿＿
样品：＿＿＿＿　　时间：＿＿＿＿

试验指令：
　　在你面前有 3 个带有编号的样品，其中有两个是一样的，另一个和其他两个不同。请从左往右依次品尝 3 个样品，然后在不同于其他两个的那个样品的编号上画"○"。
　　你可以多次品尝，但不能没有答案。

样品编码：＿＿＿＿　＿＿＿＿　＿＿＿＿

描述差别：

结果分析:在 64 个评价员中,共有 24 位评价员正确辨认出样品不同。查表 2.1-6,分析员发现没有 $n=64$ 的条目。因此,分析员用表 2.1-6 的注 1 中的公式,来确定能否得出两个样品相似的结论。分析员算出:

$$[1.5\times(24/64)-0.5]+1.5\times1.28\sqrt{(64\times24-24^2)/64^3}=0.1781$$

即分析员有 90% 的置信度,小于 18%(不超过 $P_d=20\%$)的评价员能检出调料包间的差别。因此,新调料可以代替原来的调料。

表 2.1-6　根据三点检验确定两个样品相似所允许的最大正确答案数字

n	β	P_d					n	β	P_d				
		10%	20%	30%	40%	50%			10%	20%	30%	40%	50%
18	0.001	0	1	2	3	5	48	0.001	8	11	14	17	21
	0.01	2	3	4	5	6		0.01	11	13	17	20	23
	0.05	3	4	5	6	8		0.05	13	16	19	22	26
	0.10	4	5	6	7	8		0.10	14	17	20	23	27
	0.20	4	6	7	8	9		0.20	15	18	22	25	28
24	0.001	2	3	4	6	8	54	0.001	10	13	17	20	24
	0.01	3	5	6	8	9		0.01	12	16	19	23	27
	0.05	5	6	8	9	11		0.05	15	18	22	25	29
	0.10	6	7	9	10	12		0.10	16	20	23	27	31
	0.20	7	8	10	11	13		0.20	18	21	25	28	32
30	0.001	3	5	7	11	14	60	0.001	12	15	19	23	27
	0.01	5	7	9	14	16		0.01	14	18	22	26	30
	0.05	7	9	11	16	18		0.05	17	21	25	29	33
	0.10	8	10	11	17	19		0.10	18	22	26	30	34
	0.20	9	11	13	18	21		0.20	20	24	28	32	36
36	0.001	5	7	9	11	14	66	0.001	14	18	22	26	31
	0.01	7	9	11	14	16		0.01	16	20	25	29	34
	0.05	9	11	13	16	18		0.05	19	23	28	32	37
	0.10	10	12	14	17	19		0.10	20	25	29	33	38
	0.20	11	13	16	18	21		0.20	22	26	31	35	40
42	0.001	6	9	11	14	17	72	0.001	15	20	24	29	34
	0.01	9	11	14	17	20		0.01	18	23	28	32	38
	0.05	11	13	16	19	23		0.05	21	26	30	35	40
	0.10	12	14	17	20	23		0.10	22	27	32	37	42
	0.20	13	16	19	22	24		0.20	24	29	34	39	44

（续表）

n	β	P_d					n	β	P_d				
		10%	20%	30%	40%	50%			10%	20%	30%	40%	50%
78	0.001	17	22	27	32	38	96	0.001	23	29	35	42	48
	0.01	20	25	30	36	41		0.01	26	33	39	45	52
	0.05	23	28	33	39	44		0.05	30	35	42	49	55
	0.10	25	30	35	40	46		0.10	31	38	44	50	57
	0.20	27	32	37	42	48		0.20	33	40	46	53	59
84	0.001	19	24	30	35	41	102	0.001	25	31	38	45	52
	0.01	22	28	33	39	45		0.01	28	35	42	49	56
	0.05	25	31	36	42	48		0.05	32	38	45	52	59
	0.10	27	32	38	44	49		0.10	33	40	47	54	61
	0.20	29	34	40	46	51		0.20	36	42	49	56	63
90	0.001	21	27	32	38	45	108	0.001	27	34	41	48	55
	0.01	24	30	36	42	48		0.01	31	37	45	52	59
	0.05	27	33	39	45	52		0.05	34	41	48	55	63
	0.10	29	35	41	47	53		0.10	36	43	50	57	65
	0.20	31	37	43	49	55		0.20	38	45	52	60	67

注1：表中的数值根据二项式分布求得，是准确的。对于表中没有的 n 值，根据以下二项式的近似值计算 P_d 在 $100(1-\beta)$% 水平的置信上限：

$$[1.5(x/n)-0.5]+1.5Z_\beta\sqrt{(nx-x^2)/n^3}\quad\text{式中：}$$

x——正确答案数；

n——评价员数；

Z_β——Z_β 的变化如下：$\beta=0.20$ 时，$Z_\beta=0.84$；$\beta=0.10$ 时，$Z_\beta=1.28$；$\beta=0.05$ 时，$Z_\beta=1.64$；$\beta=0.01$ 时，$Z_\beta=2.33$；$\beta=0.001$ 时，$Z_\beta=3.09$。

如果计算小于选定的 P_d 值，则表明样品在 β 显著性水平上相似。

注2：当 $n<30$，不宜用三点检验法检验相似。

任务分析

利用三点检验评定方法，根据样品评定的内容和特点，对于产品由于原料等条件发生变化时确定产品感官特性差异的有效方法。葡萄酒是由葡萄等原料经过加工制得的产品，但是由于不同的葡萄原料制成的葡萄酒在感官特征上可能存在不同，以及不同品牌的饮料都有一定的组织状态和风味特点，都可以利用三点检验法检验两种产品之间的总体性是否有差异。通过实际任务的导入,使学生能够认识和掌握三点检验法评定样品的原理和步骤。

任务实施

任务1　葡萄酒的感官品评——三点检验法

1. 实验目的

检验两种葡萄酒之间的总体差异性。

2. 实验原理

三点检验法是差别检验当中最常用的一种方法,是由美国的 Bengtson(本格逊)及其同事首先提出的。在检验中,同时提供3个编码样品,其中有两个是相同的,另外一个与其他两个样品不同,要评价员去挑选出其中不同于其他两个样品的那个样品。对于比较的两个样品 A 和 B,每组的3个样品有6种可能的排列次序,每个评价员随机得到一组样品,按照给出的样品次序进行评价。将各评价员正确选择的人数计算出来,然后进行统计分析,比较两个样品间是否存在差异。

3. 样品及器具

(1) 预备足够量的碟或者托盘。

(2) 现有2种葡萄酒,分别用两种不同品种的葡萄为原料制作而成。

(3) 饮用水。

4. 品评设计

因为实验目的是检验两种产品之间的差异,我们将 α 值设为 5%,有24个评价员参加检验,因为每个评价员所需的样品是3个,所以一共准备了72个样品,新产品和原产品各36个,每3个检验样品为一组,按下述6种组合:ABB、AAB、ABA、BAA、BBA、BAB。每个样品使用唯一随机编码号(参考例2)。按照准备表组合并标记好的样品连同问答表(表2.1-7)一起呈送给评价员。每个评价员每次得到一组三联样,依次品评,并填好问答表。在评价同一组3个被检样品时,评价员对每种被检样品可重复检验。

表 2.1-7　三点检验法问答表

三点检验

编号：_____　　姓名：_____
样品：_____　　时间：_____

实验指令：
　　在你面前有 3 个带有编号的样品，其中有两个是一样的，另一个和其他两个不同。请从左往右依次品尝 3 个样品，然后在不同于其他两个的那个样品的编号上画"○"。你可以多次品尝，但不能没有答案。

样品编号：_____　　_____　　_____

描述差别：

5. 结果分析

将 24 份答好的问答卷回收，按照上表核对答案，统计答对的人数。根据表 2.1-2，当 $\alpha=5\%$，$n=24$ 时，对应的临界值是 13，然后与答对人数比较，判断两种产品之间是否存在差异，并给出相应结论。

任务 2　不同碳酸饮料感官品评——三点检验法

1. 实验目的

了解三点检验的实施方法，同时通过对本组实验结果进行统计处理，了解差别检验显著性分析评价方法，品评不同品牌碳酸饮料之间是否存在显著差异。

2. 实验原理

三点检验法是一种专门方法，可用于对两产品的样品间差异进行评定检验。碳酸饮料（七喜、雪碧）是人们非常喜欢的饮品。不同品牌的饮料都有一定的组织状态和风味特点，利用三点检验法把品评样品每次随机提供给受试者 3 个样品，两个相同，一个不同。这 3 个样品随机排列，受试者按照从左到右的顺序品尝样品。将各评价员的结果进行统计分析，比较两样品间是否存在差异。

3. 样品及器具

(1) 预备足够量的碟或托盘。

(2) 七喜、雪碧。

(3) 饮用水。

4. 品评设计

实验目的是检验两种产品之间的差异，将 α 值设为 5%，有 23 个评价员参加检验,因为每个评价员所需的样品是 3 个,所以一共准备了 72 个样品,新产品和原产品各 36 个,每 3 个检验样品为一组,按下述 6 种组合:ABB、AAB、ABA、BAA、BBA、BAB。每个样品使用唯一随机编码号(参考例 2)。按照准备表组合并标记好的样品连同问答表(表 2.1 - 7)一起呈送给评价员。每个评价员每次得到一组三联样,依次品评,并填好问答表。在评价同一组 3 个被检样品时,评价员对每种被检样品可重复检验。

5. 结果分析

将 23 份答好的问答卷回收,按上表核对答案,统计答对的人数。根据表 2.1 - 2,当 $\alpha=5\%$,$n=23$ 时,对应临界值是 12,然后与答对人数比较,判断两种产品之间是否存在差异,并给出相应结论。

项目小结

三点检验是差别检验当中最常用的一种方法,是由美国的 Bengtson(本格逊)及其同事首先提出的。在检验中,同时提供三个编码样品,其中有两个是相同的,另外一个与其他两个样品不同,要求评价员挑选出不同于其他两个样品的样品,也称为三角试验法。

三点检验法常被应用在以下几个方面:① 确定产品的差异是否来自成分、工艺、包装和储存期的改变;② 确定两种产品之间是否存在整体差异,比如,本项目中的两个实践任务,葡萄酒以及碳酸饮料的感官评定;③ 筛选和培训检验人员,以培养其发现产品差别的能力。

经过三点检验方法的实践,使学生能更好地理解三点检验法的原理、特点和适用范围,掌握三点检验的使用,增加实训动手能力,感官品评葡萄酒或不同碳酸饮料风味是为了能够主动发现在理论学习中没有出现和没有注意到的问题,达到理论与实践相结合的目的,培养学生在感官评定方面的兴趣爱好。

思考题

(1) 判断

三点检验法用于确定两种样品之间是否有可察觉的差别,这种差异可能涉及一个或者多个感官性质的差异,但三点检验不能表明有差异的产品在哪些感官性质上有差异,也不能评价差异的程度。　　　　　　　　　　　　　　(　　)

（2）简答题

① 简述三点检验法的特点。

② 简述三点检验法的应用领域和范围。

③ 简述三点检验法对评价员的要求。

项目 2　二-三点检验法

工作任务

　　本项目讲授、学习、训练的内容是食品感官差别检验中重要内容之一,包含了实验技能,方案设计与实施能力。在感官评定过程中,感官评价员目的是区别两个同类样品是否存在感官差异,但差异的方向不能被检验指明,即只能知道样品可觉察到差别,而不知道样品在何种性质上存在差别。二-三点检验法是必不可少的,从事感官评定的工作人员,根据样品的检验内容,通过二-三点检验法的操作程序指导评价员对水蜜桃味糖果、奶粉与相关标准品的感官品质进行比较。感官评价员应根据相关的步骤实施品评,对已经完成的任务进行规范资料的整理,确定样品之间是否存在差异性。

　　国家相关标准:GB/T 17321—2012《感官分析方法　二-三点检验》。

教学内容

➤能力目标

(1) 了解二-三点检验法基本原理和应用领域。
(2) 能提出二-三点检验法的工作方案并完成工作任务。
(3) 能运用二-三点检验法对某样品的感官性质做出品评。

➤教学方式

教学步骤	时间安排	教学方式(供参考)
阅读材料	课余	学生自学、查资料、相互讨论。
知识点讲解(含堂演示)	2课时	在课堂学习中,结合多媒体课件解析二-三点检验法;讨论品评过程,使学生对二-三点检验法有良好的认识。

教学步骤	时间安排	教学方式（供参考）
任务操作	4课时	完成二-三点检验法的实践任务，学生边学边做，同时教师应在学生实践中有针对性地向学生提出问题，引发其思考。
评估检测		教师与学生共同完成任务的检测与评估，并能对问题进行分析及处理。

▶知识要点

概念：二-三点检验法是 Peryam 和 Swartz 于 1950 年提出的方法。先提供给评价员一个对照样品，接着提供两个样品，其中一个与对照样品相同或者相似。要求评价员在熟悉对照样品后，从后提供的两个样品中挑选出与对照样品相同或不同的样品，这种方法也被称为一-二点检验法。二-三点检验法有两种形式：一种是固定参照模式；另一种是平衡参照形式。

用途：当实验目的是确定两种样品之间是否存在感官上的差异时，常常应用这种方法。特别是比较的两种样品中有一个是标准样品或者对照样品时，本方法更适合。

二-三点检验法可以应用于由于原料、加工工艺、包装或者贮存条件发生变化时，确定产品感官是否发生变化，或者在无法确定某些具体性质的差异时，确定两种样品之间是否存在总体差异。这种情形可能发生在产品开发、工艺开发、产品匹配、质量控制等过程中。二-三点检验法也可用于对评价员的考核、培训等。

步骤：每个评价员得到 3 个样品，其中一个表明是"对照样"，评价员先评定"对照样"，然后再评价另外两个编码样品，要求评价员从这两个样品中选出与对照样品相同或不同的那一个。

（1）制定问答表

二-三点检验虽然有两种形式，但从评价员的角度来讲，这两种检验的形式是一致的，只是所使用的作为参照物的样品是不同的。二-三点检验问答卷的一般形式如表 2.1-8 所示。

表 2.1-8　二-三点检验问答卷的一般形式

二-三点检验

姓名：_____　　　日期：_____

实验指令：

在你面前有 3 个样品，其中一个标明"参照"，另外两个标有编号。从左向右依次品尝 3 个样品，先是参照样，然后是两个样品。品尝之后，请在与参照相同的那个样品的标号上画圈。你可以多次品尝，但必须有答案。

参照　　　321　　　　　586

(2) 统计评价员的评定结果

在进行差别检验时，若正确答案数大于或等于表 2.1-9 中给出的数（对应评价员数和检验选择的 α-风险水平），推断样品之间存在感官差别。在进行相似检验时，若正确答案数小于或等于表 2.1-10 中给出的数（对应评价员数、检验选择的 β-风险水平和 P_d 值），则推断出样品之间不存在有意义的感官差别。

表 2.1-9　二-三点检验法确定存在显著性差别所需最少正确答案数

n	α					n	α				
	0.20	0.10	0.05	0.01	0.001		0.20	0.10	0.05	0.01	0.001
6	5	6	6	—	—	20	13	14	15	16	18
7	6	6	7	7	—	21	13	14	15	17	18
8	6	7	7	8	—	22	13	14	15	17	19
9	7	7	8	9	—	23	15	16	16	18	20
10	7	8	9	10	10	24	15	16	17	19	20
11	8	9	9	10	11	25	16	17	18	19	21
12	8	9	10	11	12	26	16	17	18	20	22
13	9	10	10	12	13	27	17	18	19	20	22
14	10	10	11	12	13	28	17	18	19	21	23
15	10	11	12	13	14	29	18	19	20	22	24
16	11	12	12	14	15	30	18	20	20	22	24
17	11	12	13	14	16	32	19	21	22	24	26
18	12	13	13	15	16	36	22	23	24	26	28
19	12	13	14	15	17	40	24	25	26	28	31

（续表）

n	α					n	α				
	0.20	0.10	0.05	0.01	0.001		0.20	0.10	0.05	0.01	0.001
44	26	27	28	31	33	68	38	40	42	45	48
48	28	29	31	33	36	72	41	42	44	47	50
52	30	32	33	35	38	76	43	45	46	49	52
56	32	34	35	38	40	80	45	47	48	51	55
60	34	36	37	40	43	84	47	49	51	54	57
64	36	38	40	42	45	88	49	51	53	56	59

注1：因为表中的数值根据二项式分布求得，因此是准确的。对于表中未设的 n 值，根据下列二项式的正常近似值为遗漏的登记项计算近似值。

最小正确答案数（x）＝大于下式的最近似整数：

$$x=(n/2)+z\sqrt{n/4}$$

其中 z 随下列显著性水平不同而不同：$\alpha=0.02$ 时，$z=0.84$；$\alpha=0.10$ 时，$z=1.28$；$\alpha=0.05$ 时，$z=1.64$；$\alpha=0.01$ 时，$z=2.33$；$\alpha=0.001$ 时，$z=3.09$。

注2：当 $n<24$ 时，通常不推荐二-三点检验法检验差别。

表 2.1-10　根据二-三点检验法确定两个样品相似所允许的最大正确答案数

n	β	P_d					n	β	P_d				
		10%	20%	30%	40%	50%			10%	20%	30%	40%	50%
20	0.001	3	4	5	6	8	28	0.001	6	8	9	11	12
	0.01	5	6	7	8	9		0.01	8	10	11	13	14
	0.05	6	7	8	10	11		0.05	10	12	13	15	1
	0.10	7	8	9	10	11		0.10	11	12	14	15	17
	0.20	8	9	10	11	12		0.20	12	14	15	17	18
24	0.001	5	6	7	9	10	32	0.001	8	10	11	13	15
	0.01	7	8	9	10	12		0.01	10	12	13	15	17
	0.05	8	9	11	12	13		0.05	12	14	15	17	19
	0.10	9	10	12	13	14		0.10	13	15	16	18	20
	0.20	10	11	13	14	15		0.20	14	16	18	19	21

n	β	P_d					n	β	P_d				
		10%	20%	30%	40%	50%			10%	20%	30%	40%	50%
36	0.001	10	11	13	15	17	60	0.001	20	23	26	30	33
	0.01	12	14	16	18	20		0.01	23	26	29	33	36
	0.05	14	16	18	20	22		0.05	26	29	32	35	38
	0.10	15	17	19	21	23		0.10	27	30	33	36	40
	0.20	16	18	20	22	24		0.20	29	32	35	38	41
40	0.001	11	13	15	18	20	64	0.001	22	25	29	32	36
	0.01	14	16	18	20	22		0.01	25	28	32	35	39
	0.05	16	18	20	22	24		0.05	28	31	34	38	41
	0.10	17	19	21	23	25		0.10	29	32	36	39	43
	0.20	18	20	22	25	27		0.20	31	34	37	41	44
44	0.001	13	15	18	20	23	68	0.001	24	27	31	34	38
	0.01	16	18	20	23	25		0.01	27	30	34	38	41
	0.05	18	20	22	25	27		0.05	30	33	37	40	44
	0.10	19	21	24	26	28		0.10	31	35	38	42	45
	0.20	20	23	25	27	30		0.20	33	36	40	43	47
48	0.001	15	17	20	22	25	72	0.001	26	29	33	37	41
	0.01	17	20	22	25	28		0.01	29	32	36	40	44
	0.05	20	22	25	27	30		0.05	32	35	39	43	47
	0.10	21	23	26	28	31		0.10	33	37	41	44	48
	0.20	23	25	27	30	33		0.20	35	39	42	46	50
52	0.001	17	19	22	25	28	76	0.001	27	31	35	39	44
	0.01	19	22	25	27	30		0.01	31	35	39	43	47
	0.05	22	24	27	30	33		0.05	34	38	41	45	50
	0.10	23	26	28	31	34		0.10	35	39	43	47	51
	0.20	25	27	30	33	35		0.20	37	41	45	49	53
56	0.001	18	21	24	27	30	80	0.001	29	33	38	42	46
	0.01	21	24	27	30	33		0.01	33	37	40	45	50
	0.05	24	27	29	32	36		0.05	36	40	41	48	53
	0.10	25	28	31	34	37		0.10	37	41	46	50	54
	0.20	27	30	32	35	38		0.20	39	43	47	52	56

（续表）

n	β	P_d					n	β	P_d				
		10%	20%	30%	40%	50%			10%	20%	30%	40%	50%
84	0.001	31	35	40	44	49	100	0.001	39	44	49	54	60
	0.01	35	39	43	48	52		0.01	42	47	53	58	64
	0.05	38	42	46	51	55		0.05	46	51	56	61	67
	0.10	39	44	48	52	57		0.10	48	53	58	63	68
	0.20	41	46	50	54	59		0.20	50	55	60	65	70
88	0.001	33	37	42	47	52	104	0.001	40	46	51	57	63
	0.01	37	41	46	50	55		0.01	44	50	55	61	66
	0.05	40	44	49	53	58		0.05	48	53	59	64	70
	0.10	41	46	50	55	60		0.10	50	55	60	66	71
	0.20	43	48	52	57	62		0.20	52	57	63	68	73
92	0.001	35	40	44	49	55	108	0.001	42	48	54	59	65
	0.01	38	43	48	53	58		0.01	46	52	57	63	69
	0.05	42	46	51	56	61		0.05	50	55	61	67	72
	0.10	43	48	53	58	63		0.10	52	57	63	68	74
	0.20	46	50	55	60	65		0.20	54	60	65	71	76
96	0.001	37	42	47	52	57	112	0.001	44	50	56	62	68
	0.01	40	45	50	56	61		0.01	48	54	60	66	72
	0.05	44	49	54	59	64		0.05	52	58	63	69	75
	0.10	46	50	55	60	66		0.10	54	60	65	71	77
	0.20	48	53	57	62	67		0.20	56	62	68	73	79

注1：因为是根据二项式分布得到，表中的值是准确的。对于不在表中的 n 值，根据下列二项式的正常近似值计算 $100(1-\beta)\%$ 置信上限 P_d 近似值：

$$[2(x/n)-1]+2Z_\beta\sqrt{(nx-x^2)/n^3}$$

式中：x——正确答案数；

n——评价员数；

Z_β——Z_β 的变化如下：$\beta=0.20$ 时，$Z_\beta=0.84$；$\beta=0.10$ 时，$Z_\beta=1.28$；$\beta=0.05$ 时，$Z_\beta=1.64$；$\beta=0.01$ 时，$Z_\beta=2.33$；$\beta=0.001$ 时，$Z_\beta=3.09$。

若计算小于选定的 P_d 值，则表明样品在 β 显著性水平上相似。

注2：当 $n<36$，通常不推荐二-三点检验法检验相似。

二-三点检验法要点总结如下：

(1) 此方法是常用的三点检验法的一种替代法。在样品相对具有浓厚的味道、强烈的气味或者其他冲动效应时，会使人的敏感性受到抑制，这时可使用这种方法。

(2) 该方法比较简单，容易理解。但从统计学上来讲，不如三点检验法具有说服力，精度较差(猜对率为 50%)，故此方法常用于风味较强、刺激较烈和产生余味持久的产品检验，以降低鉴评次数，避免味觉和嗅觉疲劳。另外，外观有明显差别的样品不适宜此法。

(3) 二-三点检验法也具有强制性。该试验中已经确定知道两种样品是不同的，这样当两种样品区别不大时，不必像三点检验法那样去猜测。然而，差异不大的情况依然是存在的。当区别的确不大时，评价员必须去猜测，哪一个是特别一些的，这样，它的正确答案的机会是一半。为了提高检验的准确性，二-三点检验法要求有 25 组样品。如果这项检验非常重要，样品组数应当增加，在正常情况下，起组数一般不超过 50 个。

(4) 这种方法在做品尝时，要特别强调漱口。在样品的风味很强烈的情况下，在做第二个试验之前，必须彻底地洗漱口腔，不得有残留物和残留味。做完一批样品后，如果后面还有一批同类的样品检验，最好是稍微离开现场一定时间，或回到品尝室饮用一些白开水等。

(5) 固定参照三点检验中，样品有两种可能的呈送顺序，为 $R_A BA$、$R_A AB$，应在所有的评价员中交叉平衡。而在平衡参照三点检验中，样品有 4 种可能的呈送顺序，如 $R_A BA$、$R_A AB$、$R_B AB$、$R_B BA$，一半的评价员得到一种样品类型作为参照，而另一半的评价员得到另一种样品类型作为参照。样品在所有的评价员中交叉平衡。当评价员对两种样品都不熟悉，或者没有足够的数量时，可运用平衡参照三点检验。样品采用唯一随机编码。

(6) 根据试验所需的敏感性，即根据试验敏感参数 α, β 和 P_d 选择评价员数量(见表 2.1-11)。使用大量评价员可增加辨别产品之间微小差别的可能性。但实际上，评价员数通常决定于具体条件(如试验周期、可利用评价员人数、产品数量)。当检验差别时，α 值要设定得保守些，具有代表性的评价员人数在 32～36 位之间。当检验无合理差别(即相似)，β 值要设定得保守些，为达到相当的敏感性需要两倍评价员人数(即大约 72 位)。

(7) 尽量避免同一评价员的重复评价。但是如果需要重复评价以产生足够的评价总数，应尽量使每位评价员重复评价的次数相同。例如，如果只有 12 位评价员，为得到 36 次评价总数，应让每位评价员评价 3 组组合。注意，进行相似检验时,将 12 名评价员做的 3 次评价作为 36 次独立评价是无效的。但是,进行差别检验时,即使进行重复评价也是有效的。

表 2.1‑11 二‑三点检验所需的评价员数

α	P_d	β				
		0.20	0.10	0.05	0.01	0.001
0.20		12	19	26	38	58
0.10		19	26	33	48	70
0.05	50%	23	33	42	58	82
0.01		40	50	59	80	107
0.001		61	71	83	107	140
0.20		19	30	39	60	94
0.10		28	39	53	79	113
0.05	40%	37	53	67	93	132
0.01		64	80	96	130	174
0.001		95	117	135	176	228
0.20		32	49	68	110	166
0.10		53	72	96	145	208
0.05	30%	69	93	119	173	243
0.01		112	143	172	285	319
0.001		172	210	246	318	412
0.20		77	112	158	253	384
0.10		115	168	214	322	471
0.05	20%	158	213	268	392	554
0.01		252	325	391	535	726
0.001		386	479	556	731	944
0.20		294	451	618	1 006	1 555
0.10		461	658	861	1 310	1 905
0.05	10%	620	866	1 092	1 583	2 237
0.01		1 007	1 301	1 582	2 170	2 927
0.001		1 551	1 908	2 248	2 937	3 812

➤实例

【例 1】 二‑三点检验法——平衡参照模型

问题:一个薯片生产厂家想要知道,两种不同的番茄香精添加到薯片中是否会在薯片的质量和香味浓度上产生能够察觉的差异。

检验目的：确定两种不同番茄香精的薯片是否存在可以察觉的差异。

试验设计：感官分析人员建议 $\alpha = 0.01$ 为平衡呈送顺序，分析人员决定采用 36 位评价员。样品用同样的容器在同一天准备。制备样品 54 份 A 和 54 份 B。其中 18 份样品"A"和 18 份样品"B"被标记为参照样。其余 36 份样品"A"和 36 份样品"B"用唯一随机三位数进行编码。然后，全部样品分为 9 个系列，每个系列由 4 组样品组成：$A_R AB$、$A_R BA$、$B_R AB$ 和 $B_R BA$。每组样品内呈送的第一份为参照样，标明 A_R 或 B_R 样品。每 4 个三联样组合被呈送 9 次，以使平衡的随机顺序涉及 36 位评价员。准备工作表和试验问答卷见表 2.1-12 和表 2.1-13。

表 2.1-12　二-三点差别检验——准备工作表

日期：			检验编码：		
二-三点检验样品顺序和呈送草案 在样品盘制备区域公布表格，预先将评分表和呈送容器编码准备好。					
样品类型：薯片 样品 A（一种香精薯片）			样品 B（另一种香精薯片）		
呈送容器编码如下					
专家小组成员	样品编码		专家小组成员	样品编码	
1	A_R	A-862　B-245	19	A_R	A-653　B-743
2	A_R	B-458　A-396	20	B_R	B-749　A-835
3	B_R	A-522　B-498	21	B_R	A-824　B-826
4	B_R	B-298　A-665	22	B_R	B-721　A-364
5	B_R	A-635　A-665	23	A_R	A-259　B-776
6	A_R	B-113　B-917	24	A_R	B-986　A-988
7	A_R	A-365　B-332	25	A_R	A-612　B-923
8	B_R	B-896　A-314	26	A_R	B-464　A-224
9	B_R	A-688　B-468	27	B_R	A-393　B-615
10	A_R	A-663　B-712	28	B_R	B-847　A-283
11	B_R	B-585　A-351	29	A_R	A-226　B-462
12	A_R	B-847　A-223	30	B_R	B-392　A-328
13	B_R	A-398　B-183	31	B_R	A-137　B-512
14	B_R	B-765　A-138	32	A_R	B-674　A-228
15	A_R	A-369　B-163	33	B_R	A-915　B-466
16	A_R	B-743　A-593	34	B_R	B-851　A-278
17	B_R	A-252　B-581	35	A_R	A-789　B-874
18	A_R	B-355　A-542	36	A_R	B-543　A-373

（续表）

注1：用参量(Ref)或随机三位数标记样品杯并按给每位评价员的呈送顺序排列；

注2：在一个呈送盘内呈送，放置样品和一份编码评分表；

注3：无论回答正确与否都回传涉及的工作表。

表 2.1-13　二-三点差别检验——问答卷

二-三点检验

评价员编号＿＿＿＿＿＿　　　姓名＿＿＿＿＿　　日期＿＿＿＿＿＿

说明：

　　从左到右品尝样品。左侧样品为参照，其他两个样品之一与参照相同。另一个与参照不同。在与参照不同的样品框内标记"×"。若不确定，标记最好的猜测；也可以在猜测的标记下做出标记。

参照　　　　□862　　　□245

陈述：＿＿＿＿＿＿＿＿＿＿＿＿＿＿＿＿＿＿＿＿＿＿＿＿＿＿＿＿＿＿＿＿

结果分析：在进行试验的 36 人中，有 21 人做出了正确选择。根据表 2.1-9，在 $\alpha=0.01$ 时，临界值是 26，得出两薯片之间不存在感官差别。而且，通过观察数据发现，以两种样品分别作为参照样，得到的正确答案分别是 10 和 11，这更说明这两种产品之间不存在差异。

【例2】　二-三点检验法——固定参照模型

问题：一个茶叶生产商现在有两个茶袋包装的供应商，A 是他们已经使用多年的产品，B 是另一种新产品，可以延长货架期。他想知道这两种包装对浸泡之后茶叶风味的影响是否不同。而且这个茶叶生产商觉得有必要在茶叶风味稍有改变和茶叶货架期的延长上做一些平衡，也就是说，他愿意为延长货架期而冒茶叶风味可能发生改变的风险。

检验目的：两种茶袋包装的茶包在室温存放 6 周后浸泡，在风味上是否相似。

试验设计：一般来说，如果只有不超过 30% 的评价员能够觉察出产品的不同，那么就可以认为在市场上是没有什么风险的。生产商更关心的是新包装是否会引起茶叶风味的改变，所以将 β 值定得相对保守些，为 0.05，也就是说他愿意有 95% 的把握确定产品之间的相似性。将 α 值定为 0.1，根据表 2.1-11，需要的评价员为 96 人。对于这个试验来说，固定模型的二-三检验法较合适，因为评价员对该公司的产品，用 A 中茶袋包装的茶包，比较熟悉。为了节省时间，试验可分为 3 组，每组 32 人，同时进行。以 A 为参照，每组都要准备 $32\times2=64$ 个 A 和 32 个 B。准备工作表和试验问答卷与例 1 类似。

结果分析:在 3 组中,分别有 19,18,20 个人做出了正确选择,因此,做出正确选择的总数是 57,从表 2.1-10 得出临界值是 54。将 3 个小组合并起来考虑,A 和 B 在 $\beta=5\%$ 水平上不相似,即存在差异。如果需要进一步确定哪一种产品更好,可以检查评价员是否写下了关于两种产品之间的评语;如果没有,可将样品送给描述分析小组。经过描述检验之后,若仍不能确定哪一种产品更好,则可以进行消费者试验,来确定哪一种包装的茶包更被接受。

任务分析

根据样品评定的内容和特点,品评水蜜桃味糖果和奶粉与相关标准品的感官品质差异,需要二-三点检验法作为评定方法。通过实际的任务引导,加强操作技能,使学生通过二-三点检验法学习对食品感官差别检验知识有更多地认识和掌握。

任务实施

任务 1 水蜜桃糖果风味的感官品评——二-三点检验法(平衡参照)

1. 实验目的

确定两种水蜜桃味糖果在保质期内(6 个月)是否在香气上存在不同。

2. 实验原理

二-三点检验法是用于确定两个样品之间是否有可察觉的差异,这种差异可能涉及一个或者多个感官性质。二-三点检验法分为两种形式,其中一种是平衡参照模型,该方式适用于正常生产的样品与要进行检验的样品被随机用作参照样品或者是评价员没有经过专业培训,对两种样品都不熟悉。平衡对照模型中,待测的两个样品(A 和 B)都可以作为对照样。样品可能的排列方式有 4 种方式,A 和 B 作为对照样品次数应该是相等的,总的评定次数应该是 4 的倍数。各评价员得到的样品次序应该是随机,评定时从左至右按照呈送顺序评价样品。将评价员正确选择的人数统计出来,然后进行统计分析,比较两种样品间是否有差异。

3. 样品及器具

(1)水蜜桃味香精(两种加香的方法:直接加到生产原料里面和加到糖果的

包装纸上),糖。

(2) 预备足够量的碟或水。

(3) 饮用水。

4. 品评设计

样品在同一天准备,使用完全相同的香味物质和相同的糖原料,只是加香的方法不同。将两种样品放在相同的条件下存放 6 个月。有 50 人参加试验,样品编号及分组情况参照例 1,两种样品各自被用作参照样 25 次。准备工作表及试验问答卷参考例 1。

5. 结果分析

在进行实验的 50 人中,统计做出正确选择的人数。根据表 2.1 - 9,在 5% 显著水平下,查出临界值是 32,将临界值与做出正确选择的人数比较,得出两种产品的香味之间是否存在差异。

任务2　奶粉风味的感官品评——二-三点检验法(固定参照)

1. 实验目的

一个奶粉生产商现在有两个奶粉包装的供应商,A 是他们已经使用多年的产品,B 是一种新产品,可以延长货架期。其想知道这两种包装对奶粉风味的影响是否不同。而且这个奶粉生产上觉得有必要在奶粉风味稍有改变和奶粉货架期的延长上做一些平衡,也就是说,其愿意为延长货架期而冒奶粉风味可能发生改变的风险。因此,本实验的目的:两种包装的奶粉在室温存放 15 周之后冲泡,在风味上是否相似。

2. 实验原理

二-三点检验法有两种形式,其中一个是固定参照模型,该方式适用于以正常生产的样品用作参照样品或者是评价员受过专业培训,他们对参照样品很熟悉。在固定对照模型中,整个试验中都是以评价员熟悉的正常生产的产品或者标样作为对照样。所以,样品的排列顺序只有两种形式,采用 3 个数字的随机数字进行样品编码,上述两种样品排列方式在实验中应该次数相等,总的评定次数应该是 2 的倍数。各评价员得到的样品次序应该是随机的,评定时从左至右按照呈送顺序评价样品。将正确选择的人数计算出来,然后进行统计分析,比较两种样品间是否有差异。

3. 样品及器具

(1) 奶粉 A 和奶粉 B。

(2) 预备足够量的碟或者托盘。

（3）饮用水。

4. 品评设计

生产商比较关心的是新包装是否会引起奶粉风味的改变，所以将 β 值定得相对保守些，为 0.05，也就是说有 95% 的把握确定产品之间的相似性。如果只有不超过 30% 的评价员能够觉察出产品的不同，那么就可以认为在市场上是没有什么风险的。根据表 2.1-11，需要的评价员为 96 人。对于这个试验，固定参照模型的二-三点检验更合适一些，因为评价员对该公司的 A 产品非常熟悉。为了节省时间，试验可以分为三组，每组 32 人，同时进行。以 A 为参照，每组都要准备 $32×2=64$ 个 A 和 32 个 B。准备工作表及试验回答卷可参考例 1 平衡参照模型。

5. 结果分析

在进行实验的 96 人中，统计做出正确选择的人数。根据表 2.1-10，在 5% 显著水平下，查出临界值是 54，将临界值与做出正确选择的人数比较，得出两种奶粉的风味在 $\beta=5\%$ 水平上是否相似。

项目小结

二-三点检验法是由 Peryam 和 Swartz 于 1950 年提出的。先提供给评价员一个对照样品，接着提供两个样品，其中一个与对照样品相同或者相似。要求评价员在熟悉对照样品后，从后者提供的两个样品中挑选出与对照样品相同的样品，这种方法也被称为一-二点检验法。二-三点检验法实验的目的是区别两个同类样品是否存在感官差异，但差异的方向不能被检验指明。即感官评价员只能知道样品可觉察到差别，而不知道样品在何种性质上存在差别。

本方法适用于以下情况。

评价员考核：包括培训评价员以及测定评价员个人和小组的感觉阈值。

产品评估包括以下两方面：

（1）加工过程、包装和储藏条件的改变对样品之间差别的影响；利用二-三点检验法（固定参照模型）感官品评奶粉风味；使用二-三点检验法（平衡参照模型）评定水蜜桃味糖果风味。

（2）无法确定样品某些具体性质的差异时，评价两种样品之间的总体差异。

经过二-三点检验方法的实践，使学生能更好地理解二-三点检验法的原理、特点和适用范围，能够掌握二-三点检验的使用，动手品评水蜜桃味糖果和奶粉风味是为了能够主动发现在理论学习中没有出现和未注意到的问题，达到理论与实践相结合的目的,培养学生在感官评定方面的兴趣和爱好。

思考题

(1) 判断

二-三点检验法有两种形式:一种是固定参照模型,另一种是平衡参照模型。

（　　）

(2) 问答题

① 什么是二-三点检验法? 简要说明其优点。

② 简述二-三点检验法的应用领域和范围。

项目 3　差别成对比较检验法

工作任务

本项目讲授、学习、训练的内容是食品感官差别检验中重要内容之一,包含了实验技能,方案设计与实施能力。感官评价员要熟练掌握成对比较检验法的知识,根据样品检验规则,通过差别成对比较检验的方式、操作步骤等条件,按照品评要求完成调味酱差别成对比较。

教学内容

➤能力目标

(1)了解:差别成对比较检验法的基本原理和应用领域与范围。
(2)掌握:差别成对比较检验法的操作步骤。
(3)会做:学生能够采用差别成对检验法对两个样品(A 和 B)间总体感官差别进行比较。

➤教学方式

教学步骤	时间安排	教学方式(供参考)
阅读材料	课余	学生自学、查资料、相互讨论。
知识点讲解(含课堂演示)	2课时	在课堂学习中,结合多媒体课件解析差别成对比较检验法;讨论品评过程,使学生对差别成对比较检验法有良好的认识。
任务操作	4课时	完成差别成对比较检验法实验任务,学生边学边做,同时教师应在学生实验中有针对地向学生提出问题,引发思考。
评估检测		监督与学生共同完成任务的检测与评估,并能对问题进行分析和处理。

➤ 知识要点

概念：连续或同时呈送一对样品给评价员，要求其对这两个样品进行比较，判定两个样品间感官特性强度是否相似或存在可感觉到的感官差别的一种评价方法，也称为成对比较检验法。成对比较检验法有两种形式：一种是差别成对比较，也称简单差别试验、两点检验法和异同试验；另一种是定向成对比较。

用途：当产品有一个延迟效应或者是供应不足，以及 3 个样品同时呈送不可行时，最好采用该方法来代替三点检验和二-三检验法。评价中没有特性差别不表示两个产品不存在任何差别。成对比较检验法分为差别成对比较法和定向成对比较法。当试验的目的是要确定产品之间是否存在感官上差异，通常用差别成对比较检验法。当试验的目的是要确定两个产品在某一特性上是否存在差异，比如甜度、苦味、黏度和颜色等，则要使用定向成对比较检验方法。本项目的重点是利用差别成对比较检验法检测样品之间的整体感官差异。

步骤：等量准备 4 种可能的样品组合（A/A,B/B,A/B,B/A），随机呈送给评价员，通过答案数目，参照相应表格得出结论。

（1）制定问答表

差别成对比较检验法要求问答表的设计应和产品特性及实验目的相结合。呈送给品评人的两个带有编号的样品，要是组合形式 AB 和 BA 数目相等，并随机呈送，要求品评人从左到右尝试样品，然后填写问卷。常用的问答表、问卷如表 2.1-14、表 2.1-15 所示。

表 2.1-14　差别成对比较检验问答表

异同试验

姓名：_____　　日期：_____

样品类型：_____

实验指令：
1. 从左到右品尝你面前的两个样品。
2. 确定两个样品是相同还是不同。
3. 在以下相应的答案前面画"√"

_____两个样品相同
_____两个样品不同

评语：

表 2.1 - 15 差别成对比较检验常用问卷

姓名:＿＿＿＿＿   日期:＿＿＿＿＿

　　检验开始之前,请用清水漱口,两组差别成对比试验中各有两个样品需要评价。请按照呈送的顺序品尝各组中的编码样品,从左到右,从第一组开始。将全部样品放入口中,请勿再次品尝。回答各组中的样品是相同还是不同,圈出相应的词。在两种样品品尝之间请用清水漱口,并吐出所有的样品和水。然后进行下一组的试验,重复品尝程序。
组别
1.　　　　　　　相同　　　　　　　不同
2.　　　　　　　相同　　　　　　　不同

（2）统计评价员的评定结果

　　若经过差别成对检验后得到某两种样品的品评结果如表 2.1 - 16 所示。

表 2.1 - 16 两种样品的品评结果

评价员的回答	评价员得到的样品		总计
	相同的样品	不同的样品	
	AA 或 BB	AB 或 BA	
相同	C1	D1	C1+D1
不同	C2	D2	C2+D2
总计	F	F	2F

　　其计算公式为

$$\chi^2 = \sum (O_{ij} - E_{ij})/E_{ij}$$

式中:O——观察值;

　　　E——期望值;

　　　E_{ij}——(i 行的总和)(j 列的总和)/总和。

相同产品 AA/BB 的期望值:

$$E_1 = (C_1 + D_1) \times F/2F$$

不同样品 AB/BA 的期望值:

$$E_2 = (C_2 + D_2) \times F/2F$$

$$\chi^2 = (C_1 - C_2)^2/C_2 + (D_1 - C_2)^2/C_2 + (C_2 - C_1)^2/C_1 + (D_2 - C_1)^2/C_1$$

设 $\alpha = 0.05$,由 χ^2 分布表(表 2.1 - 17),$df = 1$(因为 2 种样品,自由度为样品数减去 1)查到 χ_0^2;比较 χ^2 和 χ_0^2,得出两个样品之间是否存在差异。

表 2.1 - 17　χ^2 分布临界值表(节录)

自由度	显著性水平	
	$\alpha = 0.05$	$\alpha = 0.01$
1	3.84	6.63
2	5.99	9.21
3	7.81	11.3
4	9.49	13.3
5	11.1	15.1
6	12.6	16.8
7	14.1	18.5
8	15.5	20.1
9	16.9	21.7
10	18.3	23.2
11	19.7	24.7
12	21.0	26.2
13	22.4	27.7
14	23.7	29.1
15	25.0	30.6
16	26.3	32.0
17	27.6	33.4
18	28.9	34.8
19	30.1	36.2
20	31.4	37.6

　　差别成对比较检验法要点总结如下:

　　(1) 进行成对比较检验时,从一开始就应分清是差别成对比较还是定向成对比较。如果检验目的只是关心两个样品是否不同,则是差别成对比较检验;如果想具体知道样品的特性,比如哪一个更好,更受欢迎,则是定向成对比较。

　　(2) 差别成对比较检验法具有强制性。在差别成对比较检验法中有可能出现"无差异"的结果,通常是不允许的,因而要求评价员"强制选择",以促进鉴评员仔细观察分析,从而得出正确结论。尽管两者反差不强烈,但没有给你下"没有差异"结论的权力,故必须下一个结论。在评价员中可能会出现"无差异"的反应,有这类人员时,用强制选择可以增加有效结论的机会,即"显著结果的机会"。这个方法的缺点是鼓励人们去猜测,不利于评定人员诚实地记录"无差异"的结果,出现这种情况时,实际上是减少了评价员的人数。因此,要对评价员进行培训,以增强其对样品的鉴别能力,减少这种错误的发生。

(3)因为该检验方法容易操作,因此,没有受过培训的人都可以参加,但是他必须熟悉要评价的感官特性。如果要评价的是某项特殊特性,则要用受过培训的人员。因为这种检验方法猜对的概率是 50%,因此,需要参加人员的数量要多一点。一般要求 20~50 名评价员来进行试验,最多可以用 200 人,或者 100 人,每人品尝 2 次。试验人员要么都接受过培训,要么都没接受过培训,但在同一个试验中,参评人员不能既有受过培训的又有没受过培训的。

(4)检验相似时,同一评价员不应做重复评价。对于差别检验,可考虑重复回答,但应尽量避免。若需要重复评价以得出足够的评价总数,应尽量使每一位评价员的评价次数相同。例如,仅有 10 位评价员可利用,应使每位评价员评价三对检验以得到 30 个总评价数。

(5)每张评分表仅用于一对样品。如果在一场检验中一个评价员进行一次以上的检验,在呈送随后的一对样品之前,应收走填好的评分表和未用的样品。评价员不应取回先前样品或更改先前的检验结论。

(6)不要对选择的最强样品询问有关偏爱、接受或差别的任何问题。对任何附加问题的回答可能影响到评价员做出的选择。这些问题的答案可通过独立的偏爱、接受、差别程度检验等获得。询问为何做出选择的"陈述"部分可包括评价员的陈述。

> **实例**

【例】 牛肉干的感官品评——差别成对比较检验

问题:某牛肉干生产公司准备更换牛肉干的某一香辛调味料,在进行包括消费者的大规模偏爱检验前,该公司希望确认新生产的牛肉干与原来相比,是否存在感官差异。

检验目的:确定两种不同香辛调味料生产出来的牛肉干风味是否不同。

试验设计:感官分析员选择用 60 个评价员。一共准备 60 对样品,30 对完全相同,另外 30 对不同。准备工作表见表 2.1-18;问答卷参考表 2.1-14。

表 2.1－18　牛肉干差别成对比较检验准备工作表

准备工作表

日期：

样品类型：牛肉干
试验类型：差别成对检验

样品情况：

A(原香辛调料生产的牛肉干)　　　　　　　　B(新香辛调料生产的牛肉干)

将用来盛放样品的 $60\times2＝120$ 个容器用三位随机号码编号，并将容器分为 2 排，一排装样品 A，另一排装样品 B，每位参评人员都会得到一个托盘，里面有两个样品和一张问答卷。

准备托盘时，将样品从左向右按以下顺序排列：

评价员编号	样品顺序
1	A-A(用 3 位数字的编号表示)
2	A-B
3	B-A
4	B-B

依次类推直到 60

结果分析：试验结果见表 2.1－19。

表 2.1－19　试验结果

评价员的回答	评价员得到的样品		总计
	相同的样品	不同的样品	
	AA 或 BB	AB 或 BA	
相同	17	9	26
不同	13	21	34
总计	30	30	60

$$\chi^2 = \sum (O_{ij} - E_{ij})/E_{ij}$$

式中：O——观察值；

　　　E——期望值；

　　　E_{ij}——(i 行的总和)(j 列的总和)/总和。

相同产品 AA/BB 的期望值：$E_1＝26\times30/60＝13$；

不同样品 AB/BA 的期望值：$E_2＝34\times30/60＝17$；

$\chi^2=(17-13)^2/13+(9-13)^2/13+(13-17)^2/17+(21-17)^2/17=4.34$

设 $\alpha=0.05$，由表 2.1-17，$df=1$（因为 2 个样品，自由度为样品数减去 1）查到 χ^2 的临界值为 3.84；4.34>3.84，得出两个样品之间存在显著差异。感官分析人员告知公司负责人，由两种香辛调料生产出的牛肉干是不同的，可用新香辛调料生产的牛肉干进行消费者偏爱检验。

任务分析

通过本项目的学习，能够认识和掌握成对比较检验的方法，通过具体的任务实践，参与样品的选择、方法的认知、操作的步骤和结果差异性的确定等过程，使学生能把成对比较检验法的相关理论知识与实践技能结合起来，起到"教、学、做"一体化的效果。

任务实施

任务　调味酱的感官品评——差别成对比较检验

1. 实验目的
确定用两种设备生产出来的调味酱是否在味道上存在不同。

2. 实验原理
评价员每次得到 2 个（1 对）样品，被要求回答样品是相同还是不同。在呈送给评价员的样品中，相同和不相同的样品数是一样的。通过比较观察的频率和期望的频率，根据 χ^2 分布检验分析结果。

（1）差别成对比较试验中，样品有四种可能的呈送顺序（AA、BB、AB、BA）。这些顺序应在评价员中交叉进行随机处理，每种顺序出现的次数相同。

（2）评价员的任务是比较两个样品，并判断它们是相同还是相似。一般要求 20～50 名评价员来进行试验，最多可以用 200 人，或者 100 人，每人品尝 2 次。试验人员要么都接受过培训，要么都没接受过培训，但在同一个试验中，参评人员不能既有受过培训的又有没受过培训的。

3. 样品及器具
（1）某调料厂为了提高现代化进程，想更换一批加工烤肉用的调味酱的设备。该工厂的经理想知道，用新设备生产出来的调味酱和原来的调味酱是否有什么不同。

（2）预备足够量的碟或者托盘。

（3）饮用水。

4.品评设计

（1）由于该调味酱很辣，味道会延续一段时间，所以，用白面包作辅助食品的异同试验是比较合适的方法。

（2）参加试验的人数要多一些，并且不一定需要培训。试验由 60 人参加，将 β 设为 5%。否定假设是 H_0:样品 A 的风味＝样品 B 的风味，备择假设是 H_a:样品 A 的风味≠样品 B 的风味。问卷表和工作准备表可分别参考表 2.1-14 和表 2.1-18。

5.结果分析

通过比较观察的频率和期望（假设）的频率，根据 χ^2 分布检验分析结果，数据分析可参考例题。如果存在差异，可以告诉经理，由两种设备生产出来的调味酱是不同的，如果真的想替换原有设备，可以将两种产品进行消费者试验，以确定消费者是否愿意接受新设备生产出来的产品。

项目小结

在食品感官差别检验中，差别成对比较检验是最简便也是应用最广泛的差别检验方法之一。当产品有一个延迟效应或者是供应不足，以及 3 个样品同时呈送不可行时，最好采用它来代替三点检验和二-三检验法。差别成对比较，也叫两点检验简单差别试验和异同试验，是属于成对比较检验的一种类型。

经过成对比较检验的实验，使学生能更好地理解差别成对比较检验法的原理，能够掌握差别成对比较检验法的使用，动手品评调味酱风味是为了能够主动发现在理论学习中没有出现和没有注意到的问题，达到理论与实践相结合的目的，培养学生在感官评定方面的兴趣和爱好。

思考题

（1）什么是差别成对比较检验法？并简单说明其特点。

（2）简述差别成对比较检验法的应用领域与范围。

（3）差别成对比较检验法品评样品有哪些操作步骤？

项目 4 五中取二检验法

工作任务

五中取二检验法是评价员通过视觉、听觉和触觉等方面对样品进行检验,它是食品感官差别检验方法中主要方法之一。同时提供给评价员 5 个以随机顺序排列的样品,其中 2 个是同一类型,另外 3 个是另一种类型。要求评价员将这些样品分成两组的一种检验方法。食品感官评价员要对五中取二检验方法很熟悉,依据样品品评的方案设计,按照品评步骤对奶酪的品质和不同油脂生产的饼干进行感官上的评定,由最终感官评价员的评定结果进行统计分析,确定产品之间的差异性。

国家相关标准:GB/T 10220—2012《感官分析方法学 总论》。

教学内容

➤能力目标

(1) 能提出五中取二检验法的工作方案并完成工作任务。
(2) 能熟练运用五中取二检验法对某样品的感官性质做出品评。

➤教学方式

教学步骤	时间安排	教学方式(供参考)
阅读材料	课余	学生自学、查资料、相互讨论。
知识点讲解(含课堂演示)	2 课时	在课堂学习中,结合多媒体课件解析五中取二检验法;讨论品评过程,使学生对排序检验法有良好的认识。
任务操作	4 课时	完成五中取二检验法的实践任务,学生边学边做,同时教师应在学生实践中有针对性地向学生提出问题,引发其思考。
评估检测		教师与学生共同完成任务的检测与评估,并能对问题进行分析和处理。

➤知识要点

概念：在五中取二检验中,每个评价员得到 5 个样品,其中 2 个是相同的,另外 3 个是相同的。要求评价员在评定之后,将 2 个相同的产品挑选出来。

用途：五中取二检验是检验两种产品之间总体感官差异的一种方法,当可用的评价员人数比较少时,可以应用该方法。由于要同时评定 5 个样品,检验中受感官疲劳和记忆效应的影响比较大,一般只用于视觉、听觉和触觉方面的试验,而不适用于气味或者滋味的评定。

步骤：向评价员提供一组 5 个已编码的样品,其中两个是一种类型,另外 3 个是一种类型,要求评价员将这些样品按类型分成两组。其平衡的排列方式有 20 种：

AAABB	BBBAA	AABAB	BBABA
ABAAB	BABBA	BAAAB	ABBBA
AABBA	BBAAB	ABABA	BABAB
BAABA	ABBAB	ABBAA	BAABB
BABAA	ABABB	BBAAA	AABBB

样品呈送的次序按照以上排列方式随机选取,评价员品尝之后,将 2 个相同的产品选出来。

（1）制定问答表

在五中取二检验法试验中,一般常用的问答表如表 2.1 - 20 所示。

表 2.1 - 20　五中取二检验问答表

五中取二检验	
姓名：	日期：

试验指令：
　　按以下的顺序观察或感觉样品,其中有 2 个样品是同一类型的,另外 3 个样品是另外一种类型。
　　测试之后,请在你认为相同的两种样品的编码后面划"√"。

编号	评语
862	_____
568	_____
689	_____
368	_____
436	_____

（2）五中取二检验法结果分析与判断

根据试验中正确作答的人数，查表得出五中取二检验正确回答人数的临界值，最后作比较。假设有效鉴评表数为 n，回答正确的鉴评表数为 k，查表2.1-21中 n 栏的数值。若 k 小于这一数值，则说明在 5% 显著水平两种样品间无差异。若 k 大于或者等于这一数值，则说明在 5% 显著水平的两种样品有显著差异。

表 2.1-21 五中取二检验法($\alpha=5\%$)

评价员数 (n)	正答最少数 (k)	评价员数 (n)	正答最少数 (k)	评价员数 (n)	正答最少数 (k)
9	4	23	6	37	8
10	4	24	6	38	8
11	4	25	6	39	8
12	4	26	6	40	8
13	4	27	6	41	8
14	4	28	7	42	9
15	5	29	7	43	9
16	5	30	7	44	9
17	5	31	7	45	9
18	5	32	7	46	9
19	5	33	7	47	9
20	5	34	7	48	9
21	6	35	8	49	10
22	6	36	8	50	10

五中取二检验法操作技术要点总结：

（1）此检验方法可识别出两样品间的细微感官差异。从统计学上讲，在这个试验中单纯猜中的概率是 1/10，而不是三点检验法的 1/3 和二-三点检验法的 1/2。统计上更具可靠性。

（2）人数不要求很多，通常只需 10 人左右或稍多一些。当评价员人数少于 10 个时，多用此方法。当差别显而易见时，5～6 个评价员也可以。所用评价员必须经过训练。

（3）在每次评定试验中，样品的呈送有一个排列顺序，其可能的组合有 20 个，分别是：AAABB、BBBAA、AABAB、BBABA、ABAAB、BABBA、BAAAB、ABBBA、AABBA、BBAAB、ABABA、BABAB、BAABA、ABBAB、ABBAA、BAABB、BABAA、ABABB、BBAAA、AABBB。如果评价员的人数不是正好 20 个，则呈送样品的顺序组合可从此 20 种组合中随机选择，但选取的组合中含 3 个 A 的组合数应与含 3 个 B 的组合数相同。

➤实例

【例 1】 麦麸纤维面包质感感官品评——五中取二检验法

问题：小麦麸皮为植物性膳食纤维的代表，其所含营养成分之高远远超过我们每日主食的面粉，但其不易消化吸收且口感粗糙，因此在实用方面很少得到利用。某面包生产商欲生产麦麸纤维面包，并研究分析小麦麸皮的添加对面包口感的影响。因此，厂商决定用一次感官评定来比较未添加麸皮及添加 50％麸皮的面包的粗糙度，以决定是否在面包中添加麸皮。

检验目的：确定添加 50％麸皮的面包的粗糙度能否区别于未添加麸皮的面包。

试验设计：当感觉疲劳影响很小时，五中取二试验对评定差异是最有效的方法。只需要 12 人的鉴评小组就能够测试出微小的差异。从上文的表中随机抽取两种面包的 12 个组合。要求鉴评小组成员评定出哪两种样品的口感相同且与其他三个样品不同。

试验时在鉴评员的正前方摆放一个托盘，将样品放在其中，要求鉴评员从左到右依次品尝样品。给每个样品编上一个随机三位数的编号。试验记录表如表 2.1-22 所示。

表 2.1-22　五中取二试验记录表

五中取二试验		
姓名＿＿＿＿＿＿	日期＿＿＿＿＿＿	试验编号＿＿＿＿＿＿

样品类型＿＿＿＿＿＿＿＿＿＿＿＿＿＿＿＿＿＿＿＿＿＿＿＿＿＿＿＿＿＿＿
差异类型＿＿＿＿＿＿＿＿＿＿＿＿＿＿＿＿＿＿＿＿＿＿＿＿＿＿＿＿＿＿＿

说明：

　　1. 按照以下顺序评定样品，2 种是同一类型，另 3 种是另一类型。用手指或手掌轻轻抚摸其表面。

　　2. 辨别出只有两个的样品的类型，在相应的方框内标上"×"。

（续表）

样品编号	×	注释
	☐	
	☐	
	☐	
	☐	
	☐	

结果分析：在 12 个评价员中，5 个能正确的把样品分开。如表 2.1 - 21 所示，在显著水平 $\alpha = 0.05$ 时，临界值是 4，因此两种样品的表面质感有显著差异。通过试验，厂商得知两种类型的面包口感粗糙度的差异是很容易区分的，因此，该厂商还需对新产品进行改进。

【例 2】　不同黄油的冰淇淋外观比较——五中取二检验法

问题：某冰淇淋厂家想改进产品的配方，使用新型黄油以降低成本，但由于使用新型黄油后产品表面光泽明显降低，于是市场部门希望通过一次感官评定来检验两种配方的冰淇淋在表面上是否存在显著差异，是否会影响消费者对产品的接受性。

检验目的：确定两种不同配方的冰淇淋在统计上是否存在显著的外观差异。

试验设计：经过色盲和弱视测试选择 10 个评价员，将样品盛放在表面皿里，预试验确保样品在放置 30 min 内（一次试验的最长时限）表面不会发生改变。

根据表 2.1 - 23 的工作表所示，将样品从左到右直线排列；给每个样品编上一个随机三位数的编号。试验的记录表与 2.2 - 22 类似。让评价员识别哪两个样品在外观上是相同的且与其他 3 个不同。

表 2.1 - 23　五中取二检验工作表

工作表

日期：_____　试验编号：_____
把此表放在放置托盘的位置上，事先给评分表编号并在容器上贴好标签。

样品总类：	冰淇淋
试验类型：	五中取二试验

样品情况
A（原黄油生产的冰淇淋）　　　　　　　　　　B（新黄油生产的冰淇淋）

将每个样品按下列顺序放置在评价员的前面

评价员编号	样品顺序
1	A　A　B　B　B
2	A　B　B　A　B

（续表）

评价员编号	样品顺序
3	B A A B B
4	B B A B A
5	B B A B A
6	B B A A A
7	A B B A A
8	A B B A A
9	A B A A B
10	A A B A B

结果分析:结果发现有 5 个评价员正确地将样品分组。如表 2.1 - 21 所示,在显著水平 $\alpha = 0.05$ 时,临界值是 4,因此两样品存在着显著差异。通过试验,营销主管得知:使用不同黄油生产的冰淇淋其外观差异是显而易见的。所以,他将不得不在消费者中进行一个接受性试验,以此决定这种差异是否会影响到产品的总体接受情况。

任务分析

运用五中取二检验法,感官评价员根据样品品评设计方案对奶酪质感和不同油脂生产的饼干质感感官上进行分析,得出产品之间的差异性。本项目的学习,能够使学生通过相关理论知识和相关技能实训提高学生的技能素质。

任务实施

任务 1　奶酪质感感官品评——五中取二检验法

1. 实验目的

测定两种奶酪产品手感的差异。

2. 实验原理

在五中取二检验法评定过程中,每个评价员得到 5 个样品,其中 2 个是相同的,另外 3 个是相同的。要求评价员在评定之后,将 2 个不相同的产品挑选出来。完成评定样品后,将各评价员的评定结果进行统计分析,确定样品之间的差异性。

3. 样品及器具

（1）预备足够量的碟或者托盘。

（2）现有两种产品：一种是原产品；另一种是利用不同原料的奶发酵而成的奶酪。

4. 品评设计

因为在该实验中不涉及品尝，只是触觉，所以适合五中取二检验法进行试验。一般来说，由 12 人组成的评定小组就足以发现产品之间的非常小的差别。从上面 20 个组合中，任意选取 12 个组合，将样品分别放在一张纸板后面，评价员可以摸到样品，但不能看到，每个样品的纸板前标有该样品的随机编号（三位随机数字表），然后让评定者回答，哪两种样品相同，而不同于其他 3 个样品。问答卷如表 2.1-24 所示。

表 2.1-24   不同原料奶制成的奶酪的比较问答表

五中取二检验

姓名：   日期：

样品类型：奶酪制品

试验指令：

1. 按以下顺序用手指或手掌感觉样品，其中有 2 个样品是同一类型的，另外 3 个样品是另外一种类型的。

2. 测试之后，请在你认为相同的两种样品的编码后面划"√"。

编号	评语
862	
568	
689	
368	
542	

5. 结果分析

12 名人员参评，参评查表 2.1-21，回答正确人数的临界值是 4。将选择正确的人数与临界值相比，判断产品之间是否存在显著性差异。

任务 2   不同油脂生产的饼干的感官品评——五中取二检验法

1. 实验目的

利用五中取二检验法确定这两种饼干是否在表面的外观光泽上存在统计学上的差异。

2. 实验原理

五中取二检验法要求评价员通过视觉、听觉和触觉等方面对样品进行检验，同时提供给评价员 5 个以随机顺序排列的样品，其中 2 个是同一类型，另 3 个是另一种类型，要求评价员将这些样品按类型分成两组的一种检验方法。根据检验样品的性质特点，利用五中取二检验法，通过品评设计方案，按照五中取二检验法的品评步骤评定样品。评定样品完成后，进行统计分析确定样品之间的差异性。

3. 样品及器具

（1）预备足够量的碟或托盘。

（2）现有两种产品，一种是用氢化植物油来生产的饼干；另一种是用起酥油来生产的饼干。

4. 品评设计

筛选 10 名参评人员，确定他们在视力上和对颜色的识别上没有差异。从上面 20 个组合中，任意选取 10 个组合，将样品放在白瓷盘中，以白色作为背景，在白炽灯光下进行试验，每个样品标有该样品的随机编号（三位随机数字表），然后让品评者回答，哪两个样品相同，而不同于其他 3 个样品。问答卷如表 2.1 - 25 所示。

表 2.1 - 25 不同油脂生产的饼干的比较问答表

五中取二检验

姓名：	日期：

样品类型：饼干

试验指令：

　　1. 按以下顺序观察样品，其中有 2 个样品是同一类型的，另外 3 个样品是另外一种类型的。

　　2. 测试之后，请在你认为相同的两种样品的编码后面划"√"。

编号	评语
862	
568	
689	
368	
542	

5. 结果分析

10 名人员参评,查表 2.1-21,回答正确人数的临界值是 4(α＝5％)。将选择正确的人数与临界值相比,判断产品之间是否存在显著性差异。

项目小结

同时提供给评价员 5 个以随机顺序排列的样品,其中 2 个是同一类型,另 3 个是另一种类型。要求评价员将这些样品按类型分成两组的一种检验方法称为五中取二检验法。该方法在测定上更为经济,统计学上更具有可靠性,但在评定过程中容易产生感官疲劳。

利用五中取二检验法可以对感官评价员进行考核,同时通过五中取二检验的实践,让学生们能充分地认识和理解五中取二检验法的原理、特点和适用范围,能够熟练地掌握五中取二检验法的使用,增加实践动手能力,评定奶酪质感和不同油脂生产的饼干感官差异是为了能够主动发现在理论学习中没有出现和没有注意到的问题,达到理论与实践相结合的目的。

思考题

(1) 判断

五中取二检验法中,评价员必须经过培训,一般需要的人数为 10～20 人,当样品之间的差异较大,容易辨别时,5 人也可以。　　　　　　　　　　(　　)

(2) 问答题

① 什么是五中取二检验法? 简要说明其应用领域和范围。

② 五中取二检验法的特点有哪些?

项目 5 "A"-非"A" 检验法

工作任务

本项目讲授、学习、训练的内容属于食品差别感官评定方法中"A"-非"A"检验法这一领域,包含了实验技能、方案设计与实施能力。感官评价员根据样品检验要求制订设计方案,并以合理的操作步骤检验新型甜味剂与蔗糖以及两种新型鲜味剂与味精在感官性质上的差异,最后结合"A"-非"A"检验法相关统计知识统计评价员的品评结果,确定产品之间的差异性,并对已完成的工作资料进行规范的整理。

国家相关标准:GB/T 12316—1990《感官分析方法"A"-非"A"检验法》。

教学内容

➤能力目标

(1) 能熟练地进行"A"-非"A"检验法的评定操作。
(2) 能提出实训方案设计,完成"A"-非"A"检验工作任务。

➤教学方式

教学步骤	时间安排	教学方式(供参考)
阅读材料	课余	学生自学、查资料、相互讨论。
知识点讲解(含课堂演示)	2课时	在课堂学习中,结合多媒体课件解析"A"-非"A"检验法;讨论品评过程,使学生对排序检验法有良好的认识。
任务操作	4课时	完成"A"-非"A"检验法的实践任务,学生边学边做,同时教师应在学生实训中有针对性地向学生提出问题,引发其思考。
评估检测		教师与学生共同完成任务的检测与评估,并能对问题进行分析和处理。

➤知识要点

概念:在感官评定人员熟悉样品"A"以后,再将一系列样品呈送给这些检验人员,样品中有"A",也有非"A"。要求参评人员对每个样品作出判断:哪些是"A",哪些是非"A"。这种检验方法被称为"A"-非"A"检验法。这种是与否的检验法,也称为单项刺激检验。

用途:"A"-非"A"检验主要用于评价那些具有各种不同外观或留有持久后味的样品,特别是不适用于三点检验或二-三点检验法的样品。这种方法特别适用于无法取得完全类似样品的差别检验。适用于确定由于原料、加工、处理、包装和贮藏等各环节的不同所造成的产品感官特性的差异,特别适用于检验具有不同外观或后味样品的差异检查。当两种产品中的一种非常重要,可作为标准品或者参考产品,并且评价员非常熟悉该样品,或者其他样品都必须和当前样品进行比较时,优先使用"A"-非"A"检验而不选择差别成对比较检验。"A"-非"A"检验也适用于敏感性检验,用于确定评价员能否辨别一种与已知刺激有关的新刺激或用于确定评价员对一种特殊刺激的敏感性。

步骤:首先将对照样品"A"反复提供给评价员,直到评价员可以识别它为止。必要时也可让评价员对非"A"也做体验。检验开始后,每次随机给出一个可能是"A"或者非"A"的样品,要求评价员辨别。提供样品应有适当的时间间隔,并且一次评价的样品不宜过多,以免产生感官疲劳。

(1)制定问答表

"A"-非"A"检验法问答表的一般形式如表2.1-26、表2.1-27所示。

表 2.1-26 "A"-非"A"检验法问答表:事先只给评价员出示样品"A"

样品:	日期:	评价员:

1. 识别一下样品"A"并将其还给管理人员,取出编码的样品。
2. 由"A"和非"A"组成编码的系列样品的顺序是随机的。所有非"A"样品均为同类样品。两种样品的具体数目事先不告知。
3. 按顺序将样品一一品尝并将判断记录在下面。

样品编码	"A"	样品为 非"A"
	□	□
⋮	□	□
	□	□

评论:_____

_____

表 2.1-27 "A"-非"A"检验法问答表:事先给评价员分别出示样品"A"和非"A"

样品:	日期:	评价员:

1. 识别一下样品"A"和非"A"并将其还给管理人员,取出编码样品。

2. 由"A"和非"A"组成的编码的系列样品顺序是随机的,所有非"A"样品均为同类样品。两种样品的具体数目事先不告知。

3. 按顺序将样品一一品尝并将判断记录在下面。

样品编码	样品为	
	"A"	非"A"
	☐	☐
⋮	☐	☐
⋮	☐	☐
	☐	☐
	☐	☐

评论:＿＿＿＿＿＿＿＿＿＿＿＿＿＿＿＿＿＿＿＿＿＿＿＿＿＿＿＿
＿＿＿＿＿＿＿＿＿＿＿＿＿＿＿＿＿＿＿＿＿＿＿＿＿＿＿＿＿＿＿

(2) "A"-非"A"结果分析与判断

对鉴评表进行统计,并将结果汇入表 2.1-28 中,并进行结果分析。用 χ^2 检验来进行解释。

表 2.1-28 结果统计表

样品数:	判别数:	"A"和非"A"样品数		累计
		"A"	非"A"	
判别为"A"或非"A"的回答数	"A"	n_{11}	n_{12}	$n_{1.}$
	非"A"	n_{21}	n_{22}	$n_{2.}$
累　计		$n_{.1}$	$n_{.2}$	$n_{..}$

注:n_{11}——样品本身为"A"而评价员也认为是"A"的回答总数;

n_{22}——样品本身为非"A"而评价员也认为是非"A"的回答总数;

n_{21}——样品本身为"A"而评价员认为是非"A"的回答总数;

n_{12}——样品本身为非"A"而评价员认为是"A"的回答总数;

$n_{1.}$——第一行回答数的总和;

$n_{2.}$——第二行回答数的总和;

$n_{.1}$——第一列回答数的总和;

$n_{.2}$——第二列回答数的总和;

$n_{..}$——所有回答数。

假设评价员的判断与样品本身的特性无关。

当回答总数为 $n_{..} \leqslant 40$ 或 $n_{ij}(i=1,2;j=1,2) \leqslant 5$ 时，χ^2 的统计量为

$$\chi^2 = [|n_{11} \times n_{22} - n_{12} \times n_{21}| - (n_{..}/2)]^2 \times n_{..}/(n_{.1} \times n_{.2} \times n_{1.} \times n_{2.})$$

当回答总数为 $n_{..} > 40$ 和 $n_{ij}(i=1,2;j=1,2) > 5$ 时，χ^2 的统计量为

$$\chi^2 = (|n_{11} \times n_{22} - n_{12} \times n_{21}|)^2 \times n_{..}/(n_{.1} \times n_{.2} \times n_{1.} \times n_{2.})$$

根据表 2.1-29，将 χ^2 统计量与 χ^2 分布临界值比较：

当 $\chi^2 \geqslant 3.84$ 时，为 5% 显著水平；

当 $\chi^2 \geqslant 6.63$ 时，为 1% 显著水平。

因此，在此选择的显著水平上拒绝原假设，即评价员的判断与样品特性有关，即认为样品"A"与非"A"有显著差异。

当 $\chi^2 < 3.84$ 时，为 5% 显著水平；

当 $\chi^2 < 6.63$ 时，为 1% 显著水平。

因此，在此选择的显著水平上接受原假设，即认为评价员的判断与样品本身的特性无关，即认为样品"A"与非"A"无显著性差异。

表 2.1-29 χ^2 分布临界值表（节录）

自由度	显著性水平	
	$\alpha = 0.05$	$\alpha = 0.01$
1	3.84	6.63
2	5.99	9.21
3	7.81	11.3
4	9.49	13.3
5	11.1	15.1
6	12.6	16.8
7	14.1	18.5
8	15.5	20.1
9	16.9	21.7
10	18.3	23.2

"A"-非"A"检验法操作技术要点总结如下：

（1）此检验法本质上是一种顺序差别成对比较检验或简单差别检验。评价员先评价第一个样品，然后再评价第二个样品，要求评价员指明这些样品感觉是

相同还是不同。此试验的结果只能表明评价员可察觉到样品的差异,但无法知道品质差异的方向。

(2) 参加检验的所有评价员应具有相同的资格水平与检验能力。例如都是优选评价员或都是初级评价员等。需要 7 个以上专家或 20 个以上优选评价员或 30 个以上初级评价员。

(3) 在检验中,样品有 4 种可能的呈送顺序,如 AA、BB、AB、BA。这些顺序要能够在评价员之间交叉随机化。在呈送给评价员的样品中,分发给每个评价员的样品数应相同,但样品"A"的数目与样品非"A"的数目不必相同。每次试验中,每个样品要被呈送 20~50 次。每个品评者可以只接受一个样品,也可以接受 2 个样品,一个"A",一个非"A",还可以连续品评 10 个样品。每次评定的样品数量视检验人员的生理疲劳程度而定,受检验的样品数量不能太多,应以品评人数较多来达到可靠的目的。

在检验中,每次样品出示的时间间隔很重要,一般是相隔 2~5 分钟。

➤实例

【例】 评价员甜味敏感性测试——"A"-非"A"检验

问题:某公司欲进行评价员甜味敏感性测试,以筛选出合格的评价员。已知蔗糖的甜味("A"刺激)与某种甜味剂(非"A"刺激)有显著性差别。

检验目的:确定某一评价员能否将甜味剂的甜味与蔗糖的甜味区别开。

试验设计:首先将对照样品"A"反复提供给评价员,直到评价员可以识别它为止。必要时也可让评价员对非"A"也做体验。检验开始后,每次随机给出一个可能是"A"或者非"A"的样品,要求评价员辨别。评价员评价的样品数:13 个"A"和 19 个非"A"。检验调查问卷参见表 2.1-26 或表 2.1-27。

结果分析:评价员判别结果见表 2.1-30。

表 2.1-30　品评结果统计表

样品数:	判别数:	"A"与非"A"样品数		累计
		"A"	非"A"	
判别为"A"或非"A"的回答数	"A"	8	6	14
	非"A"	5	13	18
累　计		13	19	32

由于 $n_{..}$ 小于 40 和 n_{21} 等于 5,所以:

$$\chi^2 = [|n_{11} \times n_{22} - n_{12} \times n_{21}| - (n_{..}/2)]^2 \times n_{..}/(n_{.1} \times n_{.2} \times n_{1.} \times n_{2.})$$
$$= [|8 \times 13 - 6 \times 5| - (32/2)]^2 \times 32/(13 \times 19 \times 14 \times 18)$$
$$= 1.73$$

因为 χ^2 统计量 1.73 小于 3.84,得出结论:接受原假设,认为蔗糖的甜味与甜味剂的甜味没有显著性差别。或该评价员没能将甜味剂的甜味与蔗糖的甜味区别开。

任务分析

利用"A"-非"A"检验法,感官评价员对新型甜味剂与蔗糖以及两种新型鲜味剂与味精在感官性质上进行分析,而后做出是与否的判断。本项目的学习,能够使学生通过相关理论知识和技能实践提高学生的技能。

任务实施

任务 1 新型甜味剂与蔗糖的感官品评——"A"-非"A"检验法

1. 实验目的
直接比较这两种甜味物质,并减少味道的延迟和覆盖效应。

2. 实验原理
"A"-非"A"检验法是评价员先熟悉"A"与非"A",然后对样品中的"A"与非"A"做出判断的一种食品感官差别检验的方法。在评定过程中,样品以 3 个数字的随机数字进行编码,每个评价员得到的相同样品是用不同的随机数字编码。每个评价员得到的样品总数相同,但样品"A"与样品非"A"呈送的数量可以不同。样品逐个以随机的方式或者平衡方式顺序呈送,品评完成后,将各评价员的评定结果进行统计,用 χ^2 检验进行结果的统计分析,确定样品之间的差异性。

3. 样品及器具
(1) 预备足够量的碟或者托盘。
(2) 现有 2 种产品,0.1% 新型甜味剂和 0.5% 蔗糖。
(3) 饮用水。

4. 品评设计

分别将甜味剂和蔗糖配置成 0.1% 和 0.5% 的溶液,将甜味剂溶液设成"A",将蔗糖溶液设为非"A"。由 20 人参加品评,每人得到 10 个样品,每个样品品尝一次,然后回答是"A"还是非"A",在品尝下一个样品之前用清水漱口,并等待 1 分钟,问答卷见表 2.1-31。

表 2.1-31　试验调查问卷表

"A"-非"A"检验

姓名:　　　　　　日期:
样品:甜味调味剂

样品顺序号	编号	该样品是	
		"A"	非"A"
1	…		
2	…		
3	…		
4	…		
5	…		
6	…		
7	…		
8	…		
9	…		
10	…		

5. 结果分析

统计得到的结果,填入表 2.1-32 中,然后作 χ^2 检验。

表 2.1-32　试验结果统计

回答情况	真实情况		
	"A"	非"A"	总计
"A"			
非"A"			
总计			

本例中,因为 n 大于 40;且 n_{ij} 大于 5,所以用如下公式:
$$\chi^2 = (n_{11} \times n_{22} - n_{12} \times n_{21})^2 \times n_{..} / (n_{.1} \times n_{.2} \times n_{1.} \times n_{2.})$$
由公式计算出的结果,查 χ^2 分布界值表,判断 0.1%新型甜味剂和 0.5%蔗糖之间是否存在显著差异。

任务 2 两种新型鲜味剂与味精的感官品评——"A"-非"A"检验法

1. 实验目的

检验味精("A")、鲜味剂(非"A")1、鲜味剂(非"A")2 三者之间在鲜味上是否有显著差异。

2. 实验原理

在感官评定人员先熟悉样品"A"以后,再将一系列样品呈送给这些检验人员,样品中有"A",也有非"A"。要求参评人员对每个样品做出判断,哪些是"A",哪些是非"A"。根据检验样品的性质特点,利用"A"-非"A"检验法,通过品评设计方案,按照"A"-非"A"检验法的品评步骤评定样品。评定样品完成后,统计所得结果利用 χ^2 进行分析,确定样品之间的差异性。

3. 样品及器具

(1) 预备足够量的碟或者托盘。

(2) 现有 3 种产品,0.1%鲜味剂甲、0.1%鲜味剂乙和 0.5%的味精。

(3) 饮用水。

4. 品评设计

分别将鲜味剂甲和乙与味精配置成 0.1%、0.1%和 0.5%的溶液,将味精溶液设为"A",分别将鲜味剂甲溶液和鲜味剂乙溶液设为(非"A")1 和(非"A")2。由 20 人参加品评,每人得到 10 个样品,每个样品尝一次,然后回答是"A"还是非"A",在品尝下一个样品之前用清水漱口,并等待 1 分钟,问答卷见表 2.1-33。

表 2.1-33 检验调查问卷表

"A"-(非"A")1、(非"A")2 检验

姓名: 日期:
样品:鲜味调味品

试验指令:

1. 在试验之前,对样品"A"和(非"A")1、(非"A")2 进行熟悉,记住它们的口味。

2. 从左到右依次品尝样品,在品尝完每一个样品之后,在其编号后面的相应位置中打"√"。

（续表）

样品顺序号	编号	该样品是		
		"A"	（非"A"）1	（非"A"）2
1	…			
2	…			
3	…			
4	…			
5	…			
6	…			
7	…			
8	…			
9	…			
10	…			

5. 结果分析

统计得到的结果，填入表 2.1-34 中，然后作 χ^2 检验。

表 2.1-34　试验结果统计

回答情况	真实情况			
	"A"	（非"A"）1	（非"A"）2	总计
"A"				
非"A"				
总计				

本例中，因为 n 大于 40，且 n_{ij} 大于 5，所以用如下公式：

$$\chi^2 = (n_{11} \times n_{22} - n_{12} \times n_{21})^2 \times n_{..} / (n_{.1} \times n_{.2} \times n_{1.} \times n_{2.})$$

查 χ^2 分布临界值表 2.1-29，则 $\alpha = 0.05$，$df = 2$ 的对应临界值 5.99。把试验结果统计表的各值代入上式，计算出 χ^2 的数值，与该临界值比较，从而判断味精、鲜味剂（非"A"）1、鲜味剂（非"A"）2 三者之间在鲜味上有无显著差异。

项目小结

"A"-非"A"检验在本质上是一种顺序差别成对比较检验或者简单差别检验。当试验不能使两种类型的产品有严格相同的颜色、形状或大小,但样品的颜色、形状或大小与研究目的不相关时,经常采用"A"-非"A"检验。但是颜色、形状或者大小的差别必须非常微小,而且只有当样品同时呈现时差别才比较明显。如果差别不是很小,评价员很可能将其记住,并根据这些外观差异做出他们的判断。

"A"-非"A"检验法适用于确定由于原料、加工、处理、包装和贮藏等各环节的不同所造成的产品感官特性的差异,特别适用于检验具有不同外观或后味样品的差异检验,也适用于确定评价员对一种特殊刺激的敏感性。本项目中,利用"A"-非"A"检验法对新型甜味剂与蔗糖以及两种鲜味剂与味精味感官差异的评定,并且该方法还可以对感官评价员进行相关的培训与考核。

经过"A"-非"A"检验法的实践,使同学能够充分地理解"A"-非"A"检验法的原理、特点和适用范围,能够熟练地掌握"A"-非"A"检验法的使用,增加实践动手能力,评定新型甜味剂与蔗糖甜味不同和两种鲜味剂与味精的鲜味感官差异是为了能够主动发现在理论学习中没有出现和没有注意到的问题,达到理论与实践相结合的目的,培养学生在感官评定方面的兴趣和爱好。

思考题

(1) 什么是"A"-非"A"检验法?简单说明其特点。
(2) "A"-非"A"检验法对评价员的要求是什么?

项目 6　差异对照检验法

工作任务

本项目讲授、学习、训练的内容属于食品差别感官评定方法中差异对照检验法这一领域,包含了实验技能、方案设计与实施能力。感官评价员根据样品检验要求设计方案,并以合理的操作步骤检验蜂蜜的黏度,最后结合差异对照检验法相关统计知识统计评价员的品评结果,确定产品之间的差异性,并对已完成的工作资料进行规范的整理。

教学内容

➢能力目标

(1) 能熟练地进行差异对照检验法的评定操作。

(2) 能提出项目方案设计,完成差异对照检验工作任务。

➢教学方式

教学步骤	时间安排	教学方式(供参考)
阅读材料	课余	学生自学、查资料、相互讨论。
知识点讲解(含课堂演示)	2课时	在课堂学习中,结合多媒体课件解析差异对照检验法;讨论品评过程,使学生对差异对照检验法有良好的认识。
任务操作	4课时	完成差异对照检验法的实践任务,学生边学边做,同时教师应在学生实践中有针对性地向学生提出问题,引发其思考。
评估检测		教师与学生共同完成任务的检测与评估,并能对问题进行分析和处理。

➤知识要点

概念：某个样品会被指定为"对照物"、"参比物"或"标准"，呈送给每个评价员一个对照标准样品和一个或多个试验样品。要求评价员评估出每个样品和对照物之间的差异大小并按相应的等级进行评分。告诉评价员在实验样品中有一些可能与标准对照物相同，从未知对照物（即标准对照物，由于未贴标签所以评价员并不知道它与标准对照物是否相同）与标准对照物相比获得的差异平均值，再和事先确定的各试验样品的差异均值进行比较而评定最终结果。差异对照检验本质上就是一个评估差别大小的差别成对比较检验。

用途：当试验方案或目的是双重时使用这种方法，双重主要包含两层意思：① 判断出一个或多个样品和对照物之间是否存在差异；② 评估出这种差异的大小。当差别能被评价员感知到，而差异的大小又会影响试验结果（如在进行质量保证、质量控制和储藏研究等）时，采用差异对照检验法是很有用的。由于产品（如肉、色拉和焙烤食物等）中存在多种成分而不适于用二-三试验和三角试验时，差异对照检验却是适用的。由于感觉疲劳效应而不适于多样品的差异对照时，两样品的差异对照检验也是适用的。

步骤：首先，要尽可能同时提供样品和已感知过的标准对照物（贴上标签），为每个评价员提供一个已贴标签的对照物和几个未贴标签的试验样品。如果试验要求所有评价员评定所有样品（但这不可能在一个试验期完成），则保留评价员的样品记录，以便剩下的样品在后续的试验中继续评定。

常用的评分等级如下：

语言种类等级	数字种类等级
没有差别	0
非常轻微的差别	1
轻微中等的差别	2
中等差别	3
中等较大的差别	4
较大差别	5
非常大的差别	6
⋮	7
⋮	8
	9
差别达到极限	10

注：当计算结果含有语言种类等级时，将语言种类等级变为相应位置上的数字等级。

结算每一个样品以及未知对照的差异平均值,并通过差异分析来评定结果。

➤实例

【例】 止痛药膏的黏度比较——差异对照检验

问题:某制药公司想提高其止痛药膏的黏度。研制出两种新产品通过质构仪的测定都比参照样的黏度高,但这两种产品的表现又不完全一样,样品 F 流动性差,样品 N 流动性好一些,但总体黏度很高。产品研制人员想知道这两种产品和参照样的差异到底如何。由于该试验最好在手背上做,所以每个评价员每次只能评定 2 个样品。

检验目的:测量出两种样品与现有的产品总体的感觉差异,判断是样品 F 还是样品 N 总体上更接近现在的产品。

试验设计:将预先称好的每种样品放置于已编号的玻璃容器中,每份样品的质量都相同。试验由 42 名评价员连续 3 天进行测试。每天评价员测评一组,分组如下:

① 对照物与样品 F;

② 对照物与样品 N;

③ 对照物与未知对照物。

工作表见表 2.1 - 35,所有评价员先拿到贴好标签的对照物,再拿到测试的样品。评价员坐在独立的工作室内,工作室要求有通风条件以减少气味聚集,良好的照明条件以便更好地进行评定。

表 2.1 - 35 差异对照检验工作表

工作表	
日期:	编号:
把此表放在放置托盘的位置上,事先给评分表编号并在容器上贴好标签。	
样品种类: 试验类型:	止痛药膏 差异对照检验
样品 对照样品 C 样品 F 样品 N	编号 C_R(或随机编号) 随机编号 随机编号

（续表）

根据以下次序进行试验：

评价员编号	第一天	第二天	第三天
1～7	C_R－F	C_R－N	C_R－C
8～14	C_R－N	C_R－F	C_R－C
15～21	C_R－F	C_R－C	C_R－N
22～28	C_R－N	C_R－C	C_R－F
29～35	C_R－C	C_R－N	C_R－F
36～42	C_R－C	C_R－F	C_R－N

时间	评价员
9:00	1,8,15,22,29,36
9:45	2,9,16,23,30,37
10:30	3,10,17,24,31,38
11:15	4,11,18,25,32,39
1:00	5,12,19,26,33,40
1:45	6,13,20,27,34,41
2:30	7,14,21,28,35,42

　　每次试验在 15 min 内称出所需样品，并给两个样品贴上三位数字的编号。指导评价员仔细根据评分表上的说明操作试验（见表 2.1－36）。

表 2.1－36　差异对照检验评分表

差异对照表

姓　　　名＿＿＿＿＿＿＿　　　日　　期＿＿＿＿＿＿＿
样品种类＿＿＿＿＿＿＿　　　样品编号＿＿＿＿＿＿＿

说明：
1. 你已经拿到两个样品，一个贴上 C 的对照样品和一个有三位数编码的待测样品。
2. 用右手的食指和中指将参照样品取出，涂在左手的手背上。
3. 用托盘中的毛巾将手擦干净。
4. 用右手的食指和中指将待测样品取出，涂在右手的手背上。
5. 用以下定义的来衡量你所感到的样品与参照样的差异。

数字所代表的差别程度：

没有差别	0
差别非常小	1
差别小～中等	2

（续表）

差别中等	3
差别中等～大	4
差别大	5
差别非常大	6
	7
	8
	9
差别大到极限	10

记住:有时待测样品可能与对照样品相同

注释:_____

_____

结果分析:试验数据如表 2.1 - 37 所示,分析数据采用随机(完全)分组设计中的差异分析评分法(ANOVA 或 AOV)。42 个评价员即为设计中的"分组";3 个样品为"处理物"(或者更适合称为处理物的 3 种程度)。通过计算机软件,其方差分析(ANOVA)结果如表 2.1 - 38 所示。

表 2.1 - 37　止痛药膏的黏度比较试验结果

评价员	未知对照物	样品 F	样品 N	评价员	未知对照物	样品 F	样品 N
1	1	4	5	11	0	1	2
2	4	6	5	12	1	5	6
3	1	4	6	13	4	5	7
4	4	8	5	14	1	6	5
5	2	4	3	15	4	7	6
6	1	4	5	16	4	6	7
7	3	3	6	17	1	4	5
8	0	2	4	18	3	5	5
9	6	8	9	19	1	4	4
10	7	7	9	20	4	6	5

（续表）

评价员	未知对照物	样品 F	样品 N	评价员	未知对照物	样品 F	样品 N
21	2	3	6	32	2	5	1
22	2	2	5	33	2	5	5
23	2	6	7	34	2	6	4
24	4	5	7	35	3	5	6
25	0	3	4	36	1	4	7
26	5	4	5	37	3	4	6
27	2	5	3	38	0	4	4
28	3	6	7	39	4	8	7
29	3	5	6	40	0	5	6
30	4	6	6	41	1	5	5
31	0	3	3	42	3	4	4

表 2.1－38　差异对照检验的结果分析

方差来源	自由度	平方和	均方	F	p
总和	125	545.78			
评价员	41	247.11	6.03	6.8	0.000 1
样品	2	225.78	112.89	127.00	0.000 1
误差	82	72.89	0.89		

由于 $p=0.000\ 1$，所以产品之间存在显著差异，即参照、样品 F 和样品 N 三种样品之间存在显著差异。三种样品的平均值分别为：参照，2.4；样品 F，4.8；样品 N，5.5。为了进一步考察样品之间的关系，可采用一种多重比较法 Fisher's LSD(Least Significant Difference)。计算方法如下：

$$\mathrm{LSD}=t_{a/2,df\mathrm{E}}\sqrt{\mathrm{MS_E}}\sqrt{(1/n_\mathrm{i})+(1/n_\mathrm{j})}$$

如果试验的两组数据是相等的，以上公式则简化为：

$$\mathrm{LSD}=t_{a/2,df\mathrm{E}}\sqrt{2\mathrm{MS_E}/n}$$

其中，n 为每个样品的数据个数。将本例中的数据代入公式，则为：

$$\mathrm{LSD}=t_{0.025,82}\sqrt{2\times0.89/42}$$

查表 2.1-39,最后一行,得 $t_{0.025,\infty}=1.96$

$$LSD=1.96×0.21=0.40$$

如果两值之间的差大于 0.40,则表明这两个数值之间具有显著差异。因此,三种样品之间各不相同,彼此之间都具有显著差异,样品 F 和 N 之间也具有差异(因为二者之间的差为 0.7,大于 0.4)。

结果表明,两种新产品与目前产品相比,差异都很大,因此,为了进一步考察产品的各项性质,建议进行描述分析。

表 2.1-39 t 分布表(节录)

v	α 双侧							
	0.5	0.2	0.1	0.05	0.02	0.01	0.005	0.001
	单侧							
	0.25	0.1	0.05	0.025	0.01	0.005	0.002 5	0.000 5
1	1	3.078	6.314	12.706	31.821	63.657	127.321	636.619
2	0.816	1.886	2.92	4.303	6.965	9.925	14.089	31.599
3	0.765	1.638	2.353	3.182	4.541	5.841	7.453	12.924
4	0.741	1.533	2.132	2.776	3.747	4.604	5.598	8.61
5	0.727	1.476	2.015	2.571	3.365	4.032	4.773	6.869
6	0.718	1.44	1.943	2.447	3.143	3.707	4.317	5.959
7	0.711	1.415	1.895	2.365	2.998	3.499	4.029	5.408
8	0.706	1.397	1.86	2.306	2.896	3.355	3.833	5.041
9	0.703	1.383	1.833	2.262	2.821	3.25	3.69	4.781
10	0.7	1.372	1.812	2.228	2.764	3.169	3.581	4.587
11	0.697	1.363	1.796	2.201	2.718	3.106	3.497	4.437
12	0.695	1.356	1.782	2.179	2.681	3.055	3.428	4.318
13	0.694	1.35	1.771	2.16	2.65	3.012	3.372	4.221
14	0.692	1.345	1.761	2.145	2.624	2.977	3.326	4.14
15	0.691	1.341	1.753	2.131	2.602	2.947	3.286	4.073
16	0.69	1.337	1.746	2.12	2.583	2.921	3.252	4.015
17	0.689	1.333	1.74	2.11	2.567	2.898	3.222	3.965
18	0.688	1.33	1.734	2.101	2.552	2.878	3.197	3.922
19	0.688	1.328	1.729	2.093	2.539	2.861	3.174	3.883
20	0.687	1.325	1.725	2.086	2.528	2.845	3.153	3.85
21	0.686	1.323	1.721	2.08	2.518	2.831	3.135	3.819
22	0.686	1.321	1.717	2.074	2.508	2.819	3.119	3.792
23	0.685	1.319	1.714	2.069	2.5	2.807	3.104	3.768

（续表）

v	α							
	双侧							
	0.5	0.2	0.1	0.05	0.02	0.01	0.005	0.001
	单侧							
	0.25	0.1	0.05	0.025	0.01	0.005	0.002 5	0.000 5
24	0.685	1.318	1.711	2.064	2.492	2.797	3.091	3.745
25	0.684	1.316	1.708	2.06	2.485	2.787	3.078	3.725
26	0.684	1.315	1.706	2.056	2.479	2.779	3.067	3.707
27	0.684	1.314	1.703	2.052	2.473	2.771	3.057	3.69
28	0.683	1.313	1.701	2.048	2.467	2.763	3.047	3.674
29	0.683	1.311	1.699	2.045	2.462	2.756	3.038	3.659
30	0.683	1.31	1.697	2.042	2.457	2.75	3.03	3.646
∞	0.674 5	1.281 6	1.644 9	1.96	2.326 3	2.575 8	2.807	3.290 5

表中数值形式为 $t=t_{a,v}$，α 为显著性水平，v 为自由度。

任务分析

利用差异对照检验，感官评价员对蜂蜜在感官性质上进行分析，而后做出是与否的判断。本项目的学习，能够使学生通过相关理论知识和相关技能实践提高学生的职业技能能力。

任务实施

任务　蜂蜜的黏度比较——差异对照检验

1. 实验目的

测量出两种蜂蜜样品与现有的产品总体的感觉差异，判断是样品 F 还是样品 N 总体上更接近现在的产品。

2. 实验原理

在差异对照检验中，某个样品会被指定为"对照物"、"参比物"或"标准"，呈送给每个评价员一个对照标准样品和一个或多个试验样品。要求评价员评估出每个样品和对照物之间的差异大小并按相应的等级进行评分。告诉评价员在实验样品中有一些可能与标准对照物相同，从未知对照物（即标准对照物,由于未贴标签所以评价员并不知道它与标准对照物是否相同)与标准对照物相比获得的差异平均值,再和事先确定的各试验样品的差异均值进行比较而评定最终结果。

3. 样品及器具

(1) 蜂蜜中的碳水化合物以及其含有的胶体物决定蜂蜜的黏稠程度。一家蜂蜜生产商计划增加他们原来产品的黏度。现有两种样品在质地上比对照样品黏稠。样品 F 刚开始搅动时比较困难,而样品 N 刚开始搅动时较为容易但总的黏度较高。产品研发人员想知道这两种样品与对照样品差别的大小。预备 3 种蜂蜜样品,样品 F、样品 N 和现有参照样品。

(2) 预备足够量的玻璃容器、勺、托盘。

4. 品评设计

将预先称好的每种样品放置于已编号的玻璃容器中。再将每种样品取相同的量,并用勺子搅动样品。评定过程需要 42 名评价员,连续 3 天进行测试。每天评价员测评一组,分组如下:

① 对照物与样品 F;

② 对照物与样品 N;

③ 对照物与未知对照物。

工作表见表 2.1－40,所有评价员先拿到贴好标签的对照物,再拿到测试的样品。准备工作表和评分表见表 2.1－40 和表 2.1－41。根据评价员的测试结果,感官分析员将数据填入表 2.1－42 中。

表 2.1－40 差异对照检验工作表

工作表	
日期:	编号:

把此表放在放置托盘的位置上,事先给评分表编号并在容器上贴好标签。

样品种类:	蜂蜜
试验类型:	差异对照检验

样品	编号
对照样品 C	C_R(或随机编号)
样品 F	随机编号
样品 N	随机编号

（续表）

根据以下次序进行试验：

评价员编号	第一天	第二天	第三天
1～7	C_R- F	C_R- N	C_R- C
8～14	C_R- N	C_R- F	C_R- C
15～21	C_R- F	C_R- C	C_R- N
22～28	C_R- N	C_R- C	C_R- F
29～35	C_R- C	C_R- N	C_R- F
36～42	C_R- C	C_R- F	C_R- N

时间	评价员
9:00	1,8,15,22,29,36
9:45	2,9,16,23,30,37
10:30	3,10,17,24,31,38
11:15	4,11,18,25,32,39
1:00	5,12,19,26,33,40
1:45	6,13,20,27,34,41
2:30	7,14,21,28,35,42

每次试验在 15 min 内称出所需样品，并给两个样品贴上三位数字的编号。指导评价员仔细根据评分表上的说明操作试验(见表 2.1－41)。

表 2.1－41 差异对照检验评分表

差异对照表

姓　　名＿＿＿＿＿＿＿＿＿　　日　期＿＿＿＿＿＿＿＿＿
样品种类＿＿＿＿＿＿＿＿＿　　样品编号＿＿＿＿＿＿＿＿＿

说 明：

1. 你已经拿到两个样品，一个贴上 C 的对照样品和一个有三位数编码的待测样品。
2. 用勺子搅动对照样品 C 与待测样品。
3. 根据下列等级，指出待测样品与对照样品在搅动时流动性差异的大小。

＿＿＿＿＿	0＝没有差异
＿＿＿＿＿	1
＿＿＿＿＿	2
＿＿＿＿＿	3
＿＿＿＿＿	4
＿＿＿＿＿	5
＿＿＿＿＿	6
＿＿＿＿＿	7
＿＿＿＿＿	8
＿＿＿＿＿	9
＿＿＿＿＿	10＝极大的差异

记住：有时待测样品可能与对照样品相同
注释：＿＿＿＿＿＿＿＿＿＿＿＿＿＿＿＿＿＿＿＿＿＿＿＿＿＿＿＿＿＿＿

表 2.1－42　蜂蜜的黏度比较试验结果

评价员	未知对照物	样品 F	样品 N	评价员	未知对照物	样品 F	样品 N
1				22			
2				23			
3				24			
4				25			
5				26			
6				27			
7				28			
8				29			
9				30			
10				31			
11				32			
12				33			
13				34			
14				35			
15				36			
16				37			
17				38			
18				39			
19				40			
20				41			
21				42			

结果分析:对表 2.1－42 中的数据进行分析,采用随机(完全)分组设计中的差异分析评分法(ANOVA 或 AOV)。根据 p 值,判断产品之间是否存在显著差异。计算三种样品的平均值,进一步采用一种多重比较法 Fisher's LSD (Least Significant Difference)进行样品之间的比较(参考例题)。最后判断样品 F 还是样品 N 总体上更接近现在的产品。

项目小结

差异对照检验法中,一般有 20～50 人参与评定每个样品,并评估出与对照样品的差异程度。如果因为是复杂的比较或者疲劳因素而选择这种试验方法时,则每次只能提供给每个评价员一对样品。评价员可以接受训练也可以未接受训练,但两者不可以混在一起同为一组。所有评价员应熟悉试验模式、等级的含义以及试验样品中有一部分样品为未知对照物。

经过差异对照检验法的实践,使同学能够充分地理解差异对照检验法的原理、特点和适用范围,能够熟练地掌握差异对照检验法的使用,增加实践动手能力,评定蜂蜜的感官差异是为了能够主动发现在理论学习中没有出现和没有注意到的问题,达到理论与实践相结合的目的,培养学生在感官评定方面的兴趣和爱好。

思考题

(1) 什么是差异对照检验法?简单说明其特点。

(2) 差异对照检验法对评价员的要求是什么?

项目 7　连续检验法

工作任务

　　本项目讲授、学习、训练的内容属于食品差别感官评定方法中连续检验法这一领域,包含了实验技能、方案设计与实施能力。感官评价员根据样品检验要求设计方案,并以合理的操作步骤检验冷藏存放的牛肉馅饼在感官性质上的差异,最后结合连续检验法相关统计知识统计评价员的品评结果,确定产品之间的差异性,并对已完成的工作资料进行规范的整理。

教学内容

➤能力目标

　　(1) 能熟练地进行连续检验法的评定操作。
　　(2) 能提出实践方案设计,完成连续检验法工作任务。

➤教学方式

教学步骤	时间安排	教学方式(供参考)
阅读材料	课余	学生自学、查资料、相互讨论。
知识点讲解(含课堂演示)	2课时	在课堂学习中,结合多媒体课件解析连续检验法;讨论品评过程,使学生对连续检验法有良好的认识。
任务操作	4课时	完成连续检验法的实践任务,学生边学边做,同时教师应在学生实验中有针对地向学生提出问题,引发思考。
评估检测		教师与学生共同完成任务的检测与评估,并能对问题进行分析和处理。

➤**知识要点**

概念:连续检验是一种能通过减少评定量而得出试验结论的一种方法,它和本模块中已述的检验法不同,其他检验的 β 值需要尽可能减小,而在连续检验中 α 和 β 的值事先已确定,评价员人数 n 的值由评价每个感官评定的结果而决定。

用途:连续检验中,由于 α 和 β 值都是事先定好的,它可以同时检验两个样品的差别性和相似性。连续检验非常实用、有效,因为它充分考虑了"根据前面几个试验可能就可以得出结论"这种可能性,任何进一步的试验都是浪费,无论是时间还是金钱。实际上,连续检验可以在允许范围内将试验数量减少 50%。连续检验可以与三点检验、五中取二检验和二-三点检验一起使用。

步骤:

(1) 先选择合适的检验方法,例如三点检验、五中取二检验和二-三检验。

(2) 根据选用的方法进行一系列的试验,将试验结果绘成图 2.1-1 所示的图,图中有 3 个区,接受区、拒绝区和继续试验区。在图 2.1-1 中,横轴是试验次数,纵轴是正确回答的次数。先输入第一次试验的结果,如果回答是正确的,按 $(x,y)=(1,1)$ 输入;如果不正确,按 $(x,y)=(1,0)$ 输入。随后的每个试验,如果回答正确,x 增加 1,y 增加 1;如果不正确,x 增加 1,y 增加 0。

(3) 如此作图,直到所画点达到或超过任何一条域线为止,并得出相应的结论(接受或拒绝)。

➤**实例**

【例】　评价员筛选——连续三点检验法

问题:某公司需要对两名评价员进行感官品评能力测试,根据评价员对一系列样品之间的差别的敏感能力来决定他们可否被公司录用进入评定小组。

检验目的:确定每个评价员正确回答的比例是否适合参加品评。

试验设计:试验样品以三点检验的方式每次呈送一个,两个试验中间要有足够的休息时间,以保证品评能力的恢复。每个三点检验结束之后,将结果输入到图 2.1-1 中,试验一直进行到评价员被接受或被拒绝为止。由评价小组组长确定参数值。

α:选择不被接受的评价员的可能性(第Ⅰ类错误);

β:拒绝被接受的评价员的可能性(第Ⅱ类错误);

p_0:最大的不可接受的能力(正确猜测的百分比);

p_1:最小的接受能力(正确识别而不是猜测的百分比)。

该试验中取：

$\alpha=0.05, \beta=0.10, p_0=0.33, p_1=0.67$。

$p_1=$（正确分辨的比例）$\times 1+$（不能正确分辨的比例）$\times$（猜中的比例）

该例将能够正确分辨的人数比例设为 50%，因此 $p_1=0.5\times 1+(1-0.5)\times(1/3)=0.67$。

将图形分成 3 个区域的两条直线的表达式分别为：

上方线：

$$d_1=\frac{\lg\beta-\lg(1-\alpha)-n\cdot\lg(1-p_1)+n\cdot\lg(1-p_0)}{\lg p_1-\lg p_0-\lg(1-p_1)+\lg(1-p_0)}$$

下方线：$d_0=\dfrac{\lg(1-\beta)-\lg\alpha-n\cdot\lg(1-p_1)+n\cdot\lg(1-p_0)}{\lg p_1-\lg p_0-\lg(1-p_1)+\lg(1-p_0)}$

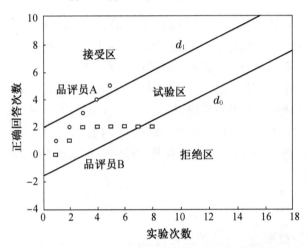

图 2.1-1　通过连续三点检验法选择评价员结果

结果分析：从图 2.1-1 可以看出，直线 d_0 和 d_1 将整个区域分成了 3 个区。评价员 A 共进行了 5 次三点检验，在这 5 次试验中，他的回答都是正确的，第 5 次试验的点落在了接受区，因此，评价员 A 被接受。评价员 B 第一次的回答是错误的，第 2 次和第 3 次是正确的，随后的每次回答都是错误的，最后一次的点落在了拒绝区，因此，在进行 8 次三点检验之后，评价员 B 被拒绝接受。

任务分析

利用连续检验法，感官评价员对不同冷藏存放时间的牛肉馅饼和新鲜牛肉馅饼在感官性质上进行分析，而后做出相似或不同的判断，从而确定牛肉馅饼冷藏的时间期限。本项目的学习,能够使学生通过相关理论知识和相关技能实践提高学生的技能。

任务实施

任务　牛肉馅饼的感官品评——连续二-三检验法

1. 实验目的

将分别在冰箱中冷藏存放了 1 天、3 天、5 天的牛肉馅饼同刚刚烤好的新鲜馅饼对比,看能否发现产品之间的不同。

2. 实验原理

连续检验是一种能通过减少评定量而得出试验结论的一种方法,可以与三点检验、五中取二检验和二-三检验一起使用。连续检验中 α 与 β 的值事先已确定,评价员人数 n 的值由评价每个感官评定的结果而决定。它可以同时检验两个样品的差别性和相似性。连续检验非常实用、有效,因为它充分考虑了"根据前面几个试验可能就可以得出结论"这种可能性。

3. 样品及器具

(1) 一个产品质量控制小组在对某销售部门进行例行检查时发现,在冰箱里冷藏存放了 5 天的牛肉馅饼重新加热后食用有过热物质味道(WOF)。该项目经理深知食物的味道对于消费者接受程度的重要性,他希望该小组帮助他找到该种牛肉馅饼可以在冰箱里存放的最大期限。在冰箱里存放了 1 天、3 天、5 天的牛肉馅饼以及刚刚烤好的新鲜馅饼。

(2) 预备足够量的碟或者托盘。

(3) 饮用水。

4. 品评设计

以前的初步试验表明,在二-三检验中,存放了 5 天的牛肉馅饼含有很浓的过热物质味道,而存放 1 天的则没有,使用连续试验的方案是合适的,因为即使评价员的答案很少,也可以评定出这两个样品。

在每个单独的二-三检验中,要呈送 3 组样品(分别是:对照样品与 1 天的样品、对照样品与 3 天的样品、对照样品与 5 天的样品)。当一个评价员完成一次评定后,将结果加入到原先的答案中,并填入表 2.1 - 43 中。测试进行到能确定出贮存样品与对照样品相似或者不同为止。

表 2.1 - 43　肉馅饼中的过热物质味道(WOF)试验结果

评价员编号	试验 A 对照物与 1 天的样品	试验 B 对照物与 3 天的样品	试验 C 对照物与 5 天的样品
1			
2			
3			
4			
5			
6			
7			
8			
9			
10			
11			
12			
13			
14			
15			
……			

分析人员和评定组长设定 $\alpha = 0.10, \beta = 0.10, p_0 = 0.50$,设能过正确分辨出对照与试验样品差别的人数比例不超过 40%,因此

$$p_1 = 0.4 \times 1.0 + 0.6 \times 0.5 = 0.7$$

$[p_1 = (正确分辨的比例) \times 1 + (不能正确分辨的比例) \times (猜中的比例)]$

接受区、拒绝区和继续试验区的两条分界线的表达方式为:

$$d_0 = -2.59 + 0.60n$$

$$d_1 = 2.59 + 0.60n$$

将累计的每个贮存样品的正确答案数一起绘制成图(参考例题图 2.1 - 1)。

5. 结果分析

观察绘制的试验结果图,在进行若干个试验(例如 30 个)后,判断贮存 1 天、3 天和 5 天的样品与对照样品是否相似或不同,是否需要继续试验以得到确定

结果,并根据结果确定在冰箱中冷藏存放牛肉馅饼的最大时间期限。

项目小结

连续检验法由 Wald 创建的,该方法非常实用和有效,因为可能只需要刚开始的一些品评结果(α 和 β 为固定值)就足以下结论了,再多的试验也只是浪费时间和金钱。实际上,连续检验法可以把评估量减少 50%。

连续检验中的 4 个参数的数值是变化的,当 p_0 接近 p_1 时,所需的试验次数会相应增加。减少试验次数的方法有下两种:第一,将能够正确分辨的人数比例设得高一些,根据上页的 p_1 的计算公式,会使 p_1 值高一些;第二,如果参加培训的评价员数量比较多的话,可将 α 和 β 的值提高,如 $\alpha > 0.05$,$\beta > 0.10$。

经过连续检验方法的实践,使学生能更好地理解连续检验法的原理、特点和适用范围,掌握连续检验的使用,增加实践动手能力,感官品评牛肉馅饼是为了能够主动发现在理论学习中没有出现和没有注意到的问题,达到理论与实践相结合的目的,培养学生在感官评价方面的兴趣爱好。

思考题

(1) 什么是连续检验法?简单说明其特点。

(2) 连续检验法的操作步骤如何?

单项差别检验是测定两个或多个样品之间某一单一特征的差别,比如甜度、酸度。但应该清楚的是,两个样品如果某项指标不存在显著差异,并不表示两个没有总体差异。只测定两个样品之间的差别的试验从试验设计和统计分析来说都比较简单,最困难的是确定使用单边检验还是双边检验。通常,可以根据两样品的特性强度的差异大小来判断。随着检验样品数目的增多,试验的复杂度也相应增加,有的可以进行方差分析,有的还需要一些特殊的统计方法。

本模块重点围绕几种常用的单项差别检验方法,设置典型工作任务,以项目化的方式展开,包括定向成对比较检验法、成对排序试验法、简单排序试验法和多个样品差异比较等。

知识目标

(1)掌握食品感官单项差别检验常用的方法及原理。

(2)掌握单项差别检验方法的应用领域和范围。

技能目标

(1)能采用单项差别检验评定样品在感官性质上是否有差异。

(2)能正确制定实验方案。

(3)能正确处理统计数据。

(4)能根据检验结果进行统计分析,正确给出结论。

项目 1　定向成对比较检验法

工作任务

本项目讲授、学习、训练的内容是食品感官差别检验中重要内容之一,包含了实验技能,方案设计与实施能力。感官评价员要熟练掌握定向成对比较检验法的知识,根据样品检验规则,通过定向成对比较检验的方式、操作步骤等条件按照品评要求完成啤酒和橙汁定向成对比较检验。最后结合成对比较检验法的相关知识,确定样品之间是否存在差异性。

国家相关标准:GB/T 10220—2012《感官分析方法学　总论》、GB/T 12310—2012《感官分析方法　成对比较检验》。

教学内容

➤能力目标

(1)了解:定向成对比较检验法的基本原理和应用领域与范围。

(2)掌握:定向成对比较检验法的操作步骤。

(3)会做:学生能够采用成对检验法对两个样品(A 和 B)间单项感官差别进行比较。

➤教学方式

教学步骤	时间安排	教学方式(供参考)
阅读材料	课余	学生自学、查资料、相互讨论。
知识点讲解(含课堂演示)	2课时	在课堂学习中,结合多媒体课件解析定向成对比较检验法;讨论品评过程,使学生对定向成对比较检验法有良好的认识。
任务操作	4课时	完成定向成对比较检验法实验任务,学生边学边做,同时教师应在学生实践中有针对地向学生提出问题,引发思考。
评估检测		监督与学生共同完成任务的检测与评估,并能对问题进行分析和处理。

▷▷**知识要点**

概念:连续或同时呈送一对样品给评价员,要求其对这两个样品进行比较,判定两个样品具体的某一感官性质上是否相似或有何差异的一种评价方法,称为定向成对比较检验法,属于成对比较检验法的类型之一。

用途:当试验目的是确定两个样品之间具体的感官性质有何差异时,比如,哪一个样品更甜,使用该检验方法。这种方法也叫成对对比试验或2项必选试验,即2-AFC(2-alternative forced choice)试验。它是最简便也是应用最广泛的感官体验方法,通常在决定是否使用更为复杂方法之前使用。

步骤:在进行定向成对比较试验时,从一开始就应分清是双边检验还是单边检验(如果试验目的只关心两个样品是否不同,则是双边;如果想具体知道样品的特性,比如哪一个更好,更受欢迎,则是单边的)。因为单边和双边检验所需人数是不同的,如果是单边检验,使用表 2.2 - 1,如果是双边,使用表 2.2 - 2。此外,试验所需人数还与 α 和 β 值以及 P_d 有关。

表 2.2 - 1 单边成对检验所需评价员

α	P_d	β					
		0.50	0.20	0.10	0.05	0.01	0.001
0.50		—	—	—	9	22	22
0.20		—	12	19	26	39	58
0.10	$P_d=50\%$	—	19	26	33	48	70
0.05		13	23	33	42	58	82
0.01		35	40	50	59	80	107
0.001		38	61	71	83	107	140
0.50		—	—	9	20	33	55
0.20		—	19	30	39	60	94
0.10	$P_d=40\%$	14	28	39	53	79	113
0.05		18	37	53	67	93	132
0.01		35	64	80	96	130	174
0.001		61	95	117	135	176	228

（续表）

α	P_d	β					
		0.50	0.20	0.10	0.05	0.01	0.001
0.50		—	—	23	33	59	108
0.20		—	32	49	68	110	166
0.10	$P_d=30\%$	21	53	72	96	145	208
0.05		30	69	93	119	173	243
0.01		64	112	143	174	235	319
0.001		107	172	210	246	318	412
0.50		—	23	45	67	133	237
0.20		21	77	112	158	253	384
0.10	$P_d=20\%$	46	115	168	214	322	471
0.05		71	158	213	268	392	554
0.01		141	252	325	391	535	726
0.001		241	386	479	556	731	944
0.50		—	75	167	271	230	352
0.20		81	294	451	618	322	471
0.10	$P_d=10\%$	170	461	658	861	392	554
0.05		281	620	866	1 092	455	635
0.01		550	1 007	1 301	1 582	596	796
0.001		961	1 551	1 908	2 248	781	1 010

注：表中"—"表示不代表任何实际意义的情况（考虑选择的 P_d 值的 α，β 的高值）

表 2.2-2 双边成对检验所需评价员

α	P_d	β					
		0.50	0.20	0.10	0.05	0.01	0.001
0.50		—	—	—	23	33	52
0.20		—	19	26	33	48	70
0.10	$P_d=50\%$	—	23	33	43	58	82
0.05		17	30	42	49	67	92
0.01		26	44	57	66	87	117
0.001		42	66	78	90	117	149

（续表）

α	P_d	β					
		0.50	0.20	0.10	0.05	0.01	0.001
0.50		—	—	25	33	54	86
0.20		—	28	39	53	79	113
0.10	$P_d=40\%$	18	37	53	67	93	132
0.05		25	49	65	79	110	149
0.01		44	73	92	108	144	191
0.001		48	102	126	147	188	240
0.50		—	29	44	63	98	156
0.20		21	53	72	96	145	208
0.10	$P_d=30\%$	30	69	93	119	173	243
0.05		44	90	114	145	199	276
0.01		73	131	164	195	261	345
0.001		121	188	229	267	342	440
0.50		—	29	98	135	230	352
0.20		46	53	168	214	322	471
0.10	$P_d=20\%$	71	69	213	268	392	554
0.05		101	90	263	327	455	635
0.01		171	131	373	446	596	796
0.001		276	188	520	604	781	1 010
0.50		—	240	393	543	910	1 423
0.20		170	461	658	861	1 310	1 905
0.10	$P_d=10\%$	281	620	866	1 092	1 583	2 237
0.05		390	801	1 055	1 302	1 833	2 544
0.01		670	1 157	1 493	1 782	2 408	3 203
0.001		1 090	1 707	2 094	2 440	3 152	4 063

注：表中"—"表示不代表任何实际意义的情况（考虑选择的 P_d 值的 α,β 的高值）

　　向评价员同时提供两种样品，顺序组合 AB，BA 数目相同，随机呈送样品。问卷如表 2.2-6 所示。单边检验和双边检验的问卷是一样的，问卷中必须说明是否可以使用"没有差异"这样的判断。

　　结果分析与判断：

　　（1）对于单边差别检验，统计有效回答表的正解数，此正解数与表 2.2-3 中相应的某显著性水平的数相比较，若大于或等于表中的数，则说明在此显著水平上样品间有显著性差异，或认为样品 A 的特性强度大于样品 B 的特性强度

（或样品 A 更受偏爱）。

（2）对于双边差别检验，统计有效回答表的一致答案数，此正解数与表 2.2-4 中相应的某显著性水平的数相比较，若大于或等于表中的数，则说明在此显著水平上样品间有显著性差异，或认为样品 A 的特性强度大于样品 B 的特性强度（或样品 A 更受偏爱）。

（3）对于相似检验，无论单边还是双边检验，统计有效回答表的正解数或一致答案数，此正解数或一致答案数与表 2.2-4 中相应的某显著性水平的数相比较，若小于或等于表 2.2-5 中的数，则说明在此水平上样品之间不存在有意义的感官差别。

定向成对比较检验法要点总结如下：

（1）定向成对比较检验法具有强制性。在定向成对比较检验法中有可能出现"无差异"的结果，通常不允许的，因而要求评价员"强制选择"，以促进评价员仔细观察分析，从而得出正确结论。只有在正规的统计分析时，才使用"强迫选择法"，即一定要有所选择，即便是猜测，也不能不做任何选择，但是大约有一半的感官分析人员要求参评人员不许做出"没有差别"的判断，因为这样会给下面的统计分析带来困难。因此，要对评价员进行培训，以增强其对样品的鉴别能力，减少这种错误的发生。

（2）因为该检验方法容易操作，因此，没有受过培训的人都可以参加，但是他必须熟悉要评价的感官特性。如果要评价的是某项特殊特性，则要使用受过培训的人员。因为这种检验方法猜对的概率是 50%，因此，需要参加的人员的人数要多一点。实施差别检验时，具有代表性的评价数约为 24～30 位。实施相似检验时，为达到相当的敏感性需要两倍的评价员数（即约 60 位）。

（3）检验相似时，同一评价员不应做重复评价。对于差别检验，可考虑重复回答，但应尽量避免。若需要重复评价以得出足够的评价总数，应尽量使每一位评价员的评价次数相同。例如，仅有 10 位评价员可利用，应使每位评价员评价 3 对检验以得到 30 个总评价数。

（4）每张评分表仅用于一对样品。如果在一场检验中一个评价员进行一次以上的检验，在呈送随后的一对样品之前，应收走填好的评分表和未用的样品。评价员不应取回先前样品或更改先前的检验结论。

（5）不要对选择的最强样品询问有关偏爱、接受或差别的任何问题。对任何附加问题的回答可能影响到评价员做出的选择。这些问题的答案可通过独立的偏爱、接受、差别程度检验等获得。询问为何做出选择的"陈述"部分可包括评价员陈述。

表 2.2-3　根据单边成对检验推断出感官差别存在所需最少正确答案数

n	α					n	α				
	0.20	0.10	0.05	0.01	0.001		0.20	0.10	0.05	0.01	0.001
10	7	8	9	10	10	34	20	22	23	25	27
11	8	9	9	10	11	35	21	22	23	25	27
12	8	9	10	11	12	36	22	23	24	26	28
13	9	10	10	12	13	37	22	23	24	27	29
14	10	10	11	12	13	38	23	24	25	27	29
15	10	11	12	13	14	39	23	24	26	28	30
16	11	12	12	14	15	40	24	25	26	28	31
17	11	12	13	14	16	44	26	27	28	31	33
18	12	13	13	15	16	48	28	29	31	33	36
19	12	13	14	15	17	52	30	32	33	35	38
20	13	14	15	16	18	56	32	34	35	38	40
21	13	14	15	17	18	60	34	36	37	40	43
22	14	15	16	17	19	64	36	38	40	42	45
23	15	16	16	18	20	68	38	40	42	45	48
24	15	16	17	19	20	72	41	42	44	47	50
25	16	17	18	19	21	76	43	45	46	49	52
26	16	17	18	20	22	80	45	47	48	51	55
27	17	18	19	20	22	84	47	49	51	54	57
28	17	18	19	21	23	88	49	51	53	56	59
29	18	19	20	22	24	92	51	53	55	58	62
30	18	20	20	22	24	96	53	55	57	60	64
31	19	20	21	23	25	100	55	57	59	63	66
32	19	21	22	24	26	104	57	60	61	65	69
33	20	21	22	24	26	108	59	62	64	67	71

n	α					n	α				
	0.20	0.10	0.05	0.01	0.001		0.20	0.10	0.05	0.01	0.001
112	61	64	66	69	73	120	66	68	70	74	78
116	64	66	68	71	76						

注1：因为表中的数值根据二项式分布求得，因此是准确的。对于表中未设的 n 值，以下述方式得到遗漏项的近似值。

最少正确答案数(x)＝大于下式的最接近整数：

$$x=(n+1)/2+z\sqrt{0.25n}$$

其中 z 随下列显著性水平不同而不同：$\alpha=0.20$ 时，$z=0.84$；$\alpha=0.10$ 时，$z=1.28$；$\alpha=0.05$ 时，$z=1.64$；$\alpha=0.01$ 时，$z=2.33$；$\alpha=0.001$ 时，$z=3.09$。

注2：当值 $n<18$ 时，通常不推荐用成对差别检验。

表 2.2-4 根据双边成对检验推断出感官差别存在所需至少一致正确答案数

n	α					n	α				
	0.20	0.10	0.05	0.01	0.001		0.20	0.10	0.05	0.01	0.001
10	8	9	9	10		20	14	15	15	17	18
11	9	9	10	11	11	21	14	15	16	17	19
12	9	10	10	11	12	22	15	16	17	18	19
13	10	10	11	12	13	23	16	16	17	19	20
14	10	11	12	13	14	24	16	17	18	19	21
15	11	12	12	13	14	25	17	18	18	20	21
16	12	12	13	14	15	26	17	18	19	20	22
17	12	13	13	15	16	27	18	19	20	21	23
18	13	13	14	15	17	28	18	19	20	22	23
19	13	14	15	16	17	29	19	20	21	22	24

n	α					n	α				
	0.20	0.10	0.05	0.01	0.001		0.20	0.10	0.05	0.01	0.001
30	20	20	21	23	25	64	38	40	41	43	45
31	20	21	22	24	25	68	40	42	43	46	48
32	21	22	23	24	26	72	42	44	45	48	51
33	21	22	23	25	27	76	45	46	48	50	53
34	22	23	24	25	27	80	47	48	50	52	56
35	22	23	24	26	28	84	49	51	52	55	58
36	23	24	25	27	29	88	51	53	54	57	60
37	23	24	25	27	29	92	53	55	56	59	63
38	24	25	26	28	30	96	55	57	59	62	65
39	24	26	27	28	31	100	57	59	61	64	67
40	25	26	27	29	31	104	60	61	63	65	70
44	27	28	29	31	34	108	62	64	65	68	72
48	29	31	32	34	36	112	64	66	67	71	74
52	32	33	34	36	39	116	66	68	70	73	77
56	34	35	36	39	41	120	68	70	72	75	79
60	36	37	39	41	44						

注1：因为表中的数值根据二项式分布求得，因此是准确的。对于表中未设的 n 值，以下述方式得到遗漏项的近似值。

最少正确答案数（x）＝大于下式的最接近整数：

$$x=(n+1)/2+z\sqrt{0.25n}$$

其中 z 随下列显著性水平不同而不同：$\alpha=0.20$ 时，$z=0.84$；$\alpha=0.10$ 时，$z=1.28$；$\alpha=0.05$ 时，$z=1.64$；$\alpha=0.01$ 时，$z=2.33$；$\alpha=0.001$ 时，$z=3.09$。

注2：当值 $n<18$ 时，通常不推荐用成对差别检验。

表 2.2-5　根据成对检验推断两个样品相似所允许的最大正确或一致答案数

n	β	Pd					n	β	Pd				
		10%	20%	30%	40%	50%			10%	20%	30%	40%	50%
18	0.001	—	—	—	—	—	54	0.001	—	—	—	—	29
	0.01	—	—	—	—	—		0.01	—	—	—	29	32
	0.05	—	—	—	—	9		0.05	—	—	28	31	34
	0.10	—	—	—	9	10		0.10	—	27	30	32	35
	0.20	—	—	9	10	11		0.20	—	28	31	34	37
24	0.001	—	—	—	—	—	60	0.001	—	—	—	—	33
	0.01	—	—	—	—	12		0.01	—	—	—	33	36
	0.05	—	—	—	12	13		0.05	—	—	32	35	38
	0.10	—	—	12	13	14		0.10	—	30	33	36	40
	0.20	—	—	13	14	15		0.20	—	32	35	38	41
30	0.001	—	—	—	—	—	66	0.001	—	—	—	—	37
	0.01	—	—	—	—	16		0.01	—	—	33	36	40
	0.05	—	—	—	16	17		0.05	—	—	35	39	43
	0.10	—	—	15	17	18		0.10	—	34	37	40	44
	0.20	—	15	16	18	20		0.20	—	35	39	42	46
36	0.001	—	—	—	—	—	72	0.001	—	—	—	37	40
	0.01	—	—	—	18	20		0.01	—	—	36	40	44
	0.05	—	—	18	20	22		0.05	—	—	39	43	47
	0.10	—	—	19	21	23		0.10	—	37	41	44	48
	0.20	—	18	20	22	24		0.20	—	39	42	46	50
42	0.001	—	—	—	—	21	78	0.001	—	—	—	40	44
	0.01	—	—	—	21	24		0.01	—	—	40	44	48
	0.05	—	—	21	23	26		0.05	—	39	43	47	51
	0.10	—	—	23	25	27		0.10	—	40	44	48	53
	0.20	—	22	24	26	28		0.20	—	42	45	50	54
48	0.001	—	—	—	—	25	84	0.001	—	—	—	44	48
	0.01	—	—	—	25	28		0.01	—	—	43	48	53
	0.05	—	—	25	27	30		0.05	—	42	46	51	55
	0.10	—	—	26	28	31		0.10	—	44	48	52	57
	0.20	—	25	27	30	33		0.20	—	46	50	54	59

（续表）

n	β	Pd					n	β	Pd				
		10%	20%	30%	40%	50%			10%	20%	30%	40%	50%
90	0.001	—	—	—	48	53	114	0.001	—	—	57	63	69
	0.01	—	—	47	52	57		0.01	—	—	61	67	73
	0.05	—	45	50	55	60		0.05	—	59	65	71	77
	0.10	—	47	52	56	61		0.10	—	61	67	72	79
	0.20	45	49	54	58	63		0.20	57	63	69	75	81
96	0.001	—	—	—	52	57	120	0.001	—	—	61	67	73
	0.01	—	—	50	56	61		0.01	—	—	65	71	78
	0.05	—	49	54	59	64		0.05	—	62	68	75	81
	0.10	—	50	55	60	66		0.10	—	64	70	77	83
	0.20	48	53	58	62	68		0.20	60	67	73	79	85
102	0.001	—	—	—	55	61	126	0.001	—	—	64	70	77
	0.01	—	—	54	59	65		0.01	—	—	68	75	82
	0.05	—	52	57	63	68		0.05	—	66	72	79	85
	0.10	—	54	59	64	70		0.10	—	68	74	81	87
	0.20	51	56	61	67	72		0.20	64	70	76	83	89
108	0.001	—	—	54	59	65	132	0.001	—	—	67	74	81
	0.01	—	—	57	63	69		0.01	—	65	72	79	86
	0.05	—	55	61	67	72		0.05	—	69	76	83	90
	0.10	—	57	63	68	74		0.10	—	71	78	85	92
	0.20	54	60	65	71	76		0.20	67	73	80	87	94

注 1：因为是根据二项式分布得到，表中的值是准确的。对于不在表中的 n 值，根据下列二项式的正常近似值计算 $100(1-\beta)\%$ 置信上限 P_d 近似值：

$$[2(x/n)-1]+2Z_\beta\sqrt{(nx-n^2)/n^3}$$

式中：x——正确答案数；

$\quad\quad n$——评价员数；

$\quad\quad Z_\beta$ 的变化如下：$\beta=0.20$ 时，$Z_\beta=0.84$；$\beta=0.10$ 时，$Z_\beta=1.28$；$\beta=0.05$ 时，$Z_\beta=1.64$；$\beta=0.01$ 时，$Z_\beta=2.33$；$\beta=0.001$ 时，$Z_\beta=3.09$。

$\quad\quad$若计算小于选定的 P_d 值，则表明样品在 β 显著性水平上相似。

注 2：当值 $n<30$，通常不推荐用于成对相似检验。

注 3：本表不叙述低于 $n/2$ 的正确答案数值。用符号"—"标明。

> **实例**

【例1】　单边成对检验——差别检验

问题:某饼干研发部门对饼干工艺进行了改进,生产比普通产品更脆的饼干。在进行包括消费者的大规模喜好试验前,研发部门希望确定工艺已达到预期效果,即改进工艺后饼干比以前更脆。

检验目的:确定新产品的确更脆。

试验设计:感官分析监督员建议将 α 值设为 0.05(5%), $\beta=0.50$ 和 $P_d=$ 30%。参考表 2.2-1,选择用 30 个评价员.一共准备 60 个样品,30 个样品盘内盛放饼干"A"(控制样),30 个样品盘内盛放饼干"B"(试验样),用唯一随机数给样品编码。按顺序 AB 将产品呈送给 15 位评价员,按顺序 BA 将产品呈送给其他 15 位评价员。按表 2.2-6 出示试验评分表。

表 2.2-6　例1评分表

成对检验

评价员编号:＿＿＿＿＿＿　姓名:＿＿＿＿　日期:＿＿＿＿＿＿

说明:

　　从左侧开始品尝两个样品,在以下位置写出较脆的样品编码。若不确定,猜测一个;在"陈述"的开头指明这是猜测。

　　较脆的样品编码:＿＿＿＿＿＿＿＿

　　陈述:＿＿＿＿＿＿＿＿＿＿＿＿＿＿＿＿＿＿＿＿＿＿。

结果分析:总共 21 位评价员指明样品 B 更脆。在表 2.2-3 中,由 $n=30$, α =0.05,可以查到对应的临界值是 20,表明两个样品存在显著差别。感官分析人员可用新工艺生产饼干进行消费者偏爱检验。

【例2】　单边成对检验——相似检验

问题:制造商知道产品可含有一种使产品产生草本异味的少许配料。因此他希望确定最大允许量,以使与没有这种配料的参照产品(T)的风味差别几乎感觉不到,并无任何副作用。

检验目的:确定这种配料的最大允许量,以使与没有这种配料的参照产品的草本风味差别几乎感觉不到,并无任何副作用。

试验设计:本检验中错误推断草本风味不存在差别的风险(β)应保持尽可能低的水平,而错误推断存在差别的 α 风险较次要。因此, β 值设为 0.05(5%), α =0.50 和 P_d=20%。参考表 2.2-1,发现至少需要 67 位评价员。然而参考表

165

2.2-5,对于选择的 β 和 P_d,最少需要 78 位评价员(低于 78 时,做出的正确或一致答案最大数低于概率,即 $n/2$,并因此不能在表中用数字标出)。因此,感官分析员采用 78 位评价员。加入能产生草本异味配料的一个指定浓度 C,参照产品 T 则不含有此草本异味配料。制备两种对应溶液,每种分开倒入具有唯一随机编码的 78 个塑料杯中。按顺序 TC 呈送给 39 位评价员,其他 39 位按顺序 CT 呈送。试验评分表参考表 2.2-6。

结果分析:总共 51 位评价员指明样品 C 草本风味更强。在表 2.2-5 中,由 $n=78$,$\beta=0.05$ 和 $P_d20\%$,可以查到对应的临界值是 39,表明不能推断两个样品草本风味相似。感官分析人员建议使用较低浓度再次进行试验。

【例3】 双边成对检验——差别检验

问题:一个浓汤制造商希望确定两种钠-基质配料中哪种能形成较强咸味。这种配料将被用于新产品配方,因为它可在较低浓度使用并比较便宜(两种产品价格相同)。若没有显著差别,将试验其他配料。

检验目的:确定在相同浓度下两种配料中的哪种可形成较强咸味。

试验设计:感官分析人员希望为 95% 的置信度,较高比例的评价员能觉察出差别,因此将 α 值设为 0.05(5%),$P_d=50\%$。然而,因为可能会试验其他配料,错误推断差别不存在将导致附加费用。所以,感官分析人员将 β 设定为 0.10。参考表 2.2-2,发现至少需要 42 位评价员,最终决定采用 44 位。制备 A 和 B 两批汤,唯一差别是产生咸味的配料。两种样品用唯一随机数字编码的陶瓷碗热呈送。按顺序 AB 呈送给 22 位评价员,其他 22 位按顺序 BA 呈送。按表 2.2-7 出示试验评分表。

表 2.2-7 例 3 评分表

成对检验
检验编码:_____ 评价员编码:_____
姓名:_____ 日期:_____
说明:
从左到右品尝两个样品,选择较咸样品并在相应的样品框打"×"进行标记。
□842 □376 陈述:_____。
若希望做出有关你选择的理由或样品特性的陈述,可以在陈述标题下写入。

结果分析:总共 32 位评价员指明样品 A 较咸,12 位指明样品 B 较咸。在表 2.2-4 中,由 $n=44$,$\alpha=0.05$,可以查到对应的临界值是 29,表明两个样品存在显著差别。且在 $n=44$,$\alpha=0.01$,可以查到对应的临界值是 31。感官分析人员在报告中注明在 1% 显著水平,可感觉配料 A 比配料 B 咸。制造商可采用配料

A 用于未来生产中。

【例 4】 双边成对检验——相似检验

问题：一个番茄酱生产商，由于经济原因，正在寻找一种新番茄原料以替代目前正在使用的价格较贵的番茄原料，但不希望新番茄酱与原番茄酱相比可感觉出酸甜风味差别。

检验目的：确定新番茄原料生产的番茄酱与原番茄酱是否酸甜风味相似。

试验设计：本检验中检出番茄酱风味差别的风险（β）应保持尽可能低的水平，而错误推断不存在差别的 α 风险也比较重要，因为它会导致继续使用价格较高的原番茄原料。因此，将 β 值设为 $0.05(5\%)$，$\alpha=0.10$ 和 $P_d=30\%$。参考表 2.2-2，发现至少需要 119 位评价员。为平衡呈送顺序，采用 120 位评价员。可用白面包作辅助食品，将原番茄酱（A）和新番茄酱（B）两种分别涂抹在面包上，每个样品具有唯一随机编码数。按顺序 AB 呈送给 60 位评价员，其他 60 位按顺序 BA 呈送。试验评分表参考表 2.2-7。

结果分析：总共 67 位评价员指明样品 A 酸甜风味更强，53 位评价员指明样品 B 酸甜风味更强。在表 2.2-5 中，由 $n=120$，$\beta=0.05$ 和 $P_d=30\%$，可以查到对应的临界值是 68，可推断两个样品酸甜风味相似。感官分析人员给出报告：新番茄原料和原番茄原料可以提供相似的酸甜风味。

任务分析

通过本项目的学习，学生能够认识和掌握定向成对比较检验的方法。在具体的任务实践中，通过样品的选择、方法的认知、操作的步骤和结果差异性的确定等过程，使学生能把定向成对比较检验法的相关理论知识与实践技能结合起来，起到"教、学、做"一体化的效果。

任务实施

任务 1　啤酒苦味的感官品评——定向成对比较法（单边差别检验）

1. 实验目的

对啤酒 A 和啤酒 B 进行比较，看两者之间是否在苦味上存在虽然很小但却显著的差异。

2. 实验原理

比较试验中,受试者每次都得到 2 个(一对)样品,组织者要求其回答这些样品在某一特性方面是否存在差异。比如,在甜度、酸度、红色度、易碎度等。

(1) 在实验中,样品有两种可能的呈送顺序(AB、BA),且呈送顺序应该具有随机性,评价员收到样品 A 或样品 B 的概率应相等,样品随机编码。

(2) 该检验是单向的。定向成对比较检验的对立假设是:如果感官评价员能够根据指定的感官属性区别样品,那么在指定方面程度较高的样品,由于高于另一样品,因此被选择的概率较高。该检验结果可给出样品间指定属性存在差别的方向。

3. 样品及器具

(1) 某啤酒制造公司得到的市场调研称,他们酿造的啤酒 A 不够苦,该厂又使用了更多的酒花酿制了啤酒 B,生产了一种苦味重一些的啤酒。所以品评材料为啤酒 A 和啤酒 B 两种样品。

(2) 预备足够量的碟或者托盘。

(3) 饮用水。

4. 品评设计

(1) 样品筛选,实验前由一小型评价小组进行品尝,以确保除了苦味之外,两种样品之间其他的差异很小。

(2) 选用定向成对比较试验,为了确保试验的有效性,将 α 设为 1%,否定假设是 H_0:A 的苦味与 B 的苦味相同;备择假设是 H_a:B 的苦味>A 的苦味。具体操作按上述所讲的步骤进行。试验由 50 人参加,问卷类似表 2.2-6 和表 2.2-7。试验的问题是:哪一个样品更苦?

5. 结果分析

统计有效回答表的正解数,此正解数与表 2.2-3 中相应的某显著性水平的数相比较,若大于或等于表中的数,则说明在此显著水平上,样品间有显著性差异,B 的苦味>A 的苦味。反之,则不存在显著差异。

任务 2　橙汁的感官品评——定向成对比较法(双边差别检验)

1. 实验目的

评定两种样品中哪一种样品的风味更类似新鲜压榨的橙子汁,找出一种具有新鲜压榨橙子汁风味的产品。

2. 实验原理

比较试验中,受试者每次都得到 2 个(一对)样品,组织者要求其回答这些样品在某一特性方面是否存在差异。比如,在甜度、酸度、红色度、易碎度等。两个样品同时呈送给评价员,要求评价员识别出在这一指定的感官属性上程度较高的样品。

(1) 在实验中,样品有两种可能的呈送顺序(AB、BA),且呈送顺序应该具有随机性,评价员收到样品 A 或样品 B 的概率应相等。样品随机编码。

(2) 无差异假设 H_0 为:A 的新鲜度＝B 的新鲜度;任意一种试验结果(新鲜度 A＜B 或 A＞B)都是我们感兴趣的,因此这个试验是双边的。

3. 样品及器具

(1) 对橙子汁的市场调查表明,消费者最感兴趣的是新鲜压榨的橙子汁。因此,公司提供了两种具有压榨橙子汁风味的粉末状混合物 A 和 B,要求判断哪种样品更类似于新鲜压榨的橙子风味。

(2) 预备足够量的碟或者托盘。

(3) 饮用水。

4. 品评设计

(1) 样品筛选,实验前由一小型评价小组进行品尝,以确保两种样品的橙子味强度相似。

(2) 由于不同的人对于新鲜压榨的橙子汁风味的标准不同,因此需要较多的评价员,但不一定需要很严格的训练。一般评价员设定为 40 个,α 误差为 5%(即 $\alpha=0.05$)是较合适的。问卷表参考表 2.2-6 和表 2.2-7,试验的问题是:哪一个样品压榨橙子汁的风味更新鲜?

5. 结果分析

统计有效回答表的一致答案数,此答案数与表 2.2-4 中相应的某显著性水平的数相比较,若大于或等于表中的数,则说明在此显著性水平上,样品间有显著性差异,从而给出相应的结论。

项目小结

对于定向成对比较检验法,需要注意的是,判断一个试验是单边还是双边,并不是根据记录表上问题的回答是一个还是两个,而是根据备择假设判断。单边试验主要出现在当试验目的是为了明确两样品间某种确定的差异时。下面列出单边和双边试验的一些示例:

单边试验	双边试验
证实某种样品更苦	确定哪种样品更苦
证实某种样品更受欢迎	确定哪种产品更受欢迎
在训练评价员时:哪种样品更具有风味?	其他多数情况:当备择假设为两样品间有差异时,而不是一个比另一个更强大。

　　经过定向成对比较检验的实验,使学生能更好地理解定向成对比较检验法的原理,能够掌握定向成对比较检验法的使用,动手品评啤酒苦味和橙子汁风味是为了能够主动发现在理论学习中没有出现和没有注意到的问题,达到理论与实践相结合的目的,培养学生在感官评定方面的兴趣和爱好。

思考题

　　(1) 什么是定向成对比较检验法? 并简单说明其特点。

　　(2) 简述定向成对比较检验法的应用领域与范围。

　　(3) 定向成对比较检验法品评样品有哪些操作步骤?

项目 2　成对排序试验法

工作任务

本项目讲授、学习、训练的内容是食品感官单项差别检验中重要内容之一，包含了实验技能，方案设计与实施能力。感官评价员要熟练掌握成对排序试验法的知识，根据样品检验规则，操作步骤等条件按照品评要求完成蜂蜜口感黏度的成对排序试验。

国家相关标准：GB/T 10220—2012《感官分析方法学　总论》、GB/T 12315—2008《感官分析方法学　排序法》。

教学内容

➤能力目标

（1）了解：成对排序试验法的基本原理和应用领域与范围。

（2）掌握：成对排序试验法的操作步骤。

（3）会做：学生能够采用成对排序试验法对 3～6 个样品按某单一感官属性强度排序。

➤教学方式

教学步骤	时间安排	教学方式（供参考）
阅读材料	课余	学生自学、查资料、相互讨论。
知识点讲解（含课堂演示）	2 课时	在课堂学习中,结合多媒体课件解析成对排序试验法;讨论品评过程,使学生对成对排序试验法有良好的认识。
任务操作	4 课时	完成成对排序试验法实验任务,学生边学边做,同时教师应在学生实验中有针对地向学生提出问题,引发思考。
评估检测		监督与学生共同完成任务的检测与评估,并能对问题进行分析和处理。

➤知识要点

概念：每个参评人员得到一对样品，并回答哪一个样品更甜/更新鲜/你更喜欢等？将样品进行所有可能的成对组合，随机呈送，用 Friedman 分析对数据进行统计分析。这种方法将样品就测定指标按照强度顺序排列，可以为产品之间的差异提供数据信息。

用途：用于几种样品间某一种属性（如甜味、鲜味、喜爱程度等）的比较，当试验样品达到 3~6 个，且评价员又没有接受过培训时，这种方法尤为有用。这种方法按照某种属性的强度大小对所给样品进行排序，这样就能明显看出几种样品在所评定属性间的差异。

步骤：最少需要 10 个感官评价员，如果有 20 个或更多则能显著减小误差。要求每个参加试验的人都对待测品质有识别能力。这主要通过用已知差异的成对样品对评价员进行训练，选择能识别某属性微小差异的评价员。

尽可能同时呈送样品，至少要连续地呈送，且确保顺序是随机的。随机包括每对样品中两个样品的顺序随机、样品组合随机、对每位评价员的呈送顺序随机。在这种方法中，感官评价员只需回答一个问题：哪种样品更……不允许回答"无差别"，若仍然有"无差别"的答案存在，那么就将票数平均分给两个样品。

➤实例

【例】 玉米糖浆的口感

问题：一个混合糖浆的生产厂家想生产一种在某一固形物含量下的低黏度产品，他们提供了 A、B、C、D,4 种没有调味的玉米糖浆进行评估。

检验目的：通过评价员评价 4 种玉米糖浆在嘴里所感觉到的稀稠度，对其进行排序。

试验设计：感官分析员选择用 12 位经过测试的评价员。用 Friedman 分析的成对排序试验法的原因有两点：一是由于这种方法成对呈送样品而不易产生感觉疲劳；二是由于这种方法能建立一个各种样品的排列顺序。这 12 位评价员评定 6 对样品 AB、AC、AD、BC、BD、CD。工作表和记录表分别如表 2.2-8 和表 2.2-9 所示。

表 2.2-8　成对排序试验——Friedman 分析工作表

工作表

日　　期_____　　　　　　　编　　号_____

每位评价员收到 6 对随机排列的样品组合,并且每个样品随机编号

评价员	样品的呈送顺序及编号											
	第一对		第二对		第三对		第四对		第五对		第六对	
1	A 119	D 634	B 128	D 824	B 316	C 967	C 242	D 659	A 978	C 643	A 224	B 681
2	B 293	D 781	A 637	D 945	A 661	B 153	A 837	C 131	C 442	D 839	B 659	C 718
3	A 926	C 563	B 873	C 611	C 194	D 228	A 798	B 478	A 184	D 278	B 478	D 924
4	B 455	C 857	C 764	D 452	A 975	C 815	B 523	D 824	A 556	B 982	A 737	D 539
5	C 834	D 245	A 285	B 299	B 782	D 679	A 114	D 966	B 713	C 561	A 393	C 495
6	A 662	B 196	A 516	C 777	A 843	D 581	B 375	C 313	B 327	D 415	C 881	D 242
7	A 341	D 918	B 949	D 188	B 428	C 742	C 486	D 585	A 635	C 154	A 545	B 363
8	A 787	B 479	A 491	C 563	A 259	D 396	B 659	B 797	B 899	D 727	C 112	D 154
9	C 578	D 322	A 352	B 336	B 537	D 434	A 961	D 242	B 261	C 396	A 966	C 876
10	A 814	C 952	B 378	C 381	C 148	D 297	A 848	B 383	A 679	D 165	B 448	D 781
11	B 498	D 383	A 131	D 919	A 466	B 866	A 794	C 898	C 526	D 851	B 721	C 122
12	B 675	C 536	C 495	D 778	A 622	C 159	B 263	D 751	A 953	B 779	A 296	D 956

表 2.2-9 成对排序试验——Friedman 分析记录表

多样品对比较试验

姓　　名：　　　　　　　　　日　　期：
样品种类：　　　　　　　　　无味糖浆
比较差异：　　　　　　　　　黏稠度（口感）

说明：
1. 接到样品盘后将样品的编号写在下面正确位置上。
2. 每对样品从左到右品尝，填写哪个样品更稠，并在编号旁边注上"×"。
3. 连续评定 6 对样品，并根据需要用水漱口。

样品对	左边的样品	右边的样品	备注
①	————	————	————
②	————	————	————
③	————	————	————
④	————	————	————
⑤	————	————	————
⑥	————	————	————

若感觉两样品间没有差异，请尽量猜测一个答案。选择的理由和样品特性可以写在备注栏中。

结果分析：如下所示，行表示认为该样品较稠的人数，列表示该样品更稀的人数。例如，样品 B 和 D 比较时，分别对应 B 行 D 列和 D 行 B 列。B 行 D 列的 2 表示 12 人中有 2 人认为 B 比 D 稠。同理，D 行 B 列的 10 则表示 12 人中有 10 人认为 D 比 B 稠：

	A	B	C	D
A	—	0	1	0
B	12	—	6	2
C	11	6	—	7
D	12	10	5	—

Friedman 分析的第一步是计算每个样品的顺序总和。在这个实例中，将较稠的样品排为 1，较稀的样品排为 2。所以，每种样品的分数总和为：将每个样品所在行的分数和列的分数的两倍相加。[如样品 B 的得分总和为：(12+6+2)+(0+6+10)×2=52。] 各样品得分总和如下：

样　　品	A	B	C	D
分数总和	71	52	48	45

根据分数总和可以将样品从稠到稀进行如下排列：

稠—40————50————60————70——稀

　　　　　D　　C　　B　　　　　A

Friedman 分析中 T 的计算方法如下：

$$T = [4/(pt)]\sum_{i=1}^{t} R_i^2 - [9p(t-1)^2]$$
$$= [4/(12 \times 4)](71^2 + 52^2 + 48^2 + 45^2) - [9 \times 12 \times 3^2]$$
$$= 34.17$$

式中：p——样品对被重复品尝的次数，本试验中 $p=12$；

　　　t——样品数量，本试验中 $t=4$；

　　　R_i——第 i 个样品的分数总和；

　　　$\sum R_i^2$——各样品分数总和的平方和。

查表 2.2-10，得到自由度为 $(t-1)$ 即 3 时的 χ^2 临界值，T 临界值近似等于该值。因此，本实例中 T 临界值如下所示：

α 显著水平	0.10	0.05	0.01
T 临界值	6.25	7.81	11.3

表 2.2-10　χ^2 分布临界值表（节录）

自由度	显著性水平	
	$\alpha=0.05$	$\alpha=0.01$
1	3.84	6.63
2	5.99	9.21
3	7.81	11.3
4	9.49	13.3
5	11.1	15.1
6	12.6	16.8
7	14.1	18.5
8	15.5	20.1

（续表）

自由度	显著性水平	
	$\alpha=0.05$	$\alpha=0.01$
9	16.9	21.7
10	18.3	23.2
11	19.7	24.7
12	21.0	26.2
13	22.4	27.7
14	23.7	29.1
15	25.0	30.6
16	26.3	32.0
17	27.6	33.4
18	28.9	34.8
19	30.1	36.2
20	31.4	37.6

因为 34.17 大于以上任何一个数值，所以，无论在哪一个显著水平下，样品之间的黏度都存在显著差异，为了进一步证明是否样品 A 的黏度最低，根据下列公式计算 HSD（Honestly Significantly Difference），它是检验各组数据平均值之间差异的标准之一：

$$HSD=q_{a,t,\infty}\sqrt{\frac{pt}{4}}$$

式中：HSD——真实显著性差异检验；

α——显著水平；

p——样品对被重复品尝的次数；

t——样品数量。

查表 2.2-11 可得到 $q_{0.05,4,\infty}$ 值为 3.63，因此，本例中 $HSD=3.63\sqrt{12\times\frac{4}{4}}$ $=12.6$。

如果两个样品之间的差距大于这个值，说明两个样品之间存在显著性差异。样品 A 和 B 之间的差距是 71－52＝19，因此，样品 A 的黏性显著低于 B，更低于其他样品，应该是比较理想的产品。

表 2.2-11　HSD 多重比较试验——临界值(节录)

$$P(q < q_{0.05}) = 0.95$$

v	t								
	2	3	4	5	6	7	8	9	10
1	17.97	26.98	32.28	37.08	40.41	43.12	45.40	47.36	49.07
2	6.08	8.33	9.80	10.88	11.74	12.44	13.03	13.54	13.99
3	4.50	5.91	6.82	7.50	8.04	8.48	8.85	9.18	9.46
4	3.93	5.04	5.76	6.29	6.71	7.05	7.35	7.60	7.83
5	3.64	4.60	5.22	5.67	6.03	6.33	6.58	6.80	6.99
6	3.46	4.34	4.90	5.30	5.63	5.90	6.12	6.32	6.49
7	3.34	4.16	4.68	5.06	5.36	5.61	5.82	6.00	6.16
8	3.26	4.04	4.53	4.89	5.17	5.40	5.60	5.77	5.92
9	3.20	3.95	4.41	4.76	5.02	5.24	5.43	5.59	5.74
10	3.15	3.88	4.33	4.65	4.91	5.13	5.30	5.46	5.60
11	3.11	3.82	4.26	4.57	4.82	5.03	5.20	5.35	5.49
12	3.08	3.77	4.20	4.51	4.75	4.95	5.12	5.27	5.39
13	3.06	3.73	4.15	4.45	4.69	4.88	5.05	5.19	5.32
14	3.03	3.70	4.11	4.41	4.64	4.83	4.99	5.13	5.25
15	3.01	3.67	4.08	4.37	4.59	4.78	4.94	5.08	8.20
16	3.00	3.65	4.05	4.33	4.56	4.74	4.90	5.03	5.15
17	2.98	3.63	4.02	4.30	4.52	4.70	4.86	4.99	5.11
18	2.97	3.61	4.00	4.28	4.49	4.67	4.82	4.96	5.07
19	2.96	3.59	3.98	4.25	4.47	4.65	4.79	4.92	5.04
20	2.95	3.58	9.96	4.23	4.45	4.62	4.77	4.90	5.01
∞	2.77	3.31	3.63	3.86	4.03	4.17	4.29	4.39	4.47

任务分析

通过本项目的学习,学生能够认识和掌握成对排序试验的方法。在具体的任务实践中,通过样品的选择、方法的认知、操作的步骤和结果差异性的确定等过程,使学生能把成对排序试验法的相关理论知识与实践技能结合起来,起到"教、学、做"一体化的效果。

任务实施

任务　蜂蜜的感官品评——成对排序试验法

1. 实验目的

对 4 种蜂蜜样品的口感黏度进行比较。

2. 实验原理

将样品进行所有可能的成对组合,随机呈送,每个参评人员得到一对样品,并回答"哪一个样品口感更黏?"用 Friedman 分析对数据进行统计分析,这种方法将样品就测定指标按照强度顺序排列,可以为产品之间的差异提供数据信息。

3. 样品及器具

(1) 某蜂蜜生产商想生产一种黏度比较低的蜂蜜,现生产了 A、B、C、D 4 种样品,希望对这 4 种样品进行评价。

(2) 预备足够量的碟或者托盘。

(3) 饮用水。

4. 品评设计

试验采用成对排序试验法,用 Friedman 分析方法进行分析。因为,第一,成对比较试验受感官疲劳的影响比较小;第二,此试验要求排序。试验由 12 名有经验的评价员参加,评价的样品组合为 AB,AC,AD,BC,BD,CD 将这 6 组样品随机呈送给评价员。试验准备工作表和问卷参考表 2.2 - 8 和表 2.2 - 9。

5. 结果分析

根据 Friedman 分析法对结果进行分析,参考例题,将所有评价员排序结果列表,并计算最后的顺序总和。然后,用统计学公式计算出试验的 T 值。如果 T 值超过了自由度 $(t-1)$ 的 χ^2 随机变量的临界值上线,表明样品存在着明显性差异。然后计算 HSD,最后给予相应的结论。

项目小结

成对排序试验法用于几种样品间某一种属性(如甜味、鲜味、喜爱程度等)的比较,尤其适用于技术还不太成熟的评价员评定 3~6 种样品的试验。这种方法按照某种属性的强度大小对所给样品进行排序，用 Friedman 数据分析法对结果进行处理。

试验控制和样品控制参考三点检验法。尽可能同时呈送样品，至少要连续地呈送，且确保顺序是随机的。随机包括每对样品中两个样品的顺序随机、样品组合随机、对每位评价员的呈送顺序随机。

经过成对排序实验，使学生能更好地理解成对排序试验法的原理，能够掌握成对排序试验法的使用，动手品评蜂蜜风味是为了能够主动发现在理论学习中没有出现和没有注意到的问题，达到理论与实践相结合的目的，培养学生在感官评定方面的兴趣和爱好。

思考题

（1）什么是成对排序试验法？并简单说明其特点。

（2）简述成对排序试验法的应用领域与范围。

（3）成对排序试验法品评样品有哪些操作步骤？

项目 3　简单排序试验法

工作任务

　　本项目讲授、学习、训练的内容是食品感官单项差别检验中重要内容之一，包含了实验技能、方案设计与实施能力。感官评价员要熟练掌握简单排序试验法的知识，根据样品检验规则、操作步骤等条件按照品评要求完成饼干奶香味的简单排序试验。

　　国家相关标准：GB/T 10220—2012《感官分析方法学　总论》、GB/T 12315—2008《感官分析方法学　排序法》。

教学内容

➤能力目标

　　(1) 了解：简单排序试验法的基本原理和应用领域与范围。

　　(2) 掌握：简单排序试验法的操作步骤。

　　(3) 会做：学生能够采用简单排序试验法对多个样品就某单一感官属性进行差异比较。

➤教学方式

教学步骤	时间安排	教学方式(供参考)
阅读材料	课余	学生自学、查资料、相互讨论。
知识点讲解(含课堂演示)	2课时	在课堂学习中，结合多媒体课件解析简单排序试验法；讨论品评过程，使学生对简单排序试验法有良好的认识。
任务操作	4课时	完成简单排序试验法实验任务，学生边学边做，同时教师应在学生试验中有针对地向学生提出问题，引发思考。
评估检测		监督与学生共同完成任务的检测与评估，并能对问题进行分析和处理。

➤**知识要点**

概念：就某一项性质对多个产品进行比较时，比如甜度、新鲜程度、倾向性等，排序是进行这种比较的最简单的方法。以均衡随机的顺序将样品呈送给评价员，要求评价员就指定指标对样品进行排序，计算序列和，然后利用 Friedman 法对数据进行统计分析。

用途：当根据单个属性（如甜度、新鲜度）来比较多种样品时可以采用此法。排序结果仅仅只有样品排列的顺序，而不能体现差异的程度，差异较大和差异较小的样品之间都只相差一个顺序单位。排序法比其他方法更节省时间，尤其当样品需要为下一步的试验预筛选或预分类时，这种方法显得非常有用。

步骤：根据需要对评价员进行筛选、培训和指导，参加试验的人数不得少于8 人，如果参加人数在 16 人以上，区分效果会得到明显提高。根据试验目的，评价员要有区分样品指标之间细微差别的能力。尽量同时提供样品，评价员同时收到以均衡、随机顺序排列的样品，其任务就是将样品进行排序。同一组样品可以以不同的编号被一次或数次呈送，如果每组样品被评价的次数大于 2，那么试验的准确性会得到很大提高。在倾向性试验中，告诉参评人员，最喜欢的样品排在第一位，第二喜欢的样品排在第二位，依次类推。在强度试验中，告诉参加试验人员，1 表示最小的强度值，2 表示第二小，依次类推，不要把顺序搞颠倒。如果对相邻两个样品的顺序无法确定，鼓励评价员去猜测，如果实在猜不出，可以取中间值，如 4 个样品中，对中间两个的顺序无法确定时，就将它们都排为（2＋3）/2＝2.5。如果需要按照同系列样品的多种属性来进行排序，则对每种属性的试验过程需分开进行，并使用不同编码的新样品，以免一种属性的结果影响到另一种。结果采用 Friedman 法进行分析，将所有评价员排序结果列表，并计算最后的顺序总和。然后，用统计学公式计算出试验的 T 值（或 T' 值）。如果 T 值（或 T' 值）超过了自由度（$t-1$）的 χ^2 随机变量的临界值上限，表明样品存在着明显差异。

➤**实例**

【例 1】　4 种甜味剂甜味的持久性的比较

问题：某试验室工作人员想比较 4 种人工合成的甜味剂 A、B、C、D 甜味的持久性。

检验目的：确定这 4 种甜味剂之间在吞咽之后是否在甜味的持久性上存在显著性差异。

试验设计:因为甜味的持久性在不同人的身上反应可能差别很大,该试验的操作很简单,不需要培训,因此尽可能召集更多的人参加试验。选用48人参加试验,每人同时收到以均衡、随机顺序排列的样品4个,并就甜味的持久性进行排序。问卷见表2.2-12。在正式试验之前,进行样品的筛选,要确保样品之间除了甜味之外,没有其他不同。

表2.2-12　4种甜味剂持久性排序试验问答卷

排序试验

姓名:＿＿＿＿＿＿　　　日期:＿＿＿＿＿＿＿＿

样品类型:人工甜味剂

试验指令:

1. 注意你得到的样品编号和问卷上的编号一致。

2. 从左向右品尝样品,并注意甜味的持久性。在品尝两个样品之间间隔30 s,并用清水漱口。

3. 在你认为甜味持久性最差的样品编号上方写下"1",第二差的上方写"2",依次类推,在甜味持久性最长的样品编号上方写"4"。

4. 如果你认为两个样品非常接近,就猜测它们的可能顺序。

编号　XXX　YYY　ZZZ　WWW

排序:

建议或评语:

结果分析:表2.2-13为48名评价员对4个样品的排序结果,根据公式计算 T 值。

$$T = \{12/[bt(t+1)]\}\sum_{i=1}^{t} X_i^2 - 3b(t+1)$$
$$= [12/(48 \times 4 \times 5)] \times (135^2 + 103^2 + 137^2 + 105^2) - 3 \times 48 \times 5$$
$$= 12.85$$

式中:b 为评价员人数;t 为样品数;$\sum_{i=1}^{t} X_i^2$ 为各样品排序的平方和。

表 2.2 - 13　4 种人工甜味剂持久性比较结果

品评员编号	A	B	C	D
1	3	1	4	2
2	3	2	4	1
3	3	1	2	
4	3	1	4	2
5	1	3	2	4
⋮	⋮	⋮	⋮	⋮
⋮	⋮	⋮	⋮	⋮
⋮	⋮	⋮	⋮	⋮
44	4	2	3	1
45	3	1	4	2
46	3	4	1	2
47	4	1	2	3
48	4	2	3	1
排序总和	135	103	137	105

从本模块项目 2 表 2.2 - 10 知道,自由度为 3 的 $\alpha=0.05$ 的 χ^2 的临界值为 7.81,因此,可以判断 4 种样品在甜味的持久性上存在显著差异,为了进一步说明哪两个样品有差异,我们计算一下 LSD 值,从表 2.2 - 14,得 $t_{0.025,\infty}=1.96$。

$$\text{LSD}_{\text{Rank}} = t_{\alpha/2,\infty} \sqrt{\frac{bt(t+1)}{6}} = 1.96 \sqrt{\frac{48 \times 4 \times 5}{6}} = 24.8$$

如果两个样品之间的差距大于 24.8,那么这两个样品之间就存在显著性差异。从结果可知,样品 B、D 和 A、C 之间在甜味的持久性上存在显著性差异,而样品 B 和 D,样品 A 和 C 之间没有差异。

表 2.2-14 t 分布表(节录)

v	双侧							
	0.5	0.2	0.1	0.05	0.02	0.01	0.005	0.001
	单侧							
	0.25	0.1	0.05	0.025	0.01	0.005	0.002 5	0.000 5
1	1	3.078	6.314	12.706	31.821	63.657	127.321	636.619
2	0.816	1.886	2.92	4.303	6.965	9.925	14.089	31.599
3	0.765	1.638	2.353	3.182	4.541	5.841	7.453	12.924
4	0.741	1.533	2.132	2.776	3.747	4.604	5.598	8.61
5	0.727	1.476	2.015	2.571	3.365	4.032	4.773	6.869
6	0.718	1.44	1.943	2.447	3.143	3.707	4.317	5.959
7	0.711	1.415	1.895	2.365	2.998	3.499	4.029	5.408
8	0.706	1.397	1.86	2.306	2.896	3.355	3.833	5.041
9	0.703	1.383	1.833	2.262	2.821	3.25	3.69	4.781
10	0.7	1.372	1.812	2.228	2.764	3.169	3.581	4.587
11	0.697	1.363	1.796	2.201	2.718	3.106	3.497	4.437
12	0.695	1.356	1.782	2.179	2.681	3.055	3.428	4.318
13	0.694	1.35	1.771	2.16	2.65	3.012	3.372	4.221
14	0.692	1.345	1.761	2.145	2.624	2.977	3.326	4.14
15	0.691	1.341	1.753	2.131	2.602	2.947	3.286	4.073
16	0.69	1.337	1.746	2.12	2.583	2.921	3.252	4.015
17	0.689	1.333	1.74	2.11	2.567	2.898	3.222	3.965
18	0.688	1.33	1.734	2.101	2.552	2.878	3.197	3.922
19	0.688	1.328	1.729	2.093	2.539	2.861	3.174	3.883
20	0.687	1.325	1.725	2.086	2.528	2.845	3.153	3.85
21	0.686	1.323	1.721	2.08	2.518	2.831	3.135	3.819
22	0.686	1.321	1.717	2.074	2.508	2.819	3.119	3.792
23	0.685	1.319	1.714	2.069	2.5	2.807	3.104	3.768
24	0.685	1.318	1.711	2.064	2.492	2.797	3.091	3.745
25	0.684	1.316	1.708	2.06	2.485	2.787	3.078	3.725
26	0.684	1.315	1.706	2.056	2.479	2.779	3.067	3.707
27	0.684	1.314	1.703	2.052	2.473	2.771	3.057	3.69
28	0.683	1.313	1.701	2.048	2.467	2.763	3.047	3.674
29	0.683	1.311	1.699	2.045	2.462	2.756	3.038	3.659
30	0.683	1.31	1.697	2.042	2.457	2.75	3.03	3.646
∞	0.674 5	1.281 6	1.644 9	1.96	2.326 3	2.575 8	2.807	3.290 5

【例 2】 啤酒中与分析结果不符的苦味

问题:据报道,商标为 P 的某啤酒比采用相同酒花苦味素标准的竞争厂家的啤酒味道更苦。在调查是否存在非酒花苦味素杂质前,该酿酒厂的质量控制经理希望能够通过感官评定证实该啤酒与其他啤酒在苦味上确实存在着差异。

检验目的:比较啤酒 P 是否与啤酒 A、B、C 之间存在苦味差异。

试验设计:选择 4 位具有识别苦味微小差异能力的评价员来对 4 种样品排序,每位评价员试验 3 次。无差异假设为 H_0:苦味 P = 苦味 A、B 或 C;备择假设为 H_a:苦味 $P \neq$ 苦味 A、B 或 C。评分表与表 2.2-12 类似,结果如表 2.2-15 所示。

表 2.2-15 啤酒中与分析结果不同的苦味试验结果

评定人员	评定序号	样品 A	样品 B	样品 C	样品 D
1	1	1	2.5	2.5	4
	2	2	1	4	3
	3	1	3	3	3
2	4	2	1	3	4
	5	2	3	1	4
	6	2	1	4	3
3	7	3	1	2	4
	8	1	2	3.5	3.5
	9	2	3	4	1
4	10	2	1	3.5	3.5
	11	2	3	1	4
	12	2	1	4	3
顺序总和		22	22.5	35.5	40

结果分析:对于有经验的评价员,允许做出相同的评分。当数据中存在相同的评分时,试验统计的 T' 值就必须计算出来。在计算 T' 值以前,需要在每组 (i) 中确定有相同评分组的评分个数 (g_i) 和每种评分的数量 ($t_{i,j}$)(无相同评分的样品被视为评分数量 $t_{i,j} = 1$)。只需考虑具有相同评分的组,因为只有这些组才会影响 T' 值的计算。从表 2.2-15 可以看出,第 1、3、8、10 组出现了相同评分,这些组 g_i 和 $t_{i,j}$ 值分别是:

$$g_1=3, t_{1,1}=1 \quad g_3=2, t_{3,1}=1 \quad g_8=3, t_{8,1}=1 \quad g_{10}=3, t_{10,1}=1$$
$$t_{1,2}=2 \qquad\qquad t_{3,2}=3 \qquad\qquad t_{8,2}=1 \qquad\qquad t_{10,2}=1$$
$$t_{1,3}=1 \qquad\qquad\qquad\qquad\qquad t_{8,3}=2 \qquad\qquad t_{10,3}=2$$

T'按以下公式可以计算得到：

$$T' = \left[12\sum_{j=1}^{i}(X_j-G/t)^2\right] \Big/ \left\{bt(t+1)-[1/(t-1)]\sum_{i=1}^{b}\left[\left(\sum_{j=1}^{g_i}(t_{i,j}^3)-t\right)\right]\right\}$$
$$= \frac{12\times[(22-120/4)^2+(22.5-120/4)^2+(35.5-120/4)^2+(40-120/4)^2]}{12\times4\times5-(1/3)\times[(1^3+2^3+1^3-4)+(1^3+3^3-4)+(1^3+1^3+2^3-4)+(1^3+1^3+2^3-4)]}$$
$$= 13.3$$

式中：$G=bt(t+1)/2$ 即$(12\times4\times5/2=120)$，b 为评定次数，t 为样品个数；$t_{i,j}$分别为第1、3、8、10次样品的排序数。查表可知 $\chi^2_{0.05,3}=7.81$，而 T' 值为 13.3 >7.81。因此，可以得到结论：样品间存在着明显差异。由于试验只需比较样品 A、B、C 和样品 P 之间的差异，因此，需要试验样品与标样之间进行多重比较。

$$\begin{aligned}LSD_{rank} &= t_{\alpha/2,\infty}\sqrt{bt(t+1)/6}\\ &= 1.96\sqrt{12\times4\times5/6}\\ &= 12.6\end{aligned}$$

由上式可知，多重比较的 5% 临界值单侧上线为 12.6，因此，可以看出样品 P 顺序总和比样品 A 和 B 的顺序总和大 12.6。

根据试验，质量控制经理得出结论：该公司的 P 样品确实比啤酒 A 和 B 具有更明显的苦味，因此，可以开始调查啤酒中是否存在非酒花苦味物质。

任务分析

通过本项目的学习，学生能够认识和掌握简单排序试验的方法。在具体的任务实践中，通过样品的选择、方法的认知、操作的步骤和结果差异性的确定等过程，使学生能把简单排序试验法的相关理论知识与实践技能结合起来，起到"教、学、做"一体化的效果。

任务实施

任务　饼干奶香味的感官品评——简单排序试验法

1. 实验目的

对 4 种饼干样品的奶香味进行比较。

2. 实验原理

当根据单个属性(如甜度、新鲜度)来比较多种样品时,简单排序试验法是进行多样品比较的最简单方法,但是结果仅仅只有样品排列的顺序,而不能体现差异的程度,差异较大和差异较小的样品间都只相差一个顺序单位。

3. 样品及器具

(1)某饼干生产商想生产一种奶香味比较重的饼干,现生产了 A、B、C、D 4 种样品,希望对这 4 种样品进行评价。

(2)预备足够量的碟或者托盘。

(3)饮用水。

4. 品评设计

试验采用简单排序试验法,按随机顺序将样品呈送给评价员,要求评价员根据奶香味对其进行排序。评价员经过指导和训练使他们能够反复辨别奶香味的差异。试验问卷参考图 2.2-1。

5. 结果分析

根据 Friedman 法对结果进行分析,参考例题,计算每个样品的顺序总和、T 值(或 T' 值)以及 LSD_{Rank},最后给予相应的结论。

项目小结

简单排序试验法用于几种样品间某一种属性(如甜味、鲜味、喜爱程度等)的比较时,比其他方法更为省时,但结果仅仅只有样品排列的顺序,而不能体现差异的程度,差异较大和差异较小的样品间都只相差一个顺序单位。

试验控制和样品控制参考三点检验法。尽可能同时呈送样品,至少要连续地呈送,且确保顺序是随机的。随机包括样品组合顺序随机、对每位评价员的呈送顺序随机。

经过简单排序试验的实验,使学生能更好地理解简单排序试验法的原理,能够掌握简单排序试验法的使用,动手品评饼干奶香风味是为了能够主动发现在理论学习中没有出现和没有注意到的问题,达到理论与实践相结合的目的,培养学生在感官评定方面的兴趣和爱好。

思考题

(1) 什么是简单排序试验法?并简单说明其特点。

(2) 简述简单排序试验法的应用领域与范围。

(3) 简单排序试验法品评样品有哪些操作步骤?

项目4 多个样品差异试验——方差分析(ANOVA)

工作任务

本项目讲授、学习、训练的内容是食品感官单项差别检验中重要内容之一，包含了实验技能、方案设计与实施能力。感官评价员要熟练掌握多个样品差异试验——方差分析的知识，根据样品检验规则、操作步骤等条件按照品评要求完成啤酒酒花香气的多个样品差异试验——方差分析。

国家相关标准:GB/T 10220—2012《感官分析方法学 总论》。

教学内容

➤能力目标

(1) 了解:多个样品差异试验——方差分析的基本原理、应用领域与范围。

(2) 掌握:多个样品差异试验——方差分析的操作步骤。

(3) 会做:学生能够采用多个样品差异试验——方差分析对多个样品就某单一感官属性进行差异比较。

➤教学方式

教学步骤	时间安排	教学方式(供参考)
阅读材料	课余	学生自学、查资料、相互讨论。
知识点讲解(含课堂演示)	2课时	在课堂学习中，结合多媒体课件解析多个样品差异试验——方差分析;讨论品评过程，使学生对多个样品差异试验——方差分析有良好的认识。
任务操作	4课时	完成多个样品差异试验——方差分析实验任务,学生边学边做，同时教师应在学生实验中有针对地向学生提出问题，引发思考。
评估检测		监督与学生共同完成任务的检测与评估，并能对问题进行分析和处理。

▷知识要点

概念:评价员用数字尺度(即评分的形式)来评价多个样品(3～8)的某一感官属性的强度。试验结果通过方差分析进行评估。

用途:当要比较的样品达到 3～6 个,最多 8 个时,可以使用此方法。参加评价的人数不少于 8 人,16 人效果会更好。如果要评价的指标超过一个小时,建议分次试验,并使用新的样品和编号。

步骤:每次试验至少需要 8 个评价员,如果多于 16 个评价员,得到的结果将更为准确。评价员需要特殊的指导和训练使他们能反复辨别属性的差异。根据试验目的,应选择对感官属性具有高识别能力的评价员。

试验控制和产品控制参见三点试验。尽可能同时呈送所有的样品,评价员收到随机排列的 t 个样品后,任务就是将它们按一定顺序重排。样品可以只呈送一次,也可以采用不同的编码呈送多次。一般样品被呈送两次以上后,准确度可以大大增加。

当要评价多个属性时,理论上对于每个属性的评价过程应该分开进行,但在实际描述分析中,由于样品需要评价的属性个数较多(典型的情况 6～25 个),要将评价过程完全分开是不可能的。同时,感官分析家也认为无须将每种属性分开评价,因为样品的各种属性间存在着相互依赖。因此,必须使评价员意识到这种相互影响,并且通过严格的训练使他们能够单独地识别每种属性。

试验结果采用方差分析方法讨论。

▷实例

【例】 课程的喜爱程度

问题:某食品系每学期末都按惯例让学生为他们选的课打分,打分范围是 +3 到 -3,-3=非常不好;0=不好不坏;+3=优秀。30 名学生填写了问卷,结果见表 2.2-16。

检验目的:确定 4 门功课的授课情况差异。

表 2.2-16 各门课程得分情况

学生编号	食品安全	生化	食品工艺	食品法律	学生编号	食品安全	生化	食品工艺	食品法律
1	2	-2	1	1	3	1	-3	0	0
2	3	0	2	1	4	2	0	1	0

（续表）

学生编号	食品安全	生化	食品工艺	食品法律	学生编号	食品安全	生化	食品工艺	食品法律
5	0	1	0	0	18	0	−1	0	−1
6	−3	−3	−3	−3	19	3	3	3	3
7	1	3	1	1	20	1	−2	1	0
8	−1	−1	−1	−1	21	−2	−2	−2	−2
9	2	−2	1	1	22	2	−1	1	1
10	0	−3	−1	0	23	1	0	1	1
11	2	0	2	2	24	3	−3	3	3
12	−1	−2	0	1	25	1	1	1	1
13	3	−3	3	3	26	0	−1	1	−1
14	0	0	0	0	27	1	0	2	−1
15	−2	2	−1	−1	28	2	−2	0	0
16	2	−2	1	1	29	−2	−3	−1	−2
17	1	−1	0	0	30	2	2	2	2

结果分析：通过单因素方差分析(ANOVA)，得到如下结果(表 2.2 - 17 和表 2.2 - 18)。

表 2.2 - 17　各门课程的方差分析表(ANOVA)

方差来源	平方和	自由度	均方	F	p
因素	47.900	3	15.967	6.247	0.001
误差	296.467	116	2.556		
总和	344.367	119			

表 2.2 - 18　各门课程的平均分数[①]

课程	食品安全	生化	食品工艺	食品法律
平均值	0.80[a②]	−0.83[b]	0.60[a]	0.30[a]

① $\alpha = 0.05$；② 上标字母不同的数值之间在 95% 置信度水平上具有显著差异。

因为 p 值为 0.001,所以各科目之间的分数存在显著性差异。生化课的分数显著低于其他课程,其他课程之间不存在显著性差异。

任务分析

通过本项目的学习,学生能够认识和掌握多个样品差异试验——方差分析的方法。在具体的任务实践中,通过样品的选择、方法的认知、操作的步骤和结果差异性的确定等过程,使学生能把多个样品差异试验——方差分析的相关理论知识与实践技能结合起来,起到"教、学、做"一体化的效果。

任务实施

任务　啤酒酒花感官品评——
多个样品差异试验:方差分析

1. 实验目的

分别比较使用 5 种酒花酿造出的啤酒的酒花香气,选择最理想的酒花。

2. 实验原理

评价员用数字尺度(即评分的形式)来评价多个样品(3～8)的某一感官属性的强度。试验结果通过方差分析进行评估。

3. 样品及器具

(1)某啤酒酿造商想生产一种新型的酒花含量高的啤酒,现有 5 种不同的酒花原料,希望选择一种酒花香气最浓的酒花。

(2)预备足够量的碟或者托盘。

(3)饮用水。

4. 品评设计

由评价员同时对 5 种啤酒进行品尝,就酒花香气打分。评价员人数为 20人,打分范围:0～9,试验重复 3 次进行。试验问卷见图 2.2-1。

一组样品由评价员进行评价,试验重复 2 次以上,这样的试验设计就叫作分裂分块设计。可以简单理解为每个样品被每个评价员品尝(分块),整个试验又分若干次进行(分裂),每次重复的试验可以由相同的评价员进行,也可以由不同的评价员进行。如果相同,比较的是各重复之间的差异,如果不同,则比较的是不同评价小组之间的表现。

```
姓名：_____　　日期：_____
试验样品：
试验内容：酒花香气
```

```
试验指导：
从左向右品尝你面前的5种啤酒，就酒花香气为各样品打分。打分的标准如下：
0~1分　没有香气
2~3分　具有轻微的香气
4~5分　具有中等强度的香气
6~7分　具有强烈的香气
8~9分　具有非常强烈的香气
```

```
样品编号：221　873　365　631　290
打分：
建议：
```

图 2.2 - 1　啤酒酒花香气比较问答卷

5. 结果分析

将试验结果填入表 2.2 - 19 中，对数据进行方差分析，可得到的结果如表 2.2 - 20 以及表 2.2 - 21 所示。

表 2.2 - 19　5 种酒花香气的比较试验结果

评价员编号	酒花种类				
	A	B	C	D	E
1	2,2,1	3,4,5	1,0,2	5,4,3	3,2,4
2					
3					
4					
5					
6					
7					
8					
9					
10					

（续表）

评价员编号	酒花种类				
	A	B	C	D	E
11					
12					
13					
14					
15					
16					
17					
18					
19					
20					

注：表中数据分别为 3 次试验所得数据，如 1 号评价员对酒花 A 3 次试验给分分别是 2 分、2 分和 1 分。

表 2.2－20　酒花香气试验分裂分块方差分析结果

方差来源	平方和	自由度	均方和	F 值	p 值
样品					
重复					
样品×重复（误差 A）					
评价员					
样品×评价员					
误差 B					

注：$a=0.05$。

表 2.2－21　各啤酒酒花香气平均得分

样品	A	B	C	D	E
平均得分					

为了进一步计算各样品之间的差异，计算 LSD，这种情况下的 LSD 计算公式为：

$$LSD = q_{a,t,dfE}\sqrt{\frac{MS_{误差(A)}}{n}}$$

这里的自由度和误差都指误差 A 对应的自由度和误差；t 为样品数；n 为每个样品的试验数据个数。代入相应数据得：

$$LSD = q_{0.05,5,8}\sqrt{\frac{1.323}{60}}$$

由本模块项目 2 表 2.2－11 查得 $q_{0.05,5,8} = 4.89$。

因此 LSD＝0.73,如果两个数据之间的差大于 0.73,则表明这两个数据之间具有显著性差异。

项目小结

多个样品差异试验——方差分析,用于测定 t 种样品某一种属性(如甜味、鲜味等)的感官属性的差异程度,这里的 t 通常是 3～6,最多为 8,并且可以将所有样品作为一大系列来进行比较。

经过多个样品差异试验——方差分析的实验,使学生能更好地理解多个样品差异试验——方差分析的原理,能够掌握多个样品差异试验——方差分析的使用,动手品评啤酒酒花香气是为了能够主动发现在理论学习中没有出现和没有注意到的问题,达到理论与实践相结合的目的,培养学生在感官评定方面的兴趣和爱好。

思考题

(1) 什么是多个样品差异试验——方差分析? 并简单说明其特点。

(2) 简述多个样品差异试验——方差分析的应用领域与范围。

项目 5　多个样品之间的差异比较——BIB

工作任务

本项目讲授、学习、训练的内容是食品感官单项差别检验中的内容之一,包含了实验技能、方案设计与实施能力。感官评价员要熟练掌握多个样品之间的差异比较(排序或评分)的知识,根据样品检验规则、操作步骤等条件,按照品评要求完成配方风味瓜子甜度的多个样品差异比较试验。

国家相关标准:GB/T 10220—2012《感官分析方法学　总论》、GB/T 12315—2008《感官分析方法学　排序法》。

教学内容

➤能力目标

(1) 了解:多个样品之间差异比较的基本原理、应用领域与范围。

(2) 掌握:多个样品之间差异比较的操作步骤。

(3) 会做:学生能够采用多个样品之间的差异比较法对多个样品(6~16个)的单一感官属性差异进行比较。

➤教学方式

教学步骤	时间安排	教学方式(供参考)
阅读材料	课余	学生自学、查资料、相互讨论。
知识点讲解(含课堂演示)	2课时	在课堂学习中,结合多媒体课件解析多个样品之间的差异比较;讨论品评过程,使学生对多个样品之间的差异比较有良好的认识。
任务操作	4课时	完成多个样品之间的差异比较实验任务,学生边学边做,同时教师应在学生实验中有针对地向学生提出问题,引发思考。
评估检测		监督与学生共同完成任务的检测与评估,并能对问题进行分析和处理。

➤ 知识要点

概念：该方法采用的是均衡非完全分块（BIB，Balanced Incomplete Block）设计。与前面试验不同，并不将所有样品都呈送给评价员品尝，而是按照试验设计，部分呈送，即评价员只品尝部分产品，然后由评价员对样品进行排序或打分。因为需品尝的产品已经多于 6 个，这种情况下，评价员已经失去了排序或打分的能力。如果只将其中的部分产品，不超过 4 个，分送给他们进行品尝，他们还是可以排序或打分的，该方法的原则就是每个评价员只品尝部分产品，而且每人品尝的数量相同，并保证每个样品被品尝的次数相同。

用途：当需要比较的样品数量很多时，如 6~12 个时，可以采用该方法，但比较的样品数量不能超过 16 个。如果评价员没有参加过培训，可以使用排序法（如下面的例 1）；如果评价员接受过培训，则可以采用打分法（如下面的例 2）。

步骤：参加试验人数根据样品数量而定，确保每个样品至少被品尝过两次，品尝次数越多，试验效果越好，参加人员不能少于 8 人，如果在 16 人以上，试验结果会更好。试验人员的筛选和培训同前。

➤ 实例

【例 1】　食品硬度排序

问题：为了研究各种食品的硬度，某研究人员希望将 15 种食品按照硬度大小排列起来，为以后的打分做基础。

检验目的：对各种食品的硬度进行比较，用均衡非完全分块（BIB）设计对 15 种食品的硬度排序。

试验设计：选用 105 人，每人品尝 3 种食品，按照硬度将样品排序，排序范围为 1~3，最硬为 3，最软为 1，处于中间的为 2。基本试验设计见表 2.2－22。将以上试验重复 3 次。

表 2.2－22　15 种食品硬度的 BIB 试验设计

评价员编号	样品位置	评价员编号	样品位置	评价员编号	样品位置	评价员编号	样品位置
1	1 2 3	4	6 11 13	7	2 8 10	10	7 11 12
2	4 8 12	5	7 9 14	8	3 13 14	11	1 6 7
3	5 10 15	6	1 4 5	9	6 9 15	12	2 9 11

（续表）

评价员编号	样品位置	评价员编号	样品位置	评价员编号	样品位置	评价员编号	样品位置
13	3 12 15	19	5 11 14	25	7 8 15	31	5 9 12
14	4 10 14	20	6 10 12	26	1 12 13	32	7 10 13
15	5 8 13	21	1 10 14	27	2 5 7	33	1 14 15
16	1 8 9	22	2 12 14	28	3 9 10	34	2 4 6
17	2 13 15	23	3 5 6	29	11 6 4	35	3 8 11
18	3 4 7	24	4 9 13	30	15 11 8		

结果分析：105 人试验之后，得到的各样品的排序和如表 2.2-23 所示。

表 2.2-23 试验结果

样品	1	2	3	4	5	6	7	8	9	10	11	12	13	14	15
排序和	35	45	54	43	28	37	55	42	37	50	49	50	34	42	29

然后根据下面的公式计算 T 值：

$$T = [12/p\lambda t(k+1)] \sum_{i=1}^{t} R_i^2 - 3(k+1)pr^2/\lambda$$

式中：p——基本试验被重复的次数，$p=3$；

$\quad t$——样品数量，$t=15$；

$\quad k$——每人品尝样品数，$k=3$；

$\quad r$——在每个重复中，每个样品被品尝次数，$r=7(35 \times 3/15 = 7)$；

$\quad \lambda$——$\lambda = r(k-1)/(t-1) = 7(3-1)/(15-1) = 1$；

$\quad R_i^2$——各样品的排序平方和，$R_i^2 = 27\,488$。

因此，该例中，$T=68.53$，根据本模块项目 2 表 2.2-10，得 $\chi_{0.05,15-1}^2 = 23.7$，因此这 15 种食品之间具有显著性差异。为了将其排序，现根据下面公式计算 LSD_{Rank}：

$$
\begin{aligned}
\text{LSD}_{\text{Rank}} &= z_{a/2} \sqrt{p(k+1)(rk-r+\lambda)/6} \\
&= t_{a/2,\infty} \sqrt{p(k+1)(rk-r+\lambda)/6} \\
&= 1.96 \sqrt{3 \times (3+1)(7 \times 3 - 7 + 1)/6} \\
&= 10.74
\end{aligned}
$$

将数值升次或降次排列，依次计算相邻两个数值（序列和）之间的差，如果该差值大于 10.74,则说明这两个样品之间具有显著性差异;反之,则没有显著性差异。排序结果见表 2.2 - 24。

从结果来看,样品 5 的硬度最低,样品 7 的硬度最高。

表 2.2 - 24　15 种食品的硬度排序

样　品	排序和					最终结果
5	28	a				28^a
15	29	a				29^a
13	34	a	b			34^{ab}
1	35	a	b	c		35^{abc}
6	37	a	b	c		37^{abc}
9	37	a	b	c		37^{abc}
14	42		b	c	d	42^{bcd}
8	42		b	c	d	42^{bcd}
4	43		b	c	d	43^{bcd}
2	45			c	d	e	45^{cde}
11	49				d	e	49^{de}
10	50				d	e	50^{de}
12	50				d	e	50^{de}
3	54					e	54^{de}
7	55					e	54^{de}

注:a~e 表示各数值(样品的序列和)分属的组别,"最终结果"中上标中具有不同字母的数值之间具有显著性差异(LSD=10.74)。如 28^a 和 42^{bcd} 具有显著差异,因为 a 和 bcd 中没有一个字母相同;而 34^{ab} 和 42^{bcd} 之间则没有显著差异,因为二者上标中都含有字母 b。

【例 2】　酸奶异味打分

问题:将 6 种酸奶就异味进行打分,并找出风味最差的一个。

检验目的:利用多重比较方法对样品的异味进行比较。

试验设计:采用 15 名有品尝打分经验的人组成评价小组,每人每次品尝 4 种产品,每种产品被品尝 10 次。采用 0~9 的标度进行打分,0 表示没有异味,9 表示异味最高。

结果分析:由于该试验要求打分,所以要进行方差分析,分析结果见表 2.2 -

25,试验数据略。

表 2.2 - 25　6 种酸奶的 BIB 方差分析结果

方差来源	平方和	自由度	均方和	F 值	p 值
样　品	62.902	5	12.580	9.217	0.000
评价员	38.829	14	2.774	2.032	0.040
误　差	54.598	40	1.365		

注:$\alpha=0.05$。

由于 $p<0.05$,因此各样品之间具有显著性差异。计算 LSD。

$$\text{LSD}=t_{a/2,dfE}\sqrt{2MS_E/(pr)}\sqrt{[k(t-1)]/[(k-1)t]}$$
$$=t_{0.025,40}\sqrt{2\times1.365/(1\times10)}\sqrt{[4\times(6-1)]/[(4-1)\times6]}$$
$$=1.96\times0.522\times1.054$$
$$=1.08$$

各样品的平均得分为:

样品	A	B	C	D	E	F
得分	4.9	2.7	2.3	1.8	2.7	1.8

表 2.2 - 26　数值分组情况及最终结果

样品得分	组别	最终结果
4.9	a	4.9[a]
2.7	b	2.7[b]
2.7	b	2.7[b]
2.3	b	2.3[b]
1.8	b	1.8[b]
1.8	b	1.8[b]

将数值升次或降次排列,计算相邻两个数值之间的差,如果该差大于 1.08,说明这两个数值之间具有显著性差异,反之,则没有显著差异。如 4.9 和 2.7 之间的差为 2.2,大于 1.08,因此 4.9 和 2.7 分别属于不同的两个组,a 和 b;而 2.7 和 2.3 之间的差为 0.4,小于 1.08,因此 2.3 和 2.7 属于同一组。同样道理,剩下的几个数值也都属于 b 组。将各数值所属组别标为该数值的上标,因此,具有

不同上标的数值之间就具有显著性差异。本例所得数据分组情况及最终结果如表 2.2-26 所示。结果表明,样品 A 和其他样品具有显著性差异,异味最强烈。

任务分析

通过本项目的学习,学生能够认识和掌握多个样品之间差异比较的方法。在具体的任务实践中,通过样品的选择、方法的认知、操作的步骤和结果差异性的确定等过程,使学生能把多个样品之间的差异比较的相关理论知识与实践技能结合起来,起到"教、学、做"一体化的效果。

任务实施

任务 风味瓜子的感官品评
——多个样品之间的差异比较

1. 实验目的

比较 6 种配方风味瓜子的甜度差异。

2. 实验原理

采用均衡非完全分块(BIB)设计,部分呈送,即评价员只品尝部分产品。然后由评价员对样品进行排序或打分。该方法的原则就是每个评价员只品尝部分产品,而且每人品尝的数量相同,并保证每个样品被品尝的次数相同。如果评价员没有参加过培训,可以使用(例 1)的排序法;如果评价员接受过培训,则可以采用(例 2)介绍的打分法。

3. 样品及器具

(1) 某厂家生产的 6 种配方风味瓜子。

(2) 预备足够量的碟或者托盘。

(3) 饮用水。

4. 品评设计

采用均衡非完全分块(BIB)设计进行。方案一:选用 30 人,每人品尝 3 种食品,按照甜度将样品排序,排序范围为 1~3,最甜为 3,最不甜为 1,处于中间的为 2。基本试验设计参考表 2.2-21。将以上试验重复 3 次进行。方案二:采用 10 名有品尝打分经验的人组成评价小组,每人品尝 4 种产品,每种产品被品尝 10 次。采用 0~9 的标度进行打分,0 表示没有甜味,9 表示甜味最高。

5. 结果分析

根据不同的方案进行统计分析：方案一，得到各个样品的排序和，计算 T 值以判断样品间是否有显著性差异，如果有显著性差异，将数值按升次或降次排列，计算 LSD_{Rank}，判断哪些样品间有显著差异，最后给出相应的结论；方案二，将数据进行方差分析，根据 p 值判断样品间是否有显著性，如果有，可将各样品的平均得分按升次或降次排列，进一步计算 LSD，判断哪些样品间有显著性差异，最后给出相应的结论。

项目小结

多个样品之间的差异比较用于测定 t 种样品某一种属性（如甜味、鲜味等）的感官属性的差异程度，这里的 t 通常是 6～12，最多为 16。该方法采用的是均衡非完全分块（BIB）设计，该方法的原则就是每个评价员只品尝部分产品，而且每人品尝的数量相同，并保证每个样品被品尝的次数相同。如果评价员没有参加过培训，使用排序法；如果评价员接受过培训，则可以采用打分法。

经过多个样品之间的差异比较的试验，使学生能更好地理解多个样品之间差异比较的原理，能够掌握多个样品之间差异比较的使用，动手品评配方风味瓜子的甜度是为了能够主动发现在理论学习中没有出现和没有注意到的问题，达到理论与实践相结合的目的，培养学生在感官评定方面的兴趣和爱好。

思考题

（1）什么是多个样品之间的差异比较？并简单说明其特点。

（2）简述多个样品之间的差异比较的应用领域与范围。

模块三 描述分析基本技能训练

引 言

　　若想进一步了解产品之间的差异究竟出现在哪,是在感官属性构成上、属性强度上、产品食用过程中感官属性呈现的顺序上,还是特性因子相互作用所呈现的特点上等,就需要具有较高能力的评价小组进行另一大类更加精细的感官分析——描述性分析(Descriptive Analysis),该试验方法是感官检验中最复杂的一种方法,它是一项由接受过专业培训的 5～20 名评价员对产品的感官属性进行定性和定量区别与描述的技术。它是根据感官所能感知到的食品的各项感官特征,用专业术语形成对产品的客观描述。描述性分析检验方法是感官科学家的常用工具,所采用的是与差别检验完全不同的感官评价原则和方法。描述性检验通常可依据是否定量分析而分为简单描述和定量描述法。在检验过程中,要求评价员除具备人体感知食品品质特征和次序的能力外,还要具备对描述食品品质特征专有名词的定义及其在食品中的实际含义的理解能力,以及对总体印象或总体风味强度和总体差异分析能力。

　　描述性分析检验法适用于一个或多个样品,可以同时评价一个或多个感官指标。人们在检测竞争者的产品时,经常采用这一技术,因为描述性分析能够准确地显示在所评价的感官特性范围内,竞争产品与自己产品存在怎样的差别。其适用范围很广,如为了获得对食品和饮料的芳香、风味和口感的详细描述,对包装材料的手感和外观的详细描述等。这些感官描述常应用于研究开发以及产品制造上,应用范围见表 2.3-1。

表 2.3-1　描述性检验法的应用范围

序号	应用范围
1	定义新产品开发中目标产品的感官特征。
2	定义质量管理、质量控制及开发研究中的对照或标准的特征。
3	在进行消费者检验前记录产品的特征,以帮助选择"消费者提问表"里所包括的特征,在检验结束后说明消费检验结果。
4	追踪产品贮存期、包装等有关感官特征随时间变化而改变的规律。
5	描绘产品与仪器、化学或物理特征相关的产品可观察的感官特征。

描述性分析的主要方法包括风味剖析法、质地剖析法、定量描述分析法、自由选择剖析法、系列描述分析法等。这些描述性分析技术均不能由消费者来使用，因为在所有的描述性分析检验中，对评价员的要求比较高，一般是该领域的技术专家或优选评价员，并且经过训练，以保持评价结果的准确性和客观性。描述性分析一般涵盖以下5个步骤：

（1）建立感官特性描述词

提供一系列的同类样品，让评价员熟悉该类产品的特性，写出描述词。描述词需从感官属性的角度选取，即描述词尽量描述的是产品单一具体的感官属性。如果评价员描述出现困难，感官分析师或评价小组组长可将预先准备好的该类产品备选描述词表提供给评价员，令其从中选择。感官分析师或评价小组组长收集描述词，组织小组反复评价讨论至意见一致，最终确定出描述词。

（2）确定感官特性顺序

将样品提供给每个评价员，要求独立写出各个特性出现的顺序，经反复评价后，最终达到小组一致。

（3）确定参比系

根据建立的描述词，由感官分析师或评价小组组长收集并提供与该描述词对应的一系列参比样，尽可能涵盖该产品在该特性上可能的强度变化范围。经过小组训练及反复评价和讨论后，确定出各特性强度的参比样。

（4）评价感官特性强度

将各特性不同强度的参比样分别提供给每一位评价员进行训练。要求评价员按照强度从弱到强依次评价，熟悉并记忆各特性的感觉及对应的强度标度。然后取出每种特性任一标度的参比样作为考核样品，若评价员对其强度赋值正确，则考核通过。反之，仍需再次训练，直到评价小组内所有成员考核通过，方可进行实际样品的感官属性强度评价。

（5）分析样品的协调性和整体感

分析样品整体的强度、协调性、特征性及异常性，得到样品整体的综合感觉印象。

知识目标

（1）了解描述性分析检验法的思想。

（2）掌握描述性分析检验法的适用范围。

技能目标

（1）掌握描述性分析检验法的试验方法和实验技术。

（2）初步掌握描述性分析检验法的结果处理方法。

项目1　风味剖析法

工作任务

本项目讲授、学习、训练的内容是食品感官分析方法中描述分析法的一种，包含了实验技能、方案设计与实施能力。食品感官评价员要对风味剖析法熟悉，能根据样品评定的任务要求，实施相应的评定程序和步骤。感官评价员根据风味剖析法的原理、品评步骤进行糖水橘子罐头感官品质的评定，通过评价小组达成一致意见后获得该糖水橘子罐头的风味特征。

国家相关标准：GB 12313—1990《感官分析方法　风味剖面检验》。

教学内容

➢ 能力目标

(1) 了解：风味剖析法的发展历史。
(2) 掌握：风味剖析描述检验的基本方法。
(3) 会做：学生在教师的指导下能够应用风味剖析法进行评价。

➢ 教学方式

教学步骤	时间安排	教学方式(供参考)
阅读模式	课余	学生自学、查资料、相互讨论。
知识点讲解 (含课堂演示)	1学时	在课堂学习中，应结合多媒体课件演示风味剖析法；讨论品评过程中，使学生对风味剖析法有良好的认识。
任务操作	2学时	完成风味剖析法的实践任务，学生边自学边做，同时教师应在学生实践中有针对性的向学生提出问题，引发其思考。
评估检测		教师与学生共同完成任务的检测与评估，并能对问题进行分析及处理。

➤ 知识要点

概念:风味剖面描述(FP,Flavor Profile)分析法是最早报道的定性描述分析检验方法。这项技术是 20 世纪 40 年代末和 50 年代初发展起来的,由理特咨询集团(Arthur D. Little)研发提出。FP 被人们用于描述复杂的风味系统,最新的 FP 被称为剖面特征分析。

用途:FP 是用于描述产品的词汇和对产品本身的评价,可以通过评价小组成员达成一致意见后获得。FP 考虑了一个食品系统中所有的风味,以及其中个人可检测的风味成分。这个剖面描述了所有的风味特征,并评估了这些特征的强度和整体的综合印象。FP 可用于识别或描述某一特定样品或多个样品的特征指标,或将感受到的特征指标建立一个序列,常用于质量控制、产品贮存期间的变化或描述已经确定的差异检测,也可以用于培训评价员。

步骤:试验的组织者要准确地选取样品的感官特征并确定合适的描述术语,制定指标检查表,选择非常了解产品特性、受过专门训练的优选评价员和专家5~8 名,以及一名感官分析师或评价小组组长组成的评价小组进行品评试验。品评时,评价员围坐在圆桌旁,单独品评样品,一次一个,对样品所含的气味和风味感官特征、强度、出现顺序和余味进行评价,记录结果。品评时就某一产品可以要求提供更多的样品。每个人的结果最后都形成一份经商讨而决定的结果,包括该样品所含有的感官特征、强度、出现顺序和余味。

这种方法中,评价小组组长的地位比较关键,他应该居于对现有结果进行综合和总结的能力。为了减少个人因素的影响,有人认为评价小组的组长应该由参评人员轮流担任。此方法的优点是方便快捷,品评时间大约为 1 小时,由参评人员对产品的各项性质进行评价,然后得出结论,该方法的结果无须进行统计分析。

➤ 实例

【例】 对市售主要淡水鱼进行风味研究

样品:将 6 种市售淡水鱼(虹鳟、鳕鱼、草鱼、银鱼、河鲶、大口鲈鱼)切片、烤制,各种鱼的规格和烤制温度、步骤皆相同,具体操作略。

评价员:评价小组由 5 名受过培训并有过类似品评经验的评价员组成,在正式试验前进行大约 5 h 的简单培训,以熟悉可能出现的各种风味的词汇。

试验步骤:试验使用 1~10 点标度,1=阈值,10=强度非常大,没有使用 0,因为如果风味强度为 0,则该风味不会被觉察到,即不会出现。所有评价员围在圆桌前,首先进行单独品尝,每人按相同大小咬一口样品,就风味、风味出现顺序、风味强度记录,样品吞咽下 60 s 后进行余味的评价。单独品尝结束之后,进行小组讨论,每种鱼要进行 3~6 次为期 1 h 的评价,达成一致后,形成最终风味剖析结果。

试验结果:大家形成的描述词汇、定义及参照物见表 2.3-2,各种鱼的最终的风味剖析结果见表 2.3-3。

表 2.3-2　各种淡水鱼的风味描述词汇、定义及参照物

风味	定义	参照物
总体风味	风味的总体感觉,包括对风味的印象、风味的持续性以及各种风味之间的平衡和混合情况	
涩味	化学感觉的一种,表现为口感收敛、干燥	0.1%的明矾溶液=7
苦味	基本感觉之一	0.03%的咖啡因溶液=3
玉米味	罐装甜玉米的典型风味	Libby's 牌子的罐装玉米=10
奶制品	牛奶制品的味道	牛奶(乳脂肪)2%=6
腐败的植物味	腐败植物的霉味	将新鲜的绿色玉米外壳放入密闭容器中,在室温下放置 1 周的味道
土腥味	生马铃薯或潮湿的腐殖土壤的轻微的发霉的味道	生蘑菇=8,切片的爱尔兰白色马铃薯=6
鱼油	市售鱼油、罐装沙丁鱼或(鳕)鱼肝油的味道	Rugby 牌子的(鳕)鱼肝油=101 个胶囊装的鳕鱼肝油+20 mL 的大豆油=3
鲜鱼	煮熟的新鲜鱼的味道	试验前一小时装瓶的 Elodea(一种水生植物)的味道=7
金属味道	将氧化银或其他氧化金属器具放入口中的味道	
金属感觉	将氧化银或其他氧化金属器具放入口中的口感	0.15%的硫酸亚铁溶液=3
坚果/奶油	切碎的坚果味,如核桃或熔化的奶油味	去壳的核桃=9
油味	大豆油的气味	大豆油的气味=4

（续表）

风味	定义	参照物
咸味	基本味道之一	0.2%的 NaCl 的水溶液＝2，0.5%的 NaCl 的水溶液＝5
甜味	甜的物质，如花、成熟的水果、焙烤制品的味道	C&H 牌子的红糖的味道＝8
白肉味	明确的白色瘦肉组织的肉的味道，而不是其他类型的肉或蛋白质	在微波炉中加热到 80 ℃的鸡胸肉的味道＝2

表 2.3-3　各种鱼的风味剖析结果

虹鳟		鳕鱼		草鱼		银鱼		河鲶		大口鲈鱼	
风味	强度	风味	强度	风味	强度	风味	强度	风味	强度	风味	强度
总体风味	7	总体风味	9	总体风味	6	总体风味	8	总体风味	8	总体风味	6
咸味	2	咸味	1	鲜鱼味	5	鲜鱼味	6	咸味	1	咸味	2
鲜鱼味	7	鲜鱼味	7	土腥味	3	鱼油味	3	鲜鱼味	7	鲜鱼味	5
鱼油味	5	白肉味	7	金属味	3	咸味	2	土腥味	6	土腥味	2
白肉味	5	甜味	3	金属感觉	3	苦味	3	腐败的	1	白肉味	5
坚果/奶	4	玉米味	3	白肉味	7	金属味	3	植物味		坚果/奶	2
油味		奶制品味	3	坚果/奶	4	金属感觉	4	玉米味	3	油味	
甜味	2	坚果/奶	5	油味		酸味	2	甜味	3	甜味	2
金属味	3	油味		油味	2	白肉味	6	坚果/奶	5	金属味	2
金属感觉	2	油味	5	苦味	2	坚果/奶	3	油味		金属感觉	2
涩味	2	金属味	5			油味		白肉味	4		
		金属感觉	2			甜味	2	油味	4		
						油味	3	苦味	1		
								酸味	1		
								金属感觉	1		
余味		余味		余味		余味		余味		余味	
鱼油	3	鲜鱼味	4	白肉味	3	鲜鱼味	3	土腥味	2	鲜鱼味	3
鲜鱼	3	白肉味	4	金属味	2	白肉味	3	鲜鱼味	2	白肉味	2
金属感觉	2	金属味	1	金属感觉	2	金属味	2	金属感觉	1	金属味	1
涩味	1					金属感觉	2	涩味	2		
金属味	1					苦味	2				

① 1＝阈值，② 10＝强度非常大

任务分析

通过本项目的学习,并在实际的任务引导下,经过实践操作,使学生融会贯通风味剖析法的相关理论和实践技能。

任务实施

任务 糖水橘子罐头的感官评价——风味剖析法

1. 实验原理

从一个食品系统中所有的风味,以及其中个人可检测到的风味成分考虑,通过评价小组成员达成一致意见后获得所有的风味特征,并评估这些特征的强度和整体的综合印象。

2. 样品及器具

(1) 预备足够量的碟或托盘。

(2) 某厂家生产的一种糖水橘子罐头。

(3) 饮用水。

4. 实验步骤

(1) 试验分组:每6人为一组,共3个组,每组选出一个小组长,轮流进行实验。

(2) 品评项目与强度标准见表2.3-4。

表 2.3-4　糖水橘子罐头评定项目与强度标准

项目	强度	项目	强度
主要风味	1·············9	细腻味	1·············9
颜色		粉粒状感	
酸味	（弱）　　　（强）	多汁性	（弱）　　　（强）
甜味		拌匀度	
混杂味			

(3) 评价与记录:将样品编码后随机呈递给评价员,一般第一个样品为对照样品,每位评价员独立进行样品品评,根据表的评定项目和强度标准,在评价表2.3-5中记录下每个样品的感官特征强度。

表 2.3 – 5　描述性评定记录

样品名称：_____　　　　评价员姓名：_____
检验日期：_____

序号	主要风味	颜色	酸味	甜味	混杂味	甜腻味	粉粒状感	多汁性	拌匀度	综合评价
1										
2										
3										
4										

（4）结果分析：在所有评价员的检验全部完成后，在组长的主持下进行讨论，然后得出综合结论。综合结论描述语句是按照某描述词汇出现频率多寡及特征强度，一般要求言简意赅，力求符合实际。

项目小结

风味剖析法的优点是方便快捷，品评时间大约是 1 h，由参评人员对产品的各项性质进行评价，然后得出综合结论。该方法的结果不需要进行统计分析。为了避免试验结果不一致或重复性差，可以加强对评价员的培训，并要求每个评价员都使用相同的评价方法。该方法使用的是高度训练的评价小组，评价员对产品的风味的剖析和描述都训练有素，能识别产品之间微小的风味差异，因此该方法的灵敏性较高。这种方法存在的不足之处主要有：1. 评价小组的意见可能被小组中地位较高的人或具有"说了算"性格的人所左右，而其他评价员的意见则得不到体现；2. 风味剖析法对评价员的筛选并没有包括对特殊气味或风味的识别能力的测试，而这种能力对某些产品是非常重要的，因此会对试验有所影响。从目前收集的资料来看，10 年以前还有人使用风味剖析法，但由于该方法的结果不进行统计分析，现在使用的人已经越来越少了。可以将这种方法跟后面的项目"系列描述分析法"结合起来使用。

思考题

（1）糖水橘子罐头风味剖析法品评的基本程序是什么？
（2）糖水橘子罐头风味剖析法品评注意事项有哪些？

项目 2　质地剖析法

工作任务

　　本项目讲授、学习、训练的内容是食品感官分析方法中描述分析法的一种，包含了实验技能、方案设计与实施能力。食品感官评价员要对质地剖析法熟悉，能根据样品评定的任务要求，实施相应的评定程序和步骤。感官评价员根据质地剖析法的原理、品评步骤进行 6 种市售淡水鱼感官品质的评定，通过评价小组达成一致意见后获得该 6 种市售淡水鱼的质地风味特征。

　　国家相关标准：GB/T 16860—1997《感官分析方法　质地剖面检验》。

教学内容

➤ 能力目标

　　(1) 了解：质地剖面描述分析的概念。

　　(2) 掌握：质地剖面描述分析基本方法。

　　(3) 会做：学生在教师的指导下能够应用质地剖面描述进行评价。

➤ 教学方式

教学步骤	时间安排	教学方式（供参考）
阅读模式	课余	学生自学、查资料、相互讨论。
知识点讲解 （含课堂演示）	2 学时	在课堂学习中，应结合多媒体课件解析质地剖面描述分析；讨论品评过程中，使学生对质地剖面描述分析有良好的认识。
任务操作	2 学时	完成风味剖析法质地剖面描述分析的实践任务，学生边学边做，同时教师应在学生实践中有针对性的向学生提出问题，引发其思考。
评估检测		教师与学生共同完成任务的检测与评估，并能对问题进行分析及处理。

➢ 知识要点

概念:质地剖面描述分析(Texture Profile),是通过系统分类、描述产品所有的质地特性(机械的、几何的和表面的)以建立产品的质地剖面。此法可在再现的过程中评价样品各种不同特性,并且用适宜的标度刻画特性强度。

质地是由不同特性组成。质地感官评价是一个动力学过程。根据每一特性的显示强度及其显示顺序,可将质地特性分为 3 组:器械特性、几何特性以及表面特性。特性显示顺序:利用口腔评价的食品触觉特性时,其关键在于把握评价的顺序及顺序中相应展现的质地特性。针对产品入口前到被咀嚼吞咽过程的 5个阶段(入口前、部分咬压、咬第一口、咀嚼、残留),运用不同的评价技巧,感知不同的质地特性进行评价,具体见表 2.3-6。

表 2.3-6　特性显示顺序

评价过程	评价技巧	特性	特性定义
入口前	用唇舌面感觉样品的表面	粗糙度	表面不均匀的程度以及大小颗粒的总体数量
部分咬压	用舌与上腭、门牙或白齿部分咬压样品	弹性	样品恢复到原来状态的程度
第一口	用门牙咬下适宜大小的样品;然后,用门牙咬压样品,使其紧实	硬性	将样品咬断所需的力
		内聚性	样品变形而不断裂的程度
		碎裂性	样品断裂所需的力以及样品在口中的状态
咀嚼	咀嚼	黏附性	样品对上腭、牙齿及口腔内壁的黏附程度
		聚集性	将样品咀嚼一段时间后但尚不能吞咽前,用舌搅动,评价其成团情况
		咀嚼性	咀嚼样品至可吞咽所需的时间
		水分吸收性	被样品吸收的唾液量
残留	将样品吞咽后,用舌头感受样品的残留	颗粒、粘牙情况	留在牙齿上的量、黏性

用途:本方法适用于食品(固体、半固体、液体)或非食品类产品(如化妆品),特别适用于固体食品。

步骤:质地剖面描述必须建立一些术语用以描述任何产品的质地。传统的方法是,属于由评价小组通过对一系列代表全部质地变化的特殊产品的样品和评价得到。在培训课程的开始阶段,应提供给评价员一系列范围较广的、简明扼要的术语,以确保评价员能尽量描述产品的单一特性。最后,评价员将适用于样品质地评价的术语列出一个表格。

评价员在评价小组主持人的指导下讨论并编制大家可以共同接受的术语定义和术语表时应考虑术语是否已包括了关于产品的基本方法的所有特性;意义相同的术语可否被组合或删除;评价小组每个成员是否均同意术语的定义和使用。

1. 参考样品

(1)参考样品的标度

基于产品质地特性的分类,建立了标准比率标度,列出了用于量化每一感官质地特性强度的参照产品的基本定义,以提供评价产品质地特性的定量方法(见表2.3-7)。

表 2.3-7　标准硬性标度的例子

一般术语	比率值	参照样品	类型
软	1	奶油奶酪	
	2	鸡蛋白	大火烹调5分钟
	3	法兰克福香肠	去皮、大块、未煮过
	4	奶酪	黄色、加工过
	5	绿橄榄	大个的、去核
	6	花生	真空包装、开胃品型
	7	胡萝卜	未烹调
	8	花生糖	糖果部分
硬	9	水果硬糖	

(2)参照样品的选择

所选理想参照样品应为:包括对应标度上每点的特性样品;具有质地特性的期望强度,并且这种质地特性不被其他质地特性掩盖;易得到,有稳定的质量;是熟悉的产品或熟知的品牌;要求仅需要很少的制备即可评价;质地特性在较小的温度变化下或较短时间贮藏时仅有极小变化。

2. 评价技术

在建立标准评价技术时,要考虑产品正常消费的一般方式,包括:

（1）食物放入口腔中的方式（如用前齿咬、用嘴唇从勺中舔、整个放入口腔中）。

（2）弄碎食品的方式（如只用牙齿嚼、在舌头或上颚间摆弄、用牙咬碎一部分然后用舌头摆弄并弄碎其他部分）。

（3）吞咽前所处的状态（如食品通常作为液体、半固体，还是作为唾液中微粒被吞咽）。

所使用的评价技术应尽可能与食物通常的食用条件相符合。一般使用类项标度、线性标度表示评价结果。

➤ 实例

【例】　对 3 种乳清分离蛋白胶体进行质地评价

样品：3 种乳清分离蛋白胶体 A，B，C（准备过程略）。

评价员：从本系选取 11 名评价员（3 名男性，8 名女性），平均年龄在 18 岁～40 岁之间，对质地剖析有过一定经验。

培训：在实验前，评价员接受 10 次，每次为期 1 h 的培训，培训用样品为能代表所有试验样品的各种胶质物质。首先由每个评价员对所提供样品进行品尝，形成一份描述词汇表及定义，然后大家一起讨论，在培训结束时，形成一份正式描述词汇及定义表（表 2.3-8）。

表 2.3-8　乳清分离蛋白胶体的质地描述词汇及定义

质地指标	定义
表面光滑度	在咀嚼之前舌头感觉到的样品的光滑程度
表面滑度	在咀嚼之前舌头感觉到的样品的滑溜溜的程度
弹性	样品在受到舌和上腭之间的部分挤压后恢复到原来形状的程度
可压缩性	样品在受到舌和上腭之间的挤压发生断裂之前变形的程度
坚实性	用白齿将样品咬断所需的力
水分释放	在用白齿对样品咬第一口时，样品中水分释放的程度
易碎性	在用白齿对样品咬第一口时，样品断裂成小碎片的程度
颗粒大小	在咀嚼 8～10 次之后，样品颗粒的大小
颗粒大小的分布	在咀嚼 8～10 次之后，样品颗粒大小的分布情况
颗粒形状	在咀嚼 8～10 次之后，不规则形状样品颗粒的存在程度

（续表）

质地指标	定义
光滑性	在咀嚼 8～10 次之后，样品团的光滑程度
食物团的紧凑性	在咀嚼过程中，食物团聚在一起的程度
样品断裂速度	样品断裂成越来越小部分的速度
粗糙感	在咀嚼过程中感受到样品的发渣性
黏着性	咀嚼过程中，样品粘牙程度
湿度	完全咀嚼后，口腔中的水分含量
咀嚼次数	在样品能够被吞咽之前，需要咀嚼的次数
咀嚼时间/s	在样品能够被吞咽之前，需要咀嚼的时间

正式评价：每个评价员在单独的品评室内进行单独评价，每个评价员得到的样品规格皆一致，呈送顺序和品评顺序皆随机。试验所用尺标为 15 cm 长的直线，直线的端点分别为"没有"和"非常大"。

试验结果：将直线用专门处理软件转化成数值，并将结果进行统计分析，见表 2.3－9。

表 2.3－9　三种乳清分离蛋白胶体的质地剖析结果

质地指标	样品 A	样品 B	样品 C	质地指标	样品 A	样品 B	样品 C
咬的过程				易碎性	0.8^g	8.6^d	2.9^e
表面光滑性	12.1^a	2.8^f	8.9^c	颗粒大小	11.2^a	4.5^c	10.6^{ab}
表面滑度	12.4^a	2.9^e	8.4^d	颗粒大小分布	2.6^{ef}	8.8^d	2.0^f
弹性	11.7^{ab}	2.9^e	6.8^d	颗粒形状	9.1^c	3.8^d	11.2^a
可压弹性	10.6^a	2.4^e	4.3^e	食物团的光滑性	11.5^a	2.3^f	8.1^c
坚实性	3.4^g	10.5^g	10.0^a	食物团的紧凑性	1.9^f	8.4^b	1.7^c
				断裂速度	2.2^{ef}	7.4^d	1.6^f
嚼的过程				粗糙性	0.7^{ef}	9.0^{bcd}	1.5^e
水分释放	1.2^{de}	4.7^c	1.7^{de}	黏着性	0.8^{cd}	9.5^b	1.2^c

注：同一行中上标不同的数值之间具有显著差别。

任务分析

通过本项目的学习,并在实际的任务引导下,经过一步一步地实践操作,使学生融会贯通质地剖面描述分析相关理论和实践技能。

任务实施

任务　对淡水鱼进行质地研究、质地剖面描述分析

1. 试验原理

质地剖面描述分析,是通过系统分类,描述产品所有的质地特性(机械的、几何的和表面的),以建立产品的质地剖面的一种方法,此法可在再现的过程中评价样品的各种不同特性,并且用适宜的标度描述特性强度。本方法适用于食品(固体、半固体、液体)或非食品类产品(如化妆品),特别适用于固体食品。

2. 样品及器具

(1)预备足够量的碟或者托盘。

(2)将6种市售淡水鱼(虹鳟、鳕鱼、草鱼、银鲑、河鲶、大口鲈鱼)切片、烤制,各种鱼的规格和烤制温度、步骤皆相同,具体操作略。

(3)饮用水。

3. 试验步骤

(1)试验分组:分三组,每8人为一组,每组选出一个小组长,在正式试验前对各种参照物和可能出现的各种质地词汇进行大约5 h的简单熟悉。轮流进行试验。

(2)试验过程:使用1～10点标尺,1表示刚刚感觉到,10表示程度很大。品尝时,首先对样品进行观察,然后咬第一口,评价口感,再咬第二口,评价各项指标出现的顺序,然后再咬第三口,来确定各项质地指标的强度。个人评价后进行小组讨论。以上过程重复3～4次,得出最终结果。部分淡水鱼的质地指标、定义、参照物见表2.3-10。

表 2.3 - 10   部分淡水鱼的质地指标、定义及参照物

质地目标	定义	参照物
咀嚼次数	是样品在口腔中破碎速度的指标。按照 1 秒/次的速度咀嚼,只用一侧牙齿。每个评价员找出自己的咀嚼次数同 1～10 点标尺的对应关系	—
食物团的紧凑性	咀嚼过程中,食物团成团状聚集在一起的程度	棉花软糖=3,热狗=5,鸡胸肉 8
纤维性	咀嚼过程中,肌肉组织成丝状或条状的感觉	热狗=2,火鸡=5,鸡胸肉=10
坚实性	将样品用白齿咬断所需的力	热狗=4,鸡胸肉=9
自我聚集力(口感)	将样品放在口腔中咀嚼,用舌头将丝状的样品分开所需要的力	鸡胸肉=1,火鸡=6
自我聚集力(视觉/手感)	用工具,如叉子,将样品分成小块所需要的力	火鸡=2,灌装金枪鱼=5
胶黏性	黏稠而又光滑的液体性质	Knox 牌的明胶水溶液=7
多汁性	—	
起始阶段——水分的释放	咬样品时释放出的水分情况	热狗=5
中间阶段——水分的保持	咀嚼 5 次后,食物团上的液体情况	火鸡=4,热狗=7
终了阶段——水分的保持和吸收情况	在吞咽之前,食物团上的液体情况	Nabisco 无盐苏打饼干=3,热狗=7
残余颗粒	咀嚼和吞咽结束之后,口腔中的颗粒状、片状或纤维状	蘑菇=3,鸡胸肉=8

注:参照样品的准备方法:

① 鸡胸肉:新鲜鸡胸肉用微波炉加热到 80 ℃;

② 火鸡:Dillons 牌的无盐、低脂鸡胸肉,切成 1.3 cm×1.3 cm×1.3 cm 的小丁;

③ 明胶:1 勺 Knox 牌的明胶用 3 杯水溶解,冰箱过夜,室温呈送;

④ 热狗:热水煮 4 分钟,切成 1.3 cm×1.3 cm×1.3 cm 的小丁,温热时呈送;

⑤ 蘑菇:生的口蘑,切成 1.3 cm×1.3 cm×1.3 cm 的小丁。

将最终质地剖析结果填入表 2.3 - 11。

表 2.3 - 11　质地剖析结果

质地指标	虹鳟	鳕鱼	草鱼	银鲑	河鲶	大口鲈鱼
咀嚼次数						
食物团的坚实性						
纤维性						
坚实性						
自我聚集力（口感）						
自我聚集力（视觉/手感）						
胶黏性						
多汁性						
起始阶段						
中间阶段						
终了阶段						
残余颗粒						

项目小结

　　质地剖析法是继风味剖析法之后另一个具有重要意义的描述方法。Brandt 和他的同事将质地剖析法定义为：是从机械、几何、脂肪、水分等方面对食品质地、结构体系的感官分析，分析从开始咬食品到完全咀嚼食品所感受到的以上这些方面的存在程度和出现的顺序，具体来讲有这样几个阶段：人口前、部分咬压、咬第一口、咀嚼、残留。人们已经在许多特定的产品类项中使用了质地剖析法，其中包括早餐谷类食品、大米、小甜饼、肉类、快餐食品和其他许多产品。

　　参与质地剖析法的评价员要求是优选评价员或以上级别的评价员，通过筛选和高度培训。与风味剖析法一样，进行质地剖析的评价员也要对选择的描述词汇进行定义，同时规定样品品尝的具体步骤。试验结果的得出方式有两种，最初是与风味剖析法一样，由大家讨论得出，这种方式就不需要准备共同使用的描述词汇表，试验结果是多次集体品尝、讨论的结果；而后来的情况发展成，在培训结束后形成大家一致认可的描述词汇、定义，供进行正式评价用，正式评价时由每个评价员单独品尝，最后通过统计分析得到结果。从目前收集的资料来看，采用统计分析得到最后结果的占多数。

质构仪(Texture Analyzer)是对产品的质地进行测量的常用仪器,也可以说是经典仪器,一些人在对产品的质地进行测量时,将仪器测得的数据同评价小组测得的数据进行比较,研究二者的相关性,尽管从发表的一些论文来看,质构仪测定的质地数据同感官评价得到的数据具有一定的相关性。但专家指出,这种研究方法的使用要谨慎,现在更多的做法是将仪器得到的数据同感官评价得到的数据进行对比或互为参考。

思考题

(1) 鱼类质地剖面描述分析品评的基本程序是什么?

(2) 鱼类质地剖面描述分析品评应注意的事项有哪些?

项目 3　定量描述分析法

工作任务

本项目讲授、学习、训练的内容是一种重要的描述分析法,包含了实验技能、方案设计与实施能力。食品感官评价员要对定量描述分析法熟悉,能根据样品评定的任务要求,实施相应的评定程序和步骤。感官评价员根据定量描述分析法的原理、品评步骤进行牛肉感官品质的评定,通过统计分析后获得该牛肉的感官特征。

国家相关标准:GB/T 10221—2012《感官分析　术语》、GB/T 16861—1997《感官分析通过多元分析方法鉴定和选择用于建立感官剖面的描述词》、GB/T 19547—2004《感官分析　方法学　量值估计法》、GB/T 16860—1997《感官分析方法　质地剖面检验》、GB/T 1232316860—1990《感官分析方法　风味剖面检验》。

教学内容

➢ 能力目标

(1) 了解:定量描述分析的特点。
(2) 掌握:定量描述分析基本方法。
(3) 会做:学生在教师的指导下能够应用定量描述分析进行评价。

➢ 教学方式

教学步骤	时间安排	教学方式(供参考)
阅读模式	课余	学生自学、查资料、相互讨论。
知识点讲解 (含课堂演示)	2学时	在课堂学习中,应结合多媒体课件解析定量描述分析;讨论品评过程中,使学生对定量描述分析有良好的认识。
任务操作	2学时	完成定量描述分析的实践任务,学生边学边做,同时教师应在学生实践中有针对性的向学生提出问题,引发其思考。
评估检测		教师与学生共同完成任务的检测与评估,并能对问题进行分析及处理。

➤ 知识要点

在风味剖析法和质地剖析法的使用过程中，人们发现这些方法都需要对评价小组进行长期的培训，其数据要在感官分析师或评价小组组长的带领下，经过小组充分讨论达成一致，受感官分析师或评价小组组长影响较大，且对数据的统计分析仅限于方差分析等。为了进一步改善以上问题，Tragon 公司在 20 世纪 70 年代研发提出定量描述分析（QDA，Quantitative Descriptive Analysis），该方法是指评价员对构成样品感官特征的各个指标强度进行完整、准确评价的检验方法。

与 FP 相反，QDA 是一种独立方法，数据不通过一致性讨论而产生。即组织者一般不参加评估，评估小组也无须一致。评价员在小组内讨论产品特征，然后单独记录他们的感觉；同时使用线性结构的标度来描述评估特性的强度，由评价小组负责人综合分析这些单一结果。Stone 等人（1974 年）选择了线性图形标度，这条线延伸到固定的语言终点之外。这种标度的使用，可以减少评价人员只使用标度的中间部分，以避免出现非常高或者非常低分数的倾向。QDA 不受感官分析师或评价小组组长的干扰与指导，他们只起到组织协调的作用。

像 FP 一样，QDA 技术已经广泛地应用于食品感官评价，尤其对质量控制、质量分析。QDA 技术在确定产品之间差异的性质、新产品研制、产品品质的改良等方面最为有效，并且可以提供与仪器检验数据对比的感官数据，提供产品特征的持久记录。

QDA 法可在简单描述分析所确定的词汇中选择适当的词汇，定量描述样品的整个感官印象，可单独结合适用于评价气味、风味、外观和质地。

步骤：

（1）了解相关类似产品的情况，建立描述的最佳方法和统一识别的目标，同时确定参比样品（如化合物或具有独特性质的天然产品）和规定描述特性的词汇。

（2）成立评价小组，对规定的感官特性的认识达到一致，并根据检验的目的设计出不同的检验记录形式。记录的检验内容见表 2.3-12。

表 2.3-12　记录的检验内容

序号	检验项目	具体内容
1	感觉顺序的确定	记录显现和察觉到各感官特性所出现的先后顺序
2	食品感官特性的评价	用叙词或相关的术语规定感觉到的特性

（续表）

序号	检验项目	具体内容
3	特性强度评价	对所感觉到的每种感官特性的强度做出评估
4	余味和滞留度的测定	余味是指样品被吞下或吐出来后,出现的与原来不同的特性特征。滞留度是指样品已经被吞下或吐出后,继续感觉到的特性特征。在某些情况下,可要求评价员评价余味,并测定其强度,或者测定滞留度的强度和持续时间
5	综合印象的评估	指对产品的总体、全面的评估,考虑到特性特征的适应性、强度、相同背景特征的混合等,综合印象通常在 3 点或 4 点标度上评估。例如,0 表示"差",1 表示"中",2 表示"良",3 表示"优"。在独立方法中,每个评价员分别评价综合印象,然后计算其平均值。在一致方法中,评价小组对每一个综合印象取得一致性意见。

（3）根据所设定的检验表格,评价员即可独立进行试验,按照感觉顺序,用同一标度测定每种特性强度、余味、滞留度及综合印象,记录评价结果。

（4）检验结束,由评价组负责人收集评价员的评价结果,计算出各个特性特征强度或喜好度的平均值,并用表格或图形表示。QDA 和 FP 一般都附有图形,如扇形图、棒形图、圆形图和蜘蛛网形图等。

当有数个样品进行比较时,可利用综合印象的评价结果得出样品间差别的大小及方向;也可利用各特性特征的评价结果,用一个适宜的方法进行分析,以确定样品之间差别的性质和大小。如果评价员检验的是样品刺激从开始施加到结束的变化,则可根据数据制作出曲线,如食品中甜味、苦味的感觉强度变化;品酒品茶时味觉、嗅觉感觉强度的变化。

感官特性强度的评估方式:

定量描述分析法不同于简单描述法的最大特点是利用统计法对数据进行分析。而统计分析的方法,随所用样品特性特征强度评价的方式而定。强度的评价主要由以下几种方式:

（1）数字评估法:0＝不存在,1＝刚好可以识别,2＝弱,3＝中等,4＝强,5＝很强。

（2）标度点评法:在每个标度的两端写上相应的叙词,中间级数或点数根据特性特征的改变,在标度点"□"上写出符合该点强度的 1～7 数值。

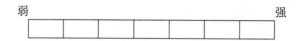

（3）直线评估法：如在 15 cm 长的直线上，距每个末端 1.5 cm 处，写上叙词（如弱——强），评价员在线上做一个记号表明强度，然后测量记号与线段左端之间的距离（mm），表示强度数值。这种标度方法在定量描述分析中最常用。

0 弱   100 强

评价员单独对样品进行评价，试验结束后将测量到的长度数值输入计算机，经统计分析后得出平均值，然后进行分析并作蜘蛛网图（又称"雷达图"）。

➤ 实例

【例】 草莓涂膜之后在存放期间的感官分析

试验样品：新鲜草莓；未经处理存放 1、2 周的草莓；涂膜剂 A 处理后存放 1、2、3 周的草莓；涂膜剂 B 处理后存放 1、2、3 周的草莓，用 QDA 方法对产品进行分析。

项目目的：比较不同涂膜剂 A 和 B 处理对草莓存放效果的影响，选择合适的涂膜剂。

试验目的：采用定量描述分析法比较涂膜剂 A 和 B 处理后分别存放 1、2、3 周草莓各项感官属性。

评价员的筛选：按照第一部分项目 8 对描述分析评价员的筛选方法，选出 9 名合格并且经常食用草莓的教工及学生作为该试验的评价员。

评价员的培训：选取具有代表性的草莓样品，由评价员对其观察，每人轮流给出描述词汇，并给出词汇的定义，经过 4 次讨论，每次 1 h，最后确定草莓的描述词汇表（表 2.3－13）。使用 0～15 的标尺进行打分。

正式试验：在试验开始前 1 h，将样品从冰箱中取出，使其升至室温，每种草莓样品用一次性纸盘盛放（2 个/盘），每个纸盘用 3 位随机数字编号，同答题纸一并随机呈送给评价员。评价员在单独的品评室内品尝草莓，对每种样品就各种感官指标打分。实验重复 2 次进行。

表 2.3－13　草莓涂膜之后在存放期间的感官分析部分描述词汇表

指标	定义
外观	
光泽	表面反光的程度
干燥性	表面缩水的程度

（续表）

指标	定义
表面发白	表面有白色物质覆盖的程度
质地	
坚实性	用白齿将样品咬断所需要的力
多汁性	将样品咀嚼 5 次之后，口腔中的水分含量
风味	
总体草莓香气	总体草莓风味感觉（成熟的，未成熟的，草莓酱，煮熟的草莓）
酸味	基本味觉之一，由酸（乙酸、乳酸等）引起的感觉
甜味	基本味觉之一，由蔗糖引起的感觉
余味	
涩味	口腔表面的收缩、干燥、缩拢感

　　实验结果：将每名评价员的两次试验的结果进行平均，得到每名评价员对草莓样品各项感官指标的评分。将 9 名评价员对涂膜剂 A 和涂膜剂 B 处理存放不同时间后草莓样品各项感官指标评分取平均值（见表 2.3-14），试验结果可用雷达图表示，由于在一张图上线条太多不容易分辨，可将结果进行有机分组分析，参考图 2.3-1。

表 2.3-14　草莓感官属性得分平均值

样品	光泽	干燥性	表面发白	坚实性	多汁性	总体草莓香气	酸味	甜味	涩味
新鲜	9.36	2.81	0.08	6.56	6.67	7.97	5.42	5.03	3.58
未处理 1 周	7.83	4.50	0.17	6.31	6.67	7.86	5.89	5.31	3.36
未处理 2 周	5.97	7.33	0.00	5.83	6.64	6.53	4.78	4.89	3.69
涂膜 A1 周	8.81	7.64	0.78	6.94	5.94	5.72	5.44	4.42	3.33
涂膜 A2 周	9.39	5.64	0.08	5.72	7.81	7.36	4.78	5.42	3.69
涂膜 A3 周	6.69	9.19	3.92	7.83	5.97	6.94	5.53	5.14	3.11
涂膜 B1 周	5.56	7.17	4.33	5.56	8.03	7.97	4.78	5.14	3.56
涂膜 B2 周	2.81	9.94	5.67	6.17	6.28	6.31	4.67	5.33	3.25
涂膜 B3 周	7.19	10.78	4.89	7.42	6.36	7.98	4.78	5.83	3.78

图 2.3－1 显示：未经处理的草莓经过 1 周、2 周的存放，与新鲜草莓相比，主要改变是随存放时间延长，光泽下降，而干燥性增加，总体草莓香气在存放 2 周时下降较明显(图 A)；采用涂膜剂 A 处理 1 周，光泽度接近新鲜草莓，对干燥性无改善，无表面发白，总体草莓香气不如新鲜或涂膜剂 B 处理组；涂膜剂 B 处理 1 周有明显的表面发白现象，对干燥性无改善，光泽不如涂膜剂 A 处理的效果好，但对总体草莓香气的保留效果优于涂膜剂 A(图 B)；采用不同的涂膜剂处理 2 周，涂膜剂 A 在对草莓的光泽、干燥性、表面发白方面，效果均优于涂膜剂 B，且此时总体草莓香气上，涂膜剂 A 处理的与新鲜草莓相近，而涂膜剂 B 处理组香气较低(图 C)；处理 3 周时，可以发现涂膜剂 A 和 B 的处理效果接近，对草莓的光泽、干燥性改善均已不明显，且都出现表面发白现象(图 D)。由此可以得出：涂膜剂 A 处理的总体效果优于 B，特别是能改善草莓的光泽和干燥性，且在 2 周内没有表面发白现象；涂膜剂 A 处理的草莓保存时间以不超过 2 周为宜。

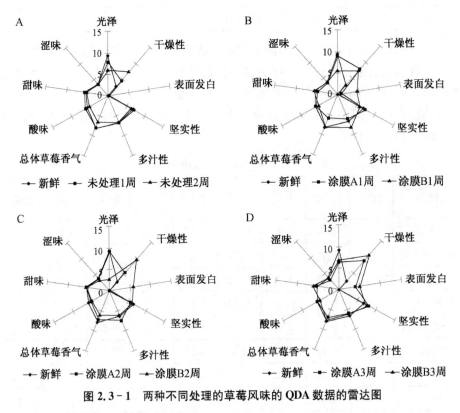

图 2.3－1　两种不同处理的草莓风味的 QDA 数据的雷达图

　　对于每名评价员对草莓样品各项感官指标的评分结果,可进一步进行主成分分析(PCA, Principal Component Analysis)。将结果输入 SPSS 软件中,根据特征值>1,得到 3 个主要成分:PC1、PC2 和 PC3,它们对结果的解释分别占 22.8%、22.1%和 17.1%,这 3 种因素对结果的共同解释为 62.0%(见表 2.3-15)。各成分中的主要感官指标如表 2.3-16 所示。

表 2.3-15　草莓感官评价的主成分

成分	特征值	初始结果 方差百分比(%)	累计百分比(%)
1	2.055	22.829	22.829
2	1.991	22.118	44.947
3	1.332	17.024	61.971

表 2.3-16　主成分上的草莓感官特性分布

项目	PC1	PC2	PC3
光泽	−0.799		
干燥性	0.817		
表面发白	0.795		
坚实性			0.720
多汁性		0.742	
总体草莓香气		0.872	
酸味			0.770
甜味		0.690	
涩味			0.634

　　上面结果表明,PC1 中,样品的主要特征是光泽、干燥性和表面发白。其中,光泽处于坐标轴的下方;PC2 中,样品的主要特征是总体草莓香气、多汁性和甜味;在 PC3 中,样品的主要特征是酸味、坚实性和涩味。

任务分析

　　通过本项目的学习,并在实际的任务引导下,经过一步一步地实践操作,使学生融会贯通定量描述分析相关理论和实践技能。

任务实施

任务 牛肉的感官分析——定量描述分析

1. 试验原理

评价员在小组内讨论产品特征,然后单独记录他们的感觉;同时使用线性结构的标度来描述评估特性的强度,由评价小组负责人汇总和分析这些单一结果。

2. 样品及器具

(1) 预备足够量的碟或者托盘。

(2) 新鲜牛肉,先观察生肉,再煮熟品尝。

(3) 饮用水。

3. 试验步骤

(1) 试验分组:分三组,每 6 人为一组,每组选出一个小组长轮流进行试验。

(2) 评价员的培训:选取具有代表性的牛肉样品,由评价员对其观察,每人轮流给出描述词汇,并给出词汇的定义,经过 4 次讨论,每次 1 小时,最后确定牛肉的描述词汇表。使用 0~15 的标尺进行打分。

(3) 正式试验:试验开始前 10 分钟,将样品取出,每种样品用一次性纸盘盛放(一盘生肉,一盘熟肉),并用 3 位随机数字编号,同答题纸一并随机呈递给评价员。评价员在单独的品评室内品尝牛肉,对每种样品就各种感官指标打分。试验重复 2 次进行。牛肉感官分析部分描述词汇见表 2.3 - 17。

表 2.3 - 17 牛肉感官分析部分描述词汇表

指标		定义
外观	颜色	表面反光的程度
	干燥情况	表面缩水的程度
质地	黏度	渗出液情况,粘手程度
	坚实度	用白齿将样品咬断所需要的力
	脂肪	脂肪颜色,光泽,弹性
风味/基本味道	总体肉味香气	总体风味感觉

将每名评价员的两次试验的评分进行平均,得到每名评价员对各种样品评价的平均分。

（4）制作评分结果表（表 2.3 - 18）

表 2.3 - 18 评价员对牛肉样品感官评价的平均分

评价员	样品	颜色	干燥情况	黏度	坚实度	脂肪	总体肉味香气

（5）制作蛛网图。

（6）对结果进行分析和解释，也可以进一步进行主成分分析。

项目小结

美国的 Tragon 公司于 20 世纪 70 年代创立了定量描述分析法，该方法克服了风味剖析法和质地剖析法的一些缺点，同时还具有自己的一些特点，而它最大的特点就是利用统计方法对数据进行分析。

所有的描述分析法都使用 20 个以内的评价员，对于定量描述分析方法（QDA）而言，建议使用 10～12 名评价员，这是根据大量的实践经验总结出来的适用于所有定量描述分析的最佳评价员人数；当然实际情况中，也有使用 15～20 名评价员的情况。

在定量描述分析方法中，评价员通常应用线性标度，按照入口前到品尝完成的整个顺序，对各特性进行强度评价。最后感官分析师或评价小组组长采用方差分析、回归分析、主成分分析、聚类分析等对评价员的评价结果进行统计分析。QDA 结果一般都附有一张蛛网图（即雷达图），由图的中心向外有一些放射状的线，表示每个感官特性，线的长短表示强度的大小。QDA 法使"人作为测量仪器"的概念向前前进了一大步，而且图表的使用使结果更加直观。

该方法培训时间短，较容易实施；感官分析师或评价小组组长的作用与影响不如风味剖析法和质地剖析法,被大大弱化;强调结果的产生不是小组讨论产生的,而是统计分析的结果。但其数据标度数值不具有绝对可比的意义,仅存在比较两个或多个产品间差异的相对意义。该方法难以直接应用结果进行不同评价小组、不同实验室间的比较。

思考题

(1) 牛肉定量描述分析品评的基本程序是什么?

(2) 牛肉定量描述分析品评应注意的事项有哪些?

项目4　自由选择剖析法

工作任务

本项目讲授、学习、训练的内容是描述分析法的一种,包含了实验技能、方案设计与实施能力。食品感官评价员要对自由选择剖析法熟悉,能根据样品评定的任务要求,实施相应的评定程序和步骤。感官评价员根据自由选择剖析法的原理、品评步骤对不同 pH 值条件下,乳酸、苹果酸、柠檬酸和乙酸的风味特征进行分析。

教学内容

➤ 能力目标

(1) 了解:自由选择剖析法的特点。
(2) 掌握:自由选择剖析法基本方法。
(3) 会做:学生在教师的指导下能够应用自由选择剖析法进行评价。

➤ 教学方式

教学步骤	时间安排	教学方式(供参考)
阅读模式	课余	学生自学、查资料、相互讨论
知识点讲解 (含课堂演示)	1课时	在课堂学习中,应结合多媒体课件解析自由选择剖析法;讨论品评过程中,使学生对自由选择剖析法有良好的认识
任务操作	2学时	完成自由选择剖析法的实践任务,学生边学边做,同时教师应在学生实践中有针对性的向学生提出问题,引发其思考
评估检测		教师与学生共同完成任务的检测与评估,并能对问题进行分析及处理

➤ 知识要点

自由选择剖析法(FCP,Free Choice Profiling)是由 Williams 和 Arnold 于

1984 年创立的一种新的感官品评方法。这种方法和前面其他描述分析方法有许多相似之处,但它还有自身两个明显特征:第一,描述词汇形成的方法是一种全新的方法,这种方法是由评价员用自己的语言对样品进行描述,从而形成一份描述词汇表,而前面其他描述分析方法是对评价员进行训练制定出一份大家都认可的词汇表;第二,每个评价员用自己发明的描述词汇在相同的标度上对样品进行评估,这些独立产生的术语只需要他们的发明者理解就可以了,在评价产品时,评价员必须自始至终一直使用这些词汇。

试验开始时,评价员可以选用任何他们认为的可以对样品进行描述的语言,然后形成一份试验用的正式品评表,这种方法与前面其他的描述分析方法的不同之处在于,对评价员提出的描述性词汇不进行取舍,每个人的词汇表都是自己形成的那份,与其他人都不相同。这种方法的初衷是使用未接受过培训的评价员,旨在降低费用,但后来,也经常使用受过培训的人员,至于使用的评价员要不要接受培训,并没有统一的规定。这种方法唯一统一之处就是评价员自己选择用来描述样品特性的词汇。与其他描述分析方法比较,这种方法的优点就是克服了其他描述分析方法的一些缺点,比如,评价员不必使用那些他们并不理解的词汇和定义。

任务分析

通过本项目的学习,并在实际的任务引导下,经过一步一步地实践操作,使学生融会贯通自由选择剖析法相关理论和实践技能。

任务实施

任务　分析不同 pH 条件下乳酸、苹果酸、柠檬酸和乙酸的风味特征 ——自由选择剖析法

1. 试验原理

由评价员用自己的语言对样品进行描述,从而形成一份描述词汇表。每个评价员用自己发明的描述词汇在相同的标度上对相同的样品进行评估,这些独立产生的术语只需要它们的发明者自己理解就可以了,而不必要求所有的评价员都理解。在评价产品时,评价员必须自始至终一直使用这些词汇。

2. 样品及器具

(1) 预备足够量的碟或者托盘。

（2）3 种 pH(3.5、4.5、6.5)条件下的 4 种单一酸(乳酸、苹果酸、柠檬酸和乙酸)和 2 种混合酸(乳酸：乙酸＝1∶1，乳酸：乙酸＝2∶1)溶液，共 18 个样品。

（3）饮用水。

3. 试验步骤

（1）试验分组：分三组，每 6 人为一组，每组选出一个小组长，轮流进行试验。

（2）评价员的培训：共进行 8 次培训。在开始的 2 次，提供给评价员不同浓度的柠檬酸、NaCl、蔗糖、咖啡因和明矾，让评价员熟悉 4 种基本味道。练习使用 16 点标度法(0＝没有，7＝中等，15＝非常强烈)对不同强度的溶液进行打分，这个标度法将在下面的正式试验中一直使用。要求评价员对样品用自己的语言进行描述，形成一份描述词汇表，并对每个词汇进行定义。

（3）试验过程：在室温下进行，评价员对样品的品尝方式为吸入—吐出，即吸入样品，使其在口中停留 5 s，对样品进行评价，然后吐出，再对样品进行评价。用清水漱口后再品尝下一个样品。

（4）试验结果：各评价员对样品进行描述，并形成一份描述词汇表。

项目小结

自由选择剖析法建立的初衷是使用未经过培训的评价员，旨在降低费用，但后来，也经常使用受过培训的评价员。但是如果使用受过培训的评价员，那么试验费用和时间是不会降低和减少的。

自由选择剖析法进行结果统计分析时，需要用到普洛克路斯忒斯分析法(GPA，Generalized Procrustes Analysis)来分析，最后得到反映样品之间关系的一致性的图形。这种统计方法的使用不是很普遍，人们对其了解有限，这是自由选择剖析法的一大缺点。

思考题

（1）自由选择剖析法品评的基本程序是什么？

（2）自由选择剖析法品评应注意事项有哪些？

项目 5 系列描述分析法

工作任务

本项目讲授、学习、训练的内容是描述分析法的一种,包含了实验技能、方案设计与实施能力。食品感官评价员要对系列描述分析法熟悉,能根据样品评定的任务要求,实施相应的评定程序和步骤。感官评价员根据系列描述分析法的原理、品评步骤对饼干成分变化和蓝莓酱风味进行分析。

教学内容

➤ 能力目标

(1) 了解:系列描述分析法的特点。
(2) 掌握:系列描述分析法基本方法。
(3) 会做:学生在教师的指导下能够应用系列描述分析法进行评价。

➤ 教学方式

教学步骤	时间安排	教学方式(供参考)
阅读模式	课余	学生自学、查资料、相互讨论
知识点讲解 (含课堂演示)	4 课时	在课堂学习中,应结合多媒体课件解析系列描述分析法;讨论品评过程中,使学生对系列描述分析法有良好的认识
任务操作	4 课时	完成系列描述分析法的实践任务,学生边学边做,同时教师应在学生实践中有针对性的向学生提出问题,引发其思考
评估检测		教师与学生共同完成任务的检测与评估,并能对问题进行分析及处理

➤ 知识要点

该方法由 Civille 于 20 世纪 70 年代创立,其主要特征是对样品进行描述的词汇不必由评价员自己来形成。而是使用一种叫作"词典"的标准术语,其目的是使结果更趋于一致,通过这种方法得到的结果不会因实验地点和试验时间的变化而改变,从而使其实用性更强。每次进行感官试验之前都要进行评价员的筛选和培训,评价员可以只对某一种感官性质进行品评,也可以对所有感官性质进行品评。

根据实验目的,描述词汇的选择可宽可窄,可以只是香气特征,也可以是所有感官特性。但是评价员要对所选用词汇的内部含义有着明确的理解,比如,进行颜色描述的评价员要对颜色强度、色彩和纯度有所了解,涉及口感、手感和纤维质地评价的感官评定人员要对这些感觉产生的原理有所了解。化学感应对评价员的要求更高,要求评价员能够识别出由于成分和加工过程的变化而引起的化学感应的变化。

并不是所有的产品都有描述词典,在对一个新的产品形成描述词汇时,首先提供给评价员的大量样品要和待测产品属于同一类型,可以是市场上购买到的该产品,也可以是其他生产商的产品,在他们对这些产品熟悉之后,每个评价员要对该产品形成一份词汇表,这个过程包括用参照物来确定描述词汇和对词汇的定义,以保证所有评价员对描述词汇及其定义的理解都是一样的。

1. 系列描述分析法词汇示例

下面关于外观,风味和质地的描述性词汇可以由受过一定培训的评价员对产品进行定性评价。根据需要还可以将每个词汇进行量化,量化后的标尺上至少要有 2 个参照点,最好是 3～5 个。

在度量与化学感受有关的指标时,标尺的端点可以是一般性词汇(如没有——强烈),而度量外观和质地时,最好以具有对立意义的词汇作为端点(如细腻——粗糙)。

(1)描述外观的词汇

① 颜色

描述项目	描述内容	描述词汇量化端点 1	描述词汇量化端点 2
颜色的概论	也叫色彩,即实际的颜色,如红的、蓝的等。如果产品中包含一种以上色彩,可以用标尺的方式进行描述	红	橘黄
颜色的强度	指颜色从浅到深的强度或程度	浅	深

(续表)

描述项目	描述内容	描述词汇量化端点1	描述词汇量化端点2
颜色的亮度	指颜色的纯度,从暗淡的、混浊的、纯的到明亮的。如消防车的红色就比红葡萄酒的红色要亮	暗淡的	明亮的
均匀度	指颜色分布的均匀性、是否有块状聚集	不均匀	均匀

② 一致性/质地

描述项目		描述内容	描述词汇量化端点1	描述词汇量化端点2
稠厚/黏稠度		产品的黏度	稀薄	黏稠
粗糙度		产品表面可见的不规则物、突起、粒子等的数量;由于这些物质的存在,产品表面不光滑	光滑	粗糙
粒子间的相互作用	黏度	颗粒之间的粘连程度或小颗粒之间的聚集程度	不黏	黏
	成块程度		松散的粒子	成块

③ 大小/形状

描述项目	描述内容	描述词汇量化端点1	描述词汇量化端点2
大小	样品的尺寸或样品中颗粒的大小	小	大
形状	对颗粒主要形状的描述:如扁平的、圆的、球形的、方形的等	没有标尺	
分布的均匀性	作为一个整体,产品中颗粒分布的均匀程度	不均匀	均匀

④ 表面光泽

描述项目	描述内容	描述词汇量化端点1	描述词汇量化端点2
表面光泽	产品表面产生反射的光的量	暗淡	发光

（2）描述半固体物质的口感的词汇

具体方式和步骤如下：

① 第一口　将样品的 1/4 放入口中并在舌头和上颚之间进行挤压。

描述项目	描述内容	描述词汇量化端点 1	描述词汇量化端点 2
光滑感	样品在舌头上滑动的程度	有拖拽感	滑
坚实度	在舌头和上颚之间挤压样品所需的力	软的	坚硬的
黏弹性	样品变性但没有断裂的程度	断裂	变形
紧密度	样品断面的紧密程度	松散的	紧密的

② 咀嚼　将样品咀嚼 3～8 次，感觉下列特性。

描述项目	描述内容	描述词汇量化端点 1	描述词汇量化端点 2
颗粒状物的数量	口腔中颗粒的相对数量	没有	许多
颗粒状物的大小	总体上颗粒的大小	非常小	非常大

③ 食后（吞咽或吐出）感觉。

描述项目	描述内容	描述词汇量化端点 1	描述词汇量化端点 2
粘嘴情况	食用之后，留在口腔表面的膜的感觉	没有	许多

（3）描述固体物质口感的词汇

具体方式和步骤如下：

① 表面结构　用嘴唇和舌头感觉样品的表面。

描述项目		描述内容	描述词汇量化端点 1	描述词汇量化端点 2
表面的几何情况	大的颗粒	表面大小颗粒的总体数量	平滑	有团块状
	小的颗粒		平滑	有颗粒感
易碎情况		表面松散，游离的碎屑的数量	没有	许多
干湿情况		表面湿润的情况	干燥	湿润/油腻

② 部分咬压　用舌头、门牙或臼齿,但不咬断也不要松开。

描述项目	描述内容	描述词汇量化端点 1	描述词汇量化端点 2
弹性	一段时间之后样品恢复到原来的状态	没有恢复	弹性很好

③ 第一口　用门牙咬下期望大小的样品。

描述项目	描述内容	描述词汇量化端点 1	描述词汇量化端点 2
硬度	将其咬断所需要的力	很软	很硬
黏弹性	样品不断裂而变形的程度	断裂	变形
易碎性	样品断裂所需要的力	碎屑	片
咬的均匀性	将样品咬断用力的均匀性	不均匀	均匀
水分释放情况	从样品中释放出来的水分/汁液的量	没有	非常多汁
碎屑的几何情况	由于被咬食而产生的或者存在样品内部的碎屑的量	没有	颗粒状的/片状的碎屑

④ 第一次咀嚼　用臼齿咬下事先预计大小的样品。

描述项目	描述内容	描述词汇量化端点 1	描述词汇量化端点 2
硬度	将其咬断所需要的力	很软	很硬
弹性/易碎度	样品变形而不断裂的程度	断裂	变形
		碎屑	片
黏附性	将样品从臼齿上剥离所需要的力	不黏	很黏
紧密性	所经区域的紧密性	松	紧
脆性	样品断裂的声音和所需要的力	不脆	很脆
碎屑的几何情况	由于被咬食而产生的或者存在样品内部的碎屑的量	没有	颗粒状的/片状的
水分释放情况	从样品中释放出来的水分/汁液的量	没有	非常多汁

⑤ 咀嚼　用臼齿将样品咀嚼一定次数，至唾液与样品混合成团。

描述项目	描述内容	描述词汇量化端点 1	描述词汇量化端点 2
水分的吸收	被样品吸收的唾液的量	没有	全部
成团性	样品聚集成团的程度	松散	紧密
黏着性	样品团黏在上颚或牙齿上的程度	不黏	非常黏
尖锐碎片情况	团块中锋利的碎片的量	没有	许多

⑥ 溶解的速度　样品在咀嚼一段时间之后溶解的量。

描述项目	描述内容	描述词汇量化端点 1	描述词汇量化端点 2
溶解的速度	样品在咀嚼一段时间之后溶解的量	没有	全部
团块的几何情况	粗糙度/颗粒感/成团性，样品中颗粒的量	没有	许多
团块的润湿度	团块的润湿程度	干燥	湿润/油腻
崩解所需的咀嚼次数	统计样品崩解所需要咀嚼次数		

⑦ 食后残留感　将样品吞咽或吐出之后。

描述项目	描述内容	描述词汇量化端点 1	描述词汇量化端点 2
几何情况	留在口中的颗粒的量	没有	很多
油腻感	残留在口腔表面的油腻感	没有	很多
粘嘴情况	用舌头舔上腭时感到的粘连程度	不黏	很黏
粘牙情况	残留在牙齿上的样品量	没有	很多

2. 系列描述分析法的强度标尺

不同的实验目的需要的强度的度量范围是不同的，可以使用 15 cm 的标尺，30 点的类别标度，也可以使用量值估计标度，目前常用的是 16 点（0～15）标度法。系列描述分析法还使用大量的参照点，这些点是经过多个评价小组的多次试验得到的。无论使用哪种标度，都至少有 2 个参照点，最好是 3～5 个，参照点选得好,可以减少评价员之间的差异,使数据具有可比性和可重复性。以不同方式食用食品可能会对食品的各种强度有不同的感受,试验所用食品的数量、生产厂家不同,所感受的同一指标也会有所差异。因此,在进行试验时,要明确食用方式、食用数量,并标明生产厂商。

任务分析

通过本项目的学习,并在实际的任务引导下,经过一步一步地实践操作,使学生融会贯通系列描述分析法相关理论和实践技能。

任务实施

任务1 饼干成分变化分析——系列描述分析法

一、基本味道组合练习

1. 试验原理

如果把评价小组看作是一个测量工具的话,这个练习就可以看作是这个测量工具的校正。由于产品的风味通常是两种或三种味道的组合,将咸味、酸味、甜味进行组合可以对评价小组进行培训,来培养其对各种强度的味觉进行识别的能力,使其在对风味分析中不会出现很大偏差。

2. 样品及器具

白砂糖、盐、柠檬酸,体积为50 mL的一次性塑料杯、托盘、不透明的带盖塑料杯、漱口杯(150 mL)、盛水杯、面巾纸、勺子。

3. 试验步骤

(1)试验分组:分三组,每6人为一组,每组选出一个小组长,轮流进行试验。

(2)试验设计:首先配制6种不同浓度的单一成分溶液,按照味道和浓度的不同,在盛放溶液的杯子外面做好标记,如"甜5""酸10"等,其中5表示味道弱,10表示味道中等,而15则表示味道强烈,将这6种溶液作为参照物,要求评价员对其进行熟悉。在整个培训过程当中,这些参照物一直备用。

然后对评价员进行2~3个味道组合的练习,每次组织人员发给大家一个组合,由评价员对其中的各种味道进行打分。

试验结束之后,将各种试验样品的各种味道的平均值统计出来,发给每个评价员,为样品打的分应该在此平均分附近。

(3) 准备参照物:按照表 2.3－19 准备 6 种参照物质。

表 2.3－19　基本味道培训的参照物

标记	内容
咸 5	0.3％ NaCl
咸 10	0.55％ NaCl
甜 5	5％ 蔗糖
甜 10	10％ 蔗糖
酸 5	0.1％ 柠檬酸
酸 10	0.2％ 柠檬酸

以上参照样品可以在试验开始前 24～36 h 准备,使用的水要不含任何气味,样品准备好之后可以放在冰箱中冷藏备用。在开始试验之前,将样品取出,使其升至室温 20 ℃ 左右。并将每种样品为每个参评人员准备 10 mL,以做参考。

(4) 准备试验用样品:按照表 2.3－20 准备试验用样品,每个样品是 2～3 个味道的组合,如样品 212 是甜味和酸味的组合,样品 673 是甜味、酸味和咸味的组合。

按照一定组合方式发给每个评价员进行品尝并按表 2.3－21 打分,每种样品的品尝用量为 10 mL。

表 2.3－20　基本味道培训练习使用试验样品

样品编号	蔗糖含量/％	柠檬酸含量/％	NaCl 含量/％
212	5	0.1	—
717	5	0.2	—
116	10	0.1	—
872	5	—	0.3
909	5	—	0.55
265	10	—	0.3
376	—	0.1	0.3

（续表）

样品编号	蔗糖含量/%	柠檬酸含量/%	NaCl 含量/%
432	—	0.2	0.3
531	—	0.1	0.55
673	5	0.1	0.3
042	10	0.2	0.55
217	10	0.1	0.3
610	5	0.2	0.3
338	5	0.1	0.55

表 2.3－21　基本味道培训练习打分表

参评人员姓名：_____　　日期：_____

样品编号	甜	酸	咸
212			
717			
116			
872			
909			
265			
376			
432			
531			
673			
042			
217			
610			
338			

二、饼干变化练习

1. 试验原理

该试验通过使用成分不断增加(每次增加一种)的饼干来训练评价员形成描述词汇的能力。

2. 样品及器具

(1) 每人所需物品:一次性纸杯、清水、面巾纸、品尝用勺。

(2) 试验用材料:面粉、奶油、人造奶油、起酥油、白砂糖、红糖、鸡蛋、食盐、小苏打、香草香精、杏仁香精、纸杯、托盘、面巾纸、盛清水用杯。

3. 试验步骤

(1) 试验分组:分三组,每 6 人为一组,每组选出一个小组长,轮流进行试验。

(2) 试验设计:参评人员首先对 1♯饼干(只含面粉和水)进行评价。由每个人提出对该样品的描述词汇,结束之后大家一起讨论,去除掉意义重复的词汇,挑选出具有代表能力的词汇。然后进行 2♯饼干的描述,依次类推。最终形成一份针对这类饼干的全面描述的词汇(见表 2.3 - 22)。

表 2.3 - 22　饼干组分变化的描述词汇填写表

样品序号	饼干组分	特性描述词汇
1	面粉、水	
2	面粉、水、奶油	
3	面粉、水、人造奶油	
4	面粉、水、起酥油	
5	面粉、水、起酥油、食盐	
6	面粉、水、起酥油、苏打	
7	面粉、水、白砂糖	
8	面粉、水、红糖	
9	面粉、水、奶油、白砂糖	
10	面粉、水、人造奶油白砂糖	
11	面粉、水、起酥油、白砂糖	
12	面粉、水、白砂糖、鸡蛋、人造奶油	
13	面粉、水、白砂糖、鸡蛋、人造奶油、香草香精	
14	面粉、水、白砂糖、鸡蛋、人造奶油、杏仁香精	

当所有样品的描述工作全部结束后,为了检验所形成的描述词汇的有效性,可以任意挑选两个样品来用刚才的词汇进行描述,看两个样品是否能够被全面、准确地描述,能否将二者之间的差别分开。检验完成之后,所形成的最终词汇可以用来对该类任何品种的饼干进行描述。结果举例见表2.3-23。

表 2.3-23　饼干组分变化的结果举例

样品序号	特性描述词汇	样品序号	特性描述词汇
1	面条、小麦糊、面包屑	8	同7#、糖蜜
2	同1#、奶油、烘烤奶油、烘烤小麦	9	同2#、甜、焦糖味
3	同1#、热的食用油、烘烤小麦	10	同3#、甜、焦糖味
4	同1#、加热的食用油	11	同4#、甜、焦糖味
5	同4#、咸味	12	同11#、烤熟的鸡蛋味
6	同5#、苏打	13	同12#、香草、蛋糕味
7	同1#、焦糖味、甜味、烘烤小麦味	14	同12#、樱桃、杏仁味

(3) 饼干配方:参照表2.3-24的配方制备面团,将面团放在烤盘中,事先切成方块,在170~190 ℃下烘烤35 min。样品应于品评试验24~28 h之前准备。

表 2.3-24　面团制备配方

样品序号	1	2	3	4	5	6	7	8	9	10	11	12	13	14
面粉	10	10	10	10	10	10	10	10	10	10	10	10	10	10
水	4	1	1	1	1	1	3	3	1	1			1	1
奶油		3								3				
人造奶油			3								3		3	3
起酥油				3	3	3								
食盐					0.5	0.2								
小苏打						0.5								
白砂糖							4		4	4	4	4	4	4
红糖								4						
鸡蛋/个													4	4
香草香精													0.5	
杏仁香精														0.5

任务 2　调味品评价员描述品评训练

1. 调味品品评知识预备

调味品是指能增加菜肴的色、香、味,提高食欲,有益于人体健康的辅助食品。它的主要功能是增加菜品质量。满足消费者的感官需要,从而刺激食欲,增进人体健康。从广义上讲,调味品包括咸味剂、酸味剂、甜味剂、鲜味剂和辛香剂等,如食盐、酱油、醋、味精、糖、八角、茴香、花椒、芥末等。有些调味品由多种香料混合而成(如红辣椒粉),或者由多种香草混合而成(如调味袋)。调味品在饮食、烹饪和食品加工中应用较为广泛,用于调和滋味和气味并具有去腥、除膻、解腻、增香、增鲜等作用。

自 2003 年以来调味品行业进入了高速发展的阶段,近 5 年行业增长率达 20%左右,已连续十年实现年增长幅度超过 10%。目前,调味品行业总产量已超过 1 000 万吨。2007 年,调味品和发酵制品企业实现总产值 914 亿元,同比增长 27.9%,逐渐成为食品行业中新的经济增长点。企业依靠科学技术,通过科研,采用新工艺、新设备,创造新产品,并以严格的质量管理,保证了产品质量,在增加品种的同时也使产品达到规模化生产。在全国各地调味品厂的努力下,先后创造了一大批优质产品和新品种。名、特、优、新产品的不断涌现,加速了产品的更新换代。随着消费的不断升级,市场竞争的加剧,调味品在重视口味的基础上,更加重视营养健康,传统的调味品以及复合调味料都将呈现出专业化发展趋势,市场进一步细分强化功能型调味品(如铁强化酱油)、利用各种调味原料提取或深加工的调味品(如鲍汁酱油)纷纷上市。随着科学技术的进步,各种新技术也被广泛应用到调味品生产中,大大提升了调味品品质和各种生化技术指标,如生物酶解技术、固定化酶技术、膜技术、萃取技术、微胶囊技术等。

2. 评价员的任务以及分析品评要素

(1)调味品评价员职业概况

调味品包括酱油、食醋、酱类、腐乳、酱腌菜复合调味等食用产品,是我国广大消费者的日常生活必需品。其中的许多品种都是各个地区的名特产品,有的生产历史已超过千年,这类产品的传统生产技术是我国宝贵的文化遗产。

新中国成立以后,调味品生产、发展很快,传统的生产作坊已被大型的生产企业所取代,调味品生产的机械化、自动化程度不断提高,许多高新的生物技术得到推广应用,生产效率大大提高。随着人民生活水平的提高,对生活必需的调味品而言,不仅仅需要"量"的满足,而且更需要"质"的提高。为保证生产企业向广大消费者提供风味优良、食用安全、理化质量与感官质量稳定的合格调味品,除了要制定严格的产品质量标准和建立、健全质量检查监督机构,实施严格的产品检验外,还必须配备专职的、掌握调味品品评技能的专业品评师。根据国家工商行政管理总局的统计,我国调味品生产企业已超过 6 000 家,目前需要调味品品评专职人员不少于 10 万人。

近年来,包括调味品在内的食品领域的产品品评技术,已经成为食品科学的一个重要组成部分。食品行业的评价员在新产品开发、基础理论研究、工艺及配料改革、品质保证等方面,已起到越来越重要的作用,"调味品品评师"也逐渐成为各大调味品生产企业研发部门的核心专业技术人员。

(2) 调味品的感官鉴别要点

调味品的感官鉴别指标主要包括色泽、气味、滋味和外观形态等。其中气味和滋味在鉴别时具有至关重要的意义,只要某种调味品在品质上稍有变化,就可以通过气味和滋味微妙地表现出来,故在实施感官鉴别时,应特别注意这两项指标的应用。其次,对于液态调味料还应目测其色泽是否正常,更要注意酱油、食醋等表面是否有白醭或已经生蛆,对于固态调味品还应目测其外形或晶粒是否完整,所有调味品均应在感官指标上掌握到不霉、不臭、不酸败、不板结、无异物、无杂质、无寄生虫的程度。

(3) 主要工作内容

调味品评价员是以感觉器官对调味品的色泽、香气、滋味、体态等品质进行综合评价的人员。主要工作内容包括:

① 进行采样和制样准备;

② 进行品评实验室及品评专用设施、器皿的准备;

③ 对调味品样品的体态、色泽、滋味、香气等方面进行质量评定;

④ 对品评对象进行打分和文字描述;

⑤ 对品评结果进行综合计算并做出品质等级评定。

3. 自主品评方案设计

(1) 实验名称

果酱风味描述检验评价试验

(2) 试验原理与目的

将学生作为经验性评价员,向评价员介绍试验样品的特性,简单介绍该样品的生产工艺过程和主要原料,使大家对该样品有一个大概的了解。然后提供一个典型样品让大家品尝,在老师的引导下,选定 8～10 个能表达出该类产品的特征名词,并确定强度等级范围,通过品尝后,统一大家的认识。在完成上述工作后,分组进行独立感官检验。

（3）样品及用具

① 预备足够的碟、匙、样品托盘等。

② 提供 5 种同类果酱样品（如蓝莓酱）。

③ 漱口或饮用的纯净水。

（4）品评步骤

① 试验分组：每组 10 人，如全班为 30 人，则共分为 3 组，轮流进入感官分析试验区。

② 样品编号：备样员给每个样品编出三位数的代码，每个样品给 3 个编码，作为 3 个重复检验使用，随机数码自取随机数表。本例中，如表 2.3－25 所示。

表 2.3－25 样品随机数编码

样品号	A(样 1)	B(样 1)	C(样 1)	D(样 1)	E(样 1)
第 1 次检验	743	042	706	654	813
第 2 次检验	183	747	375	365	854
第 3 次检验	026	617	053	882	388

③ 排定每组试验员的顺序及供样组别和编码，见表 2.3－26。

表 2.3－26 样品随机数编码

试验员（姓名）	供样顺序	样品编码
1(xxx)	EABDC	813,734,042,664,706
2(xxx)	ACBED	734,706,042,813,664
3(xxx)	DCABE	664,706,734,042,813
4(xxx)	ABDEC	734,042,664,813,706
5(xxx)	BAEDC	042,734,813,664,706
6(xxx)	EDCAB	813,664,706,734,042
7(xxx)	DEACB	664,813,734,706,042
8(xxx)	CDBAE	706,664,042,734,813
9(xxx)	EBACD	813,042,734,706,664
10(xxx)	CAEDB	706,734,813,664,042

供样顺序是备样员内部参考用的，试验员用的检验记录表上看到的只是编码，无 ABCDE 字样。在重复检验时，样品编排顺序不变，如第 1 号试验员的供

样顺序每次都是 EABDC,而编码的数字则换上第 2 次检验的编号。其他组、次排定表略,请按例自行排定。

④ 分发描述性检验记录表,见下例,供参考,也可自行设计。

描述性检验记录表

样品名称:蓝莓酱　　　检验员:_____

样品编号:(如 813)　　检验日期:_____年_____月_____日

(弱)1 2 3 4 5 6 7 8 9(强)

1 色泽

2 甜度

3 酸度

4 甜酸比例(太酸)　　　　　　　　(太甜)

5 苹果香气

6 焦糊香气

7 细腻感

8 不良风味(列出)_____

(5) 结果分析与讨论

① 每组小组长将本小组 10 名检验员的记录表汇总后,解除编码密码,统计出各个样品的评定结果。

② 用统计法分别进行误差分析,评价检验员的重复性、样品间差异。

③ 讨论协调后,得出每个样品的总体评估。

④ 绘制 QDA(蛛网图)。

项目小结

系列描述分析法的主要特征是使用“词典”的标准术语,使结果更趋于一致,试验结果不会因实验地点和试验时间的变化而改变。但是,每次进行感官试验之前都要进行评价员的筛选和培训。

实验目的不同,描述词汇的选择也不同,但是要求评价员能明确理解所选用词汇的内部含义。有的产品并没有描述词典,所以在对一个新的产品形成描述词汇时,首先提供给评价员的大量样品要和待测产品属于同一类型,在他们对这些产品熟悉之后,每个评价员要对该产品形成一份词汇表,这个过程包括用参照物来确定描述词汇和对词汇的定义，以保证所有评价员对描述词汇及其定义的理解一致。

在系列描述分析法中，评价员可以对产品某一种感官性质或所有感官性质进行品评和分析。

思考题

（1）系列描述分析法品评的基本程序是什么？

（2）系列描述分析法品评应注意的事项有哪些？

（3）调味品评价员的主要工作内容是什么？

模块四 情感试验基本技能训练

引 言

情感试验的主要目的是估计目前和潜在的消费者对某种产品、某种产品的创意或产品某种性质的喜爱或接受程度。应用最多的情感试验是消费者试验，近几年来，消费者试验被应用的领域和数量都在不断扩大，除了生产厂家，消费者试验的应用还延伸到医院、银行等服务行业，甚至在部队也有应用，它已经成为产品设计和服务行业的一项重要工具。

可能很多人都有过参加消费者试验的经历，比如在某一超市，有人请你品尝一种食品，然后填写一份问卷。比较典型的消费者试验要来自3～4个城市的100～500名消费者，比如，某次消费者参加的对象是从18～34岁，在最近两周内购买过进口啤酒的男性。试验人员的筛选可以通过电话或消费场所直接询问，被选中而且愿意参加试验的人每人得到几种不同的啤酒和一份问答卷，问题涉及他们对产品的喜爱程度及原因、过去的购买习惯和一些个人情况，比如年龄、职业、收入等，结果以消费者对产品的总体和各单项（颜色、口感、气味等）喜好分数进行报告。

一项有效的消费者试验要求具备3个条件：试验设计合理、参评人员合格、被测产品具有代表性，而试验方法和试验人员的选择则要根据试验目的而定。消费者试验的费用一般比较大，因为需要的人数多，样品也多，相应的各项开支都会增加。在美国，每人进行试验的报酬以前通常为 5 ＄/h，而现在提高到了10 ＄/h。在室内进行的消费者试验花费同样很大，一项由 20～40 人参加的为时 20 min 的消费者试验的各项开支总计为 400～2 000 ＄。

情感试验的方法可分为：定性法和定量法。定性情感试验是测定消费者对产品感官性质的主观反应的方法，由参加品评的消费者以小组讨论或者面谈的方式进行，应用领域如下。

（1）揭示和了解没有被表现出来的消费者需求

一个典型问题是：为什么生活在城市，每天走柏油路的人却喜欢买 4 轮驱动车？由包括人类学家在内的研究人员设计一些开放式的谈话内容，通过这种方式可以帮助市场人员了解消费者行为和产品使用趋势。

（2）估计消费者对某种产品概念和产品模型的最初反应

当产品研究人员需要确定某种概念或者产品早期模型是否能被一般消费者接受，或者存在哪些明显的问题时，可以使用此方法。谈话可以使研究人员更好地了解消费者的最初反应，项目的方向可以依次做适当的调整。

（3）研究消费者所使用的描述词汇

在设计消费者问卷和广告时，使用消费者熟悉的词汇要比使用市场部门和开发部门使用的词汇效果要好，定性情感试验可以使消费者用他们自己的话对产品性质进行自由讨论。

（4）研究使用某种特殊产品的消费者的行为

当产品研究人员希望确定消费者如何使用某种特殊产品或他们对使用过程的反应时，定性情感试验可以提供帮助。

下面谈到几种定性情感试验需要受过高度培训的面试（谈话）人员，他们要做到在进行谈话面试时不带个人感情色彩，同时还要具有洞察力，对事物进行综合、总结和汇报的能力。

（1）集中小组讨论（Focus Group）

由 10～12 名消费者组成，进行 1 h～2 h 的会面谈话讨论，谈话讨论由小组负责人主持，尽量从参加讨论的人员中发掘更多的信息。一般来讲，这样的讨论要进行 2～3 次。最后，讨论纪要和录音、录像材料都作为试验原始材料收集起来。

（2）集中评价小组（Focus Panel）

这是集中讨论小组的一种变形，面试人还是利用（1）中使用的讨论小组，只是进行讨论的次数要多 2～3 次。这种方法的目的是先同小组进行初步接触，就一些话题进行初步讨论，然后发给他们一些样品回家使用，使用产品之后再回来讨论使用产品的感受。

（3）一对一面谈

当研究人员想从每一个消费者那里得到大量信息，或者要讨论的话题比较敏感而不方便全组讨论时，可以采用一对一面谈的方式。面谈人可以连续对最多 50 名消费者进行面谈，谈话的形式基本类似，要注意每个消费者的反应。

这种方法的一种变形是让一个人在面试地点或回到家中准备或使用某种产品，并对整个过程做书面记录或录制下来，然后就此过程由面试人员与该消费者进行讨论。和消费者进行交谈会给公司提供一些与他们想象完全不同的信息。

一对一交谈或对消费者的行为进行观察，可以使研究人员更深入地了解消费者的深层次需要，这样才能开发新产品或开展新的服务行业。

定量情感试验是确定数量较多的消费者(50人到几百人)对一套有关喜好、喜爱程度和感官性质等问题的反应的方法,一般应用在以下几个方面:

① 确定消费者对某种产品的总体喜好情况。

② 确定消费者对产品的全面感官品质(气味、风味、外观、质地)的喜好情况;对产品的品质进行全面研究有助于理解影响产品喜好程度的因素。

③ 测定消费者对产品某一特殊性质的反应。使用强度、喜好等标度对产品性质进行定量测定能够积累一些数据,然后将他们同喜好程度打分和描述分析得到的数据联系起来。

按照试验任务,定量试验可以分成两大类,见表2.4-1。

表 2.4-1　定量情感试验的分类

任务	试验种类	问题
选择	喜好试验	你喜欢哪一个样品? 你更喜欢哪一个样品?
分级	接受试验	你对产品喜爱程度如何? 产品的可接受性有多大?

除了以上问题外,还可以以其他方式进行提问。试验设计中,在喜好或者接受性问题之后经常有第二个问题,就喜好或接受的原因进行提问。

知识目标

(1) 了解情感试验的定义和分类。

(2) 了解消费者试验的原理。

技能目标

(1) 掌握喜好试验和接受问卷的设计方法。

(2) 掌握消费者试验的方法。

项目1 喜好试验

工作任务

本项目讲授、学习、训练的内容是情感试验中重要内容之一,包含了实验技能,方案设计与实施能力。感官评价员要熟练掌握喜好试验的知识,按照合适的操作程序完成酸奶的成对喜好试验工作,最后结合喜好试验法的相关知识,确定哪一个样品更受欢迎。

国家相关标准:GB/T 12310—2012《感官分析方法 成对比较检验》、GB/T 12315—2008《感官分析方法学 排序法》。

教学内容

➢ 能力目标

(1)了解:喜好试验的特点。
(2)掌握:喜好试验的基本方法。
(3)会做:学生在教师的指导下能够开展喜好试验。

➢ 教学方式

教学步骤	时间安排	教学方式(供参考)
阅读材料	课余	学生自学、查资料、相互讨论
知识点讲解 (含课堂演示)	1课时	在课堂学习中,结合多媒体课件解析喜好试验,使学生对喜好试验有良好的认识
任务操作	2课时	完成喜好试验的实践任务,学生边学边做,同时教师应在学生实践中有针对地想学生提出问题,引发思考
评估检测		教师与学生共同完成任务的检测与评估,并能对问题进行分析和处理

➢ 知识要点

某项情感试验是用喜好试验还是用接受试验要根据课题的目标来确定，如果课题的目的是设计某种产品的竞争产品，那么就要使用喜好试验。喜好试验是在两个或多个产品中一定选择一个较好的或最好的，但是他没有问消费者是否所有的产品他都喜欢或者都不喜欢。喜好试验分类见表 2.4－2。

表 2.4－2 喜好试验分类

试验种类	样品数量	喜好
成对喜好试验	2	从两个样品中挑选出一个更好的
排序喜好试验	3 个以上	对样品喜好的顺序
多对喜好试验（所有样品都组队）	3 个以上	一系列成对样品，每个样品都和其他样品组成一队（A－B，A－C，A－D，B－C，B－D，C－D）
多对喜好试验（有选择的组队）	3 个以上	一系列成对样品，有 1、2 个样品和 2 个以上样品组成一队（A－C，A－D，A－E，B－C，B－D，B－E）

1. 成对喜好试验

当一个人对某产品的喜好程度直接超过第二个产品时，就会利用成对喜好试验这种技术。该检验具有相当程度的直觉性，评价员能够很容易地理解他们的任务。选择是消费者行为的基本要素，人们能够同时比较两个样品，也可能进行一系列的比较。成对喜好试验就是强迫评鉴人员在两个样品间做出选择，而不允许"无喜好"结论。

在成对喜好试验中，评价员获得两个被编号的样品。这两个样品同时呈送给评价员，并要求其评定后选出喜爱的样品。该检验中有两个可能的样品呈送顺序（AB、BA），这些顺序应该以相等的数量随机呈送给评价员。

该检验中，当基本人群对一个产品的喜好没有超过其他产品时，评价员会给每个产品同样的选择次数。无差异假说即是基本人群对一个产品的喜好没有超过其他产品，选择样品 A 的概率 $P(A)$＝选择样品 B 的概率 $P(B)$＝1/2。如果基本人群对一个产品的喜好程度超过另一个产品，那么受喜好较多的产品被选择的机会要多于另一个产品，$P(A)≠P(B)$。成对喜好试验可用的数据统计方法分别建立在二项式、χ^2 或正态分布的基础上，所有这些分析都是假设评价员都做出了选择。

2. 成对非必选喜好试验

该检验与成对喜好试验相同，均呈送给评价员两个编号的样品，要求其选出一个喜爱的样品。但该检验允许"无喜好"的结论出现，当评价员认为对两样品的喜爱程度无差异时,不需要被强迫必须做出选择。因此,该检验相对于成对喜好试验来说具有一定的优势,即使评价员能够按自己的喜好做出真实的选择,而且 100 个评价员中有多少人选择了"无差异"也可以给分析人员提供一个直接的差异。而该检验的缺点在于,建立在二项式下、χ^2 或正态分布上的常规数据分析方法都假设检验有一个必选,因此,非必选喜好试验会使数据分析变得复杂,从而降低检验能力,还有可能忽略喜好中的真正差别。另外,非必须喜好试验也会给评价员一种"比较容易"的想法,因为他们没有必要必须做出选择,所以有时候他们就不会努力做出选择。

有 3 种方式处理非必选喜好试验的数据。第一种,照常分析,即忽略"无差异"的结论,只统计出选择的结论,这样不仅减少了可使用的研究对象数目,也降低了检验能力;第二种,把"无差异"的结论分成 1∶1,平均分给两个样品进行数据统计,这种方法虽然保证了研究对象的数目,但还是降低了检验力,因为选择"无差异"的评价员很可能是随意地做出回答;第三种,把"无差异"的结论按照有差异的比例进行分配。有人提出这样一种说法,选择"无差异"的人喜好样品 A 的程度超过样品 B 的比例与做出选择的人喜好样品 A 的程度超过样品 B 的比例是相同的。例如,25%的评价员选择了"无差异",另外 75%的评价员中 50%选择了样品 A,25%选择了样品 B,则将 25%的结论按 2∶1 的比例分配给样品 A 和 B,结果可以认为 66.7%选择了样品 A,33.3%选择了样品 B。

3. 排序喜好试验

排序喜好试验要求评价员按照喜好或喜爱的下降或上升顺序,对若干样品进行排序。在排序过程中,通过不允许两个样品相等的结论存在,因此,该检验其实是多次成对必选检验。成对喜好试验可看作是排序喜好试验的子集。

排序喜好试验较简单,可迅速使用,但其缺点是不能比较重复产品。视觉和触觉喜好的排序相对简单一些,若包括对风味的排序,则对多种风味的品尝容易产生疲劳。

排序喜好试验中,提供给评价员编号的样品,样品的摆放顺序要以等量的概率出现。要求评价员按喜爱程度给样品打分,如 1=最喜爱,5=最不喜爱。该检验可通过 Friedman 检验进行数据分析。

➤ 实例

【例】 成对喜好试验——改良的花生酱

问题:应消费者的要求,提高产品的花生香气会使产品风味得到改善,研究人员研制出了花生香味浓度更高的产品,而且在差别检验中得到了证实。市场部门想进一步证实该产品在市场中是否会比目前已经销售很好的产品还受欢迎。

检验目的:确定新产品是否比原产品更受欢迎。

试验设计:筛选 100 名花生酱的消费者进行中心地点试验。每人得到两份样品,50 人的顺序是 A－B,另 50 人的顺序是 B－A,产品都以三位随机数字编号。要求参加试验人员必须从两份样品中选出较好的一个,$\alpha＝0.05$。试验向卷如表 2.4－3 所示。

表 2.4－3　花生酱成对喜好试验问卷

花生酱成对喜好试验

姓名_____　　　　日期_____

试验指令:

1. 首先品尝左侧的花生酱,然后品尝右侧的。

　现在两个花生酱你都品尝过了,哪一个你更喜欢? 请在你喜欢的样品编号上划钩。

　　　　　　　　□　　　　　　□
　　　　　　　　464　　　　　169

2. 请简单陈述你选择的原因。

_____

结果分析:有 62 人选择新样品,参考模块二表 2.2－3,当 $\alpha＝5\%$,$n＝100$ 时,对应的临界值是 59,新产品确实比原产品受欢迎。

结果的解释:新产品可以上市,并标明"浓花生香型"。

任务分析

通过本项目的学习,能够认识和掌握喜好试验的方法。通过具体的任务实践,包括样品的选择、方法的认知、操作的步骤和结果差异性的确定等过程,使学生能把喜好试验的相关理论知识与实践技能结合起来。

任务实施

任务　酸奶的感官品评——成对喜好试验

1. 实验目的

确定新酸奶产品是否比原产品更受欢迎。

2. 实验原理

当一个人对某产品的喜好程度直接超过第二个产品时,就会利用成对喜好试验这种技术。该检验具有相当程度的直觉性,评价员能够很容易地理解他们的任务。选择是消费者行为的基本要素,人们能够同时比较两个样品,也可能进行一系列的比较。成对喜好试验就是强迫评鉴人员在两个样品间做出选择,而不允许"无喜好"结论。

3. 样品及器具

(1) 应消费者的要求,在酸奶产品中增加红枣香气会使产品风味得到改善,研究人员在原味酸奶的基础上,研制出了红枣风味的新产品,而且在差别检验中得到了证实。市场部门想进一步证实该产品在市场中是否会比目前已经销售很好的原味产品更受欢迎。准备足够量的原味和红枣味酸奶。

(2) 预备足够量的纸杯或者托盘。

(3) 饮用水。

4. 品评设计

在成对喜好试验中,评价员获得两个被编号的样品。这两个样品同时呈送给评价员,并要求其评定后选出喜爱的样品。该检验中有两个可能的样品呈送顺序(AB、BA),这些顺序应该以相等的数量随机呈送给评价员。筛选 120 名酸奶的消费者,进行中心地点试验。每人得到两份样品,60 人的顺序是 A - B,另60 人的顺序是 B - A,产品都以三位随机数字编号。要求参加试验人员必须从两份样品中选出较好的一个,$\alpha=0.05$。试验问卷如表 2.4 - 4 所示。

表 2.4 - 4　酸奶成对喜好试验问卷

酸奶成对喜好试验

姓名_____　　　　日期_____

试验指令:

1. 首先品尝左侧的酸奶,然后品尝右侧的。

2. 现在两种酸奶你都品尝过了,哪一个你更喜欢? 请在你喜欢的样品编号上划钩。

　　　　　　　　□　　　　　　□
　　　　　　　742　　　　　859

3. 请简单陈述你选择的原因。

5. 结果分析

将 120 份答好的问答卷回收,统计选择新产品的人数。根据模块二表 2.2 -

4，当 $\alpha=5\%$，$n=120$ 时，对应的临界值是 72，与选择新产品的人数比较，判断新产品是否比原产品受欢迎，并给出相应结论。

项目小结

喜好试验是定量情感试验的类型之一，它的任务是让受试者进行选择，在两个或多个产品中一定选择一个较好的或最好的，所要回答的核心问题是"你喜欢哪一个样品"或"你更喜欢哪一个样品"。评价员一般是消费者，人数较多(50 人到几百人)。

感官检验的地点对结果的影响很大，因为地点决定了样品的抽样和供给方式。同一批消费者在不同的地点评定同一系列样品可能得到不同的结果，主要是由于评定时间长短不同、样品准备有所不同、环境对评价员心理的影响、评价员之间的相互影响、检验表的制作不同等若干因素造成的。

感官检验地点的选择有实验室、消费者家中、中心地点。其中，中心地点通常是在消费者比较集中的地点，比如集市、购物区、教堂、学校操场等地。

实验室检验优点在于设备齐全，能严格控制样品的制备和呈送；缺点在于消费者不能按照平时的量评定样品，且与平常的使用环境有所差别。

中心地点检验的优点在于能准确地选择产品的典型消费者，主要缺点是样品的制备较耗时，能提问的问题数量也有限。

家庭检验可使消费者在自然状态下评定样品，且能提问的问题较多，能获得更多的信息。但家庭检验较耗时，能参加此检验的评价员人数也将减少，且消费者在这种状态下较放松，要经常提醒他们是在进行感官检验。另外，家庭检验中样品的制备也比较困难。

经过成对喜好试验的实践，使同学能够充分地理解喜好试验的原理、特点和适用范围，能够熟练地掌握喜好试验的使用，增加实践动手能力，达到理论与实践相结合的目的，培养学生在感官评定方面的兴趣和爱好。

思考题

(1) 什么是情感试验？简单说明其特点。

(2) 什么是喜好试验？它有哪些类型？

项目 2　接受试验

工作任务

本项目讲授、学习、训练的内容是情感试验中重要内容之一,包含了实验技能、方案设计与实施能力。感官评价员要熟练掌握接受试验的知识,按照合适的操作程序完成低脂牛奶的接受试验工作,感官分析人员结合接受试验法的相关知识,确定新产品是否具有足够的接受度。

国家相关标准:GB/T 10220—2012《感官分析方法学　总论》。

教学内容

➢ 能力目标

（1）了解:接受试验的特点。

（2）掌握:接受试验的基本方法。

（3）会做:学生在教师的指导下能够开展接受试验。

➢ 教学方式

教学步骤	时间安排	教学方式(供参考)
阅读材料	课余	学生自学、查资料、相互讨论
知识点讲解 （含课堂演示）	1课时	在课堂学习中,结合多媒体课件解析接受试验,使学生对接受试验有良好的认识
任务操作	2课时	完成接受试验的实践任务,学生边学边做,同时教师应在学生实践中有针对地向学生提出问题,引发思考
评估检测		教师与学生共同完成任务的检测与评估,并能对问题进行分析和处理

➢ 知识要点

当产品研究人员想确定消费者对某产品的"情感"状态时,即消费者对产品的喜爱程度,应该采用接受试验。试验是将样品同某知名品牌产品或者竞争对手的产品进行比较,用图 2.4-1 所示的喜好标度来确定从"不接受"到"接受"或"不喜欢"到"喜欢"的各种程度。

如果用数字表示各种标度,从接受分值可以推断出喜好情况,分值越高被喜欢的程度就越高。平衡的标度效果比较好,"平衡"是指正面类和负面类选项的数目一样多,而且各等级之间的跨度一致。图 2.4-2 中标度的使用就不是很广泛,因为它们不平衡,或者各等级之间跨度不一致。其中的 6 点标度法,正面选项所占比例过多,而且从不好到一般之间的跨度显然要比从非常好到优秀的跨度要大的多。类项标度、线性标度或量值估计标度等方法都可以在接受试验中使用。

9 点语言喜好标度

□ 1. 特别喜欢
□ 2. 很喜欢
□ 3. 一般喜欢
□ 4. 有点喜欢
□ 5. 既不喜欢也不不喜欢
□ 6. 有点不喜欢
□ 7. 一点不喜欢
□ 8. 很不喜欢
□ 9. 非常不喜欢

购买倾向标度

□ 一定会买
□ 很有可能会买
□ 可能会买
□ 很可能不会买
□ 一定不会买

类别喜好标度

□   □   □   □   □   □   □

非常不喜欢   无所谓   特别喜欢

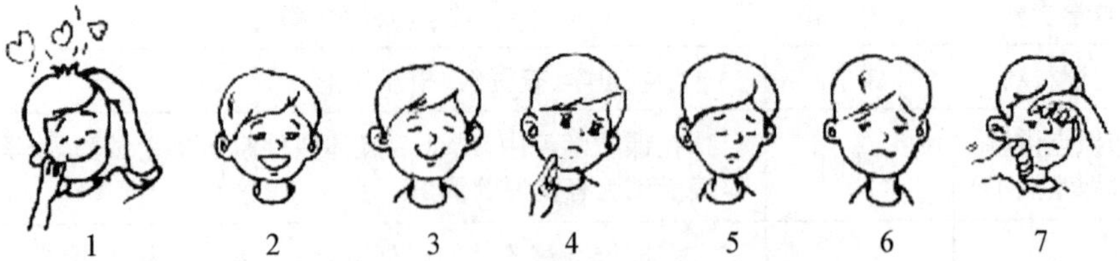

1   2   3   4   5   6   7

图 2.4-1 接受试验中使用的各种标度方法举例

9点法	6点法
极度喜欢	优秀的
强烈喜欢	特别好
非常喜欢	非常好
很喜欢	好
一般喜欢	一般
有点喜欢	很差
有点不喜欢	
一般不喜欢	
非常不喜欢	

图 2.4-2　不均匀喜好标度举例

➤ 实例

【例】 接受试验——高纤维谷物食品

问题:一家大型谷物食品生产厂决定进军高纤维谷物食品市场,他们准备投入市场的有两种产品。而另外一家生产厂在市场中已经投入一种产品,并且该产品的销售势头持续看好,已经在高纤维谷物食品中占据了领导地位。研究人员想知道同这种产品相比较,他们的两种新产品接受度如何。

项目目标:确定这两种新产品和竞争产品相比,是否具有足够的接受度。

试验设计:试验由 150 人参加,每人分别得到能够食用一周的样品(新样品和竞争产品),将产品带回家食用,然后用图 2.4-1 中的 9 点语言标度法衡量产品的可接受度,填写问卷。一种产品被食用完了之后,发放第二种产品,新产品和竞争产品的发放顺序要平衡。

试验的操作:先发放给试验人员够一周食用的产品,一周结束后上交问卷和剩余样品;发放第二种产品,第二周结束后收齐问卷和剩余样品。

结果分析:分别将两种产品同竞争产品做 t 检验,各产品的平均接受度数值如表 2.4-5:

表 2.4-5　高纤维食品的消费者接受性试验结果

项目	新产品	竞争产品	差异	p
新产品 1	3.0	2.6	+0.4	<0.05
新产品 2	3.0	2.9	+0.1	>0.05

第一种产品同竞争产品的分数差别是 0.4,$p<0.05$,说明第一种产品的可

接受度显著低于竞争产品;第二种新产品同竞争产品的分数差值是 $0.1,p>$ 0.05,说明二者之间没有显著区别。

解释结果:该项目负责人得出结论,第二种新产品具有同竞争产品的相同的接受度,建议将该产品投入高纤维谷物食品市场。

任务分析

通过本项目的学习,能够认识和掌握接受试验的方法。通过具体的任务实践,包括样品的选择、方法的认知、操作的步骤和结果差异性的确定等过程,使学生能把接受试验的相关理论知识与实践技能结合起来。

任务实施

任务 低脂牛奶——接受试验

1. 实验目的

确定新生产的低脂牛奶和竞争产品相比,是否具有足够的接受度。

2. 实验原理

接受试验是情感试验的一种,是用来确定消费者对某产品的"情感"状态,即消费者对产品的喜爱程度。在喜好和不喜好的基础上能对喜好程度加以分类。样品编号后呈送给评价员,要求评价员表明他们对样品的喜好标度。最普通的喜好标度是图 2.4-1 中的 9 点语言喜好标度。

3. 样品及器具

(1) 某奶制品公司欲将新生产的低脂牛奶推向市场,而另一家生产商在市场上已经投入了一种产品,并且该产品的销售势头持续看好,已经在低脂牛奶市场上占据了重要地位。研究人员想知道跟这种产品相比较,他们的新产品的接受程度如何。准备两种生产日期接近的低脂牛奶,分别是竞争产品和新产品。

(2) 足够的塑料纸杯和托盘。

4. 品评设计

选择在中心地点试验,有 100 人参与试验,要求其评定最近生产的低脂牛奶产品,以及有着相似风味和外观的竞争厂家的对照样品。使用图 2.4-2 中的 9 点喜好标度,进行总体喜爱程度的评定。新产品和竞争产品的发放顺序要平衡。

5. 结果分析

将 100 份答好的问答卷回收,将新产品与竞争产品做 t 检验,根据 p 值判断两者之间是否有显著差别,并给出相应结论。

项目小结

接受试验是定量情感试验的类型之一,它的任务是让受试者对产品进行分级,对两个或多个产品进行喜爱程度的确定,所要回答的核心问题是"你对产品的喜爱程度如何"或"你对产品的可接受性有多大"。评价员一般是消费者,人数较多(50 人到几百人)。

情感试验中,要根据产品的性质、消费人群等特征来选择评价员。因此,感官分析家首先要确定产品供谁使用,如加糖的早餐粥的使用人群主要是 4~12 岁的儿童;衣服、杂志和娱乐品主要消费人群应该是 12~19 岁的年轻人;20~35 岁的成年人是高消费的人群,在感官检验评价员的选择中应占主要地位;而 35 岁以上的人群的主要消费应和家庭有关。

不同性别的人群在消费上的差别也应考虑。如女性热衷于购买消耗品与衣物,男性热衷于购买汽车、酒和娱乐用品。虽然男女在消费上的差别越来越小,但任何一种产品都应选择其典型的消费者作为感官检验的评价员。另外,还要考虑消费者的收入水平、地理位置因素等。

经过接受试验的实践,使同学能够充分地理解接受试验的原理、特点和适用范围,能够熟练地掌握接受试验的使用,增加实践动手能力,达到理论与实践相结合的目的,培养学生在感官评定方面的兴趣和爱好。

思考题

(1) 什么是接受试验?简单说明其特点。
(2) 接受试验在选择试验对象的时候要注意什么?

项目 3 消费者试验

工作任务

在消费者中进行试验,以达到对产品质量维护、对产品进行优化、提高产品质量、新产品开发、产品市场潜力预测和产品种类调查的目的。感官评价员应具备消费者试验、安排参评人员和选择具有代表性产品的能力。

教学内容

➤ 能力目标

(1) 了解:消费者的试验特点。
(2) 掌握:消费者试验基本方法。
(3) 会做:学生在教师的指导下能够开展消费者试验。

➤ 教学方式

教学步骤	时间安排	教学方式(供参考)
阅读材料	课余	学生自学、查资料、相互讨论
知识点讲解 (含课堂演示)	4课时	在课堂学习中,结合多媒体课件解析消费者试验,使学生对消费者试验有良好的认识
任务操作	2课时	完成消费者试验的实践任务,学生边学边做,同时教师应在学生实践中有针对地向学生提出问题,引发其思考
评估检测		教师与学生共同完成任务的检测与评估,并能对问题进行分析及处理

➤ 知识要点

1. 消费行为研究
消费者购买行为由多种因素共同决定,表现为在同类商品中的选择倾向。

在首次购买时,会考虑质量、价格、品牌、口味特征等。食品质量方面消费者主要考虑卫生、营养、含量;价格方面则关注单位购买价格、质量价格比,现在食品市场逐步在产品标识上表现产品的口味特征,这一点也同样借助于消费者的感官体验。

对于商品生产者,消费者行为中的二次购买就被赋予更多的关注,在质量、价格与同类产品无显著差别的情况下,口味特征表现更为重要。这就体现出食品感官评价工作的重要性,必须能反映消费者的感受。

2. 消费者感官检验与产品检验

消费品获得认可并在激烈的市场竞争中得以保持市场份额的一个策略就是通过感官检验的测试,确定消费者对产品特性的感受。这种做法不但可以使公司的产品优于竞争者,同时具有更大的创造性。本部分在盲标的条件下,研究消费者采用的产品检验技术,从而确定人们对产品实际特性的感知。生产商在对此了解之后,才能洞察消费者的行为,建立品牌信用,保证人们能够再次购买该产品。

进行盲标的感官消费者检验有如下作用:正常情况下,在感官基础上,如果不通过广告或包装上的概念宣传,就有可能确定消费者接受能力水平。而在进行投入较高的市场研究检验之前,消费者感官检验可以促进对消费者问题的调查,避免错误,并且从中可以发现在实验室检验或更严格控制的集中场所检验中没有发现的问题。最好在进行大量的市场研究领域检验或者产品投放之前,安排感官检验。在隐含商标行为的基础上,可以借此筛选评价员。由目标消费者进行检验,公司可以获得一些用于宣传证明的数据,在市场竞争中,这些资料极其重要。

消费者感官评价领域检验与在市场研究中所做的消费者检验种类有一些重要区别。其中一部分内容列于表 2.4 - 6。在两个检验中,由消费者放置产品,在试验进行后对他们的意见进行评述。然后对于产品及其概念性质,不同的消费者所给的信息量是不同的。

表 2.4 - 6 　感官检验与产品概念检验

检验性质	感官检验	产品概念检验
指导部门	感官评价部门	市场研究部门
信息的主要最终使用方向	研究与发展	市场
产品商标	概念中隐含程度最小	全概念的提出
参与者的选择	产品类型的使用者	对概念的积极反应者

市场研究的"产品概念"检验按以下的步骤进行:首先,市场销售人员以口述或录像带等方式向参与者展示产品的概念(内容常与初期的广告策划意见有些类似);其次,向参与者询问他们的感受,而参与者在产品概念展示的基础上,则会期待这些产品的出现(对于市场销售人员来说是重要的策略信息);最后,销售人员会要求那些对产品感觉并不好的人带些产品回家,在他们使用以后再对产品的感官性质、吸引力以及相对于人们期望的行为表现做出评价。

而在感官定向消费者检验中,把概念信息维持在最低水平,操作中只给出足够的信息以确保产品的合理使用,以及与适当的产品类似相关的评价,确保信息中无明显特征的概念介绍。

在检验方式上两种检验有重要区别。

第一个区别是消费者感官检验就像一个科学试验,从广告宣传中独立进行感官特征和吸引力的检验,不受产品任何概念的影响。消费者把产品看作一个整体,并不对预期的感官性质进行独立的评价,而是把预期值建立为概念表达与产品想法的一个函数,他们针对特征的评价意见及对产品的接受能力受到其他因素的影响,所以,感官产品检验试图在除去其他影响的同时,确定他们对于感官性质的洞察力。

影响因素的作用可能很强,如在保密检验的基础上,品牌认同的介绍和其他信息并没有产生差别,但在产品的可接受性却产生了明显的差别。消除这些影响因素的原则就是确定在同一时间下平行地对一个论述的试验性操作进行评价。通常科学研究中的实践是研究如何除去控制测定变化或其他潜在的影响。只有在这样隔离的条件下,才能根据兴趣的变化而确定结论,并得到其他方面的解释。

第二个区别是关于参与者的选择问题,在市场研究概要中,进行实际产品检验的人一般只包括那些对产品概念表示有兴趣或反应积极的人。由于这些参与者显示出一种最初的正面偏爱,在检验中导致产品得高分。而感官消费者检验很少去考查那些参与者的可靠性,他们是各种产品类型的使用者(有时是偏爱者)。仅对感官的吸引力以及他们对产品表现出的理解力感兴趣,他们的反应与概念并不相关。

感官检验的反对者认为,商品是不能脱离概念而存在的,实际的商业行为会带有品牌概念,而不是感官检验中不含实际意义的三位阿拉伯数字。

如果某产品在商业行为中失利,在考查问题时如果只有产品概念检验,就不能明确问题。可能是没有良好的感官特性,也可能市场没有对预期概念做应有的反应,不可能有改进产品的指导方向,产生问题的原因可能是劣等产品也可能是较差的概念。

感官消费者检验进行研究与开发的人员都需要知道,他们在感官汇合以及执行目标上所做的努力是成功的。如果在正确进行感官消费者检验的基础上出现产品的失败,管理人员应认识到责任而不在研究本身。

两种检验的结果对产品的意见可能并不相同,检验提供了不同类型的信息,观察了消费者意见的不同框架,并进行了不同的回答,由于消费者已经对概念表现出积极的反应,因此,产品概念检验能容易地表示出较高的总体分数或更受人喜爱的产品感兴趣度。大量的证据表明,他们对产品的感知可能只是一种与他们预期值相似的偏爱。这两种类型的检验都是相当"正确"的,都基于自身原理,只是运用不同的技术,来寻找不同类型的信息。管理人员进行决策时,应该运用这两种类型的信息,为优化产品寻找更进一步的修正方案。管理人员不能偏执一种,否则可能做出错误结论,并对团队精神有害。

3. 消费者感官检验类型

消费者领域检验主要应用如下:① 一种新产品进入市场;② 再次明确表述产品,也就是指主要性质中的成分、工艺过程或包装情况的变化;③ 第一次参加竞争的种类;④ 有目的的监督,作为种类的回顾,以主要评价一个产品的可接受性,是否优于其他一些信息。通过消费者感官检验,可以收集隐藏在消费者喜欢和不喜欢理由之上的诊断信息。根据随意的问题、强度标度和偏爱标度经常可以得出人们喜欢的理由。通过问卷和面试可以得到消费者对商标感知的认同、对产品的期望和满意程度的一些结果。

消费者检验情况的多样性对最终评价有影响。例如,由于时间、资金或相关的安全等方面问题,"消费者模型"就存在几种类型:一种是"消费者"群可能由一些受雇者或当地的居民组成,由于带来的问题是不能确认群体是否最大程度地代表了广大的消费者,给检验带来可能做出错误判断的风险。因此,要考虑使有代表性的消费群体与目标市场相关。

第二种是使用"消费者模型"的检验是内部的消费者检验,例如,在公司或研究的实验室中利用被雇佣者进行感官检验,产生的问题是被雇佣者对产品不是盲标,对所检验的产品可能有其他潜在的偏爱信息或者潜意识。同时技术人员观察产品可能与消费者有很大的差别,他们完全着重于产品特性的不同。

可见应该筛选"消费者模型",只有这个产品种类的使用者才能参与检验。如果不是有规律的使用者,没有资格预测产品的可接受性。

第三种"消费者模型"是利用当地的消费者评价小组来进行检验,以节省时间和资源。可能包括从属于学校或俱乐部的团体,或事实上以就近原则的其他组织。社会团体可以进行集中场所检验,有时在自己的场所中,通过领导者或同等地位的人互相交换意见,为产品和问答卷的分布节省一些时间。由于再次利用雇佣"消费者模型"这样的评价小组,因此,在寻找回答者及常规基础上的检验产品方面,可以提供大量的便利条件,节省时间。为了鼓励指导组织本身,可以有一些社会名流——内部灵魂人物去参与这项检验活动。

这种"消费者模型"同样存在着一些不利条件。第一,样品不一定代表在地理界线之外的群体的意见。第二,参与者可能互相之间有所了解,并且大家都在一个有规律的基础上互相交谈,因此,不能保证这些意见都具有独立性。即使对产品进行任意编码等也不能完全解决问题。第三,除非利用外部力量或一个伪装的检验实验室进行交换意见和分配,否则参与者会发现是谁在进行这项检验,生产公司关于产品的意见或先期的看法可能会造成对结果有所偏爱。

在任何消费者的可接受性检验中,应仔细的挑选参与者,然后再进行产品类项的有规律使用。必须清楚群体中那些不是有规律使用产品的人。

由于感官评价工作和评价小组的性质,感官评价小组需要细心维护,同时对于感官评价工作的结果进行审定。例如,面对产品调查的问卷收回后会发现,没有使用过产品的人返回的问卷同样是填满的,但有的回答没有逻辑,这些都对最终的统计分析结果有影响,要及时将这种问卷发现,产生原因可能是由于组织人员考虑团体的作用而将问卷草率完成。这就需要对评价小组的关系进行协调,关键职责是与当地的居民保持良好的关系及密切的联系。完成这一项工作要借助领导人的作用,对这些重要的联系人进行培养,使他或她能够尽快地适应这些步骤。

食品最大众化的消费者检验包括集中场所的产品试验,集中场所检验经常利用领域检验机构中的便利条件进行。例如,在车辆不得入内、只限行人活动的商店区内,如果检验项目很广泛,消费者可能不完全符合检验条件,对于这种情况可由公司自己的感官部门来执行。感官评价小组也可以使用一个有活动装置的检验用的实验室来变换位置,这就为消费者的接触机会提供了巨大的灵活性。例如,夏季野餐或户外烧烤的食品指标检验可以在野营地、公园中或附近进行,这样的区域检验能在检验者的参照系中引入一些现实的组成部分。面向孩子的产品可以带到学校去,有活动装置的检验实验室可以提供位置进行适当的产品准备和对照描述。对于许多食品,需要对准备和技术进行特殊的考虑,只要人们大量聚集并有灵活的时间,产品就可以在任何地方进行检验。例如,感官检验可以在国家的商品交易会或其他的娱乐时间进行,但若在机场检验,由于人们的时间受到非常固定的限制,因此,这种检验没有太大的成效。

集中场所检验提供了有力的、良好的控制条件,职员可以在产品准备和处理方面受到良好的训练。按照指示,很容易掌握和控制样品的检验方法以及回答的方式,也很容易在检验站或分散区域隔离回答,以减少外部条件的影响,与家庭使用相比,更容易保持安全性。

最现实的情况就是消费者把产品带回家,在以下正常情况下的场合使用。家庭使用检验需要花费大量的时间去建立和执行,特别是如果雇佣外部的领域检验服务部门去做大部分工作,花费会很高。但是他们在提供数据的有效性方面提供了大量的有利条件,这对于广告宣传的支持十分重要。同时,当家庭其他成员同样每天使用所购买的产品时,他们的意见也可以进入产品描述中,正确的评价会这样形成:消费者经过一段时间对所买的产品使用后,可以检验在各种场合下产品的表现情况,然后形成一个总体意见。人们就会迅速而准确地评价食品的风味、外观和质地等具体情况,而在对这些项目进行品尝实验后,实际上人的快感反应是很直接的。家庭使用为人们在位置改变的情况下,观察产品的作用提高了有利的机会。另一个优点是为检验产品和包装的相互作用提供了机会,可能有些产品很好,但其质量与它们的包装设计十分不相称,而家庭使用检验可以很好地检查这一点。

对有关香气的检验,检验场所的不同会影响检验结果。如果它们在中心位置处暴露的时间很短的话,人们有可能对非常甜的或有很强香气的香味吸引力做出过高的评价。如果在家庭中长期使用该产品,这种香味就有可能因过量而变得使人厌烦,甚至即使当人们在实验室用力吸入后,在检验过程中给它打一个高分,但它也会让人产生疲劳感。在风味中也可能发生错误的配比。例如,在牙膏中加入蜜饯一样的风味,这样做对于牙膏的销售就会产生一定的阻力。

综上所述,一般消费者检验有四种类型:雇佣消费者模型、当地固定的消费者评价小组、集中场所检验和家庭使用检验,其中雇佣消费者检验是最快的、最昂贵的、最安全的检验方法,但在潜在的偏爱项目上也有其最大的不利因素,即样品缺乏代表性,检验情况也缺乏现实性等问题。在特定情况下,对检验方法的选择通常一方面代表了时间和资金因素之间的协调,另一方面是为了得到最有效的信息需要。

4. 家庭使用检验

家庭使用检验方案设计中包括了大量的思考内容,其中许多部分需要与信息的委托人或最终使用者以及一些进行数据收集服务的现场检验代理商进行商谈。感官专业人员的一些初步确定的方案中会包括样品的尺寸规格、实验设计、参与者资格、地点和代理商的选择、借鉴或问卷的结构等内容。启动并操作这个检验过程,有几十个活动内容的决定指标,包括描写要求一个感官专家完成更复杂的一项任务。多城市领域检验的复杂程度和所需要的努力与撰写研究论文的内容十分接近。与学术研究领域的工作相比,工业领域的检验经常更多地受到固定时间的限制,但操作过程却因此而变得更加容易。

影响检验设计所要决定的内容包括样本的大小、产品的数量以及如何比较产品。样本大小是指对消费参与者的统计取样,而不是供应的产品总量或部分的大小。统计咨询者能帮助评估检验能力的大小,但是最终关于数量的决定会受到一些主观因素的影响,即人们希望忽略一个不同的尺寸,或确保一定要发觉差别。这一决定与后者有些类似,即确定实际的区别有多大,或者是可以安全地忽略多小程度的区别。在消费者检验中查阅错误水平的合理准则就是标准偏差要控制在标度的 20%~30%(或在实际只有 8 个等距的 9 点标度中的 2 点)。强度标度的变化范围可控制在稍低于偏爱的标度,可变性也要低于"简单"的特性,例如,做关于外观或一些简单质地特性的试验,而反对进行所有试验中最难的品尝性或嗅觉、芳香特性的实验。给出了这个参考准则,就可以在 75~150 人(每个产品)的范围里进行样本大小的评价。

关于样本大小和统计力量,有一个逐渐缩小回答的法规,这就像一般情况下的面试一样。从第一次面试中所获得的信息量是最大的,另外的检验领域只能获得少之又少的新信息。有可能会产生这样一个结果,由于一个检验很敏感一直无法在一个对消费者几乎没有实际结果的区域中表示出统计意义上的明显结论。Hays(1973)提醒我们,无论多么无意义,如果对足够多的人进行了检验,那么在统计学的意义上,任何假说都有其重要作用。为了防止统计重要性的过度解释,特别是在大型检验中,必须提醒管理人员注意这些用法的区别。

取样策略是不能从单一群体中取样,有时候需要着眼于不同的地理位置、不同的社会阶层,这就需要增加总的备用物资来维持最低 75~100 个回答者的群体范围。此时应该权衡选择人数和所需花费。

领域检验有三种基本设计。当两个产品同时放置时,有时可以进行并行检验。这种检验在集中场所检验中的使用频率要高于家庭使用中的情况。在所掌握的环境中,由于是由同一个人观察两种产品,因此,并行检验有很大的灵敏性,可以用不同的分数(有依赖性的或配对的 t 检验)或受完全限制(重复的测定)的分析变化来分析数据,比较统计与知觉的方向。但是,在家庭使用检验中同时检验的不止一个产品时,结论就值得仔细考虑,例如,自我管理、产品的使用、评价的顺序以及问卷的完成等出现错误的概率较高。只有当控制和掌握了产品使用的交互作用,才可以使用并列评价。

在领域检验中更普遍的设计是单个产品和单个有序纺织产品的检验,在单个检验中,只放置了一个独立的产品。虽然需要大量参与者,但一般进行这样一个检验可以节约时间。如果产品使用的影响范围相当小,或者参与者很难发现和补充的话,这个检验就不是很有实用性,这就需要在群体之间进行产品之间的统计比较。由于个人之间高度的可变性,在这一设计中存在着潜在的敏感性损失。

相反,由于主题的基本回答、标度使用偏爱或其他一些个人回答风格的特殊影响,单因素有序设计检验可以进行误差的区分。单因素的有序设计,是指在一定时间内有序的纺织产品。正常情况下,在每个产品使用阶段的最后会进行问卷回答,此时,在每个人的记忆中的产品感官性质和成绩都是最清晰的。群体中对顺序要平衡。在一个单因素有序检验中,所使用的第一个产品得到的评价和参照物要多于一个简单的单因素设计。所以,如果关系到结果的偏爱,或第二个、第三个产品的顺序影响,每个人使用第一个产品后的分析就能提供一定的情报。

在单因素有序检验并不适用时,就会出现某些情况。如果产品进行了最初的使用后,造成基础物质和评价过程不能挽回或严重改变时就不可能进行第二次的检验。例如家庭杀虫剂的使用造成物质中的一些变化,因为不能为第二个产品获得有实用性产品性质的清晰图像。当然,在失败后或恢复阶段之后,可以检验多重产品,但在受市场支配的、一时间为实质影响因素的新产品检验中,并不是经常具有实用性。

检验设计中也要考虑产品数量的选择。有可能按顺序检验多于两个产品,或者相平衡的不完全限制检验那样使用不完全取样设计,来筛选大量可能的选择对象。由于进行家庭场合和集中场所领域检验所需要的费用和努力,可提供选择方案的数量应被降低至在检验的早些阶段提到的一些有高度承诺的候选人。要避免一个产品的单因素检验,如果包括基本产品在内进行比较的话,那就更安全,也有更大的科学有效性。可以把有选择性的规则,流行的产品或者是竞争者最成功规则中的重新包装的产品作为例子。

检验设计中最后要考虑是否成对偏爱的问题。在单因素有序检验中,如果在最后产品的使用之后接着就提出一个偏爱问题,结果就与参与者的记忆力有关。由于顺序影响的可能性,应考虑每个单独表达顺序的偏爱比例,同时,也不仅仅是对全体的检验人群。成对偏爱又可能用于确定可接受分数的比较。实际操作中,样品试用阶段时间的长短以及预检验得到的结果,可能会导致感官的专业人员做出是否要包括成对偏爱问题的决定。

5. 问卷设计原则

检验的目标。资金或时间和其他资源的闲置情况,以及面试形式的适合与否决定研究手段的性质和确切形式。

（1）面试形式与问题

一个个人形式面试是可以进行自我管理，或通过电话进行。每种方法都各有利弊。自我管理费用低，但无助于探明自由回答的问题，在回答的混乱与错误程度方面是开放的，不适于那些需要解释的复杂主题，甚至不能保证在回答问题多过以前的问题或浏览了全部问卷。也可能调查中这个人没有按照问题的顺序回答。自我管理的合作与完成速率都是比较差的。对于不识字的回答者，电话或亲自面试是唯一有效的方法。电话会谈是一个合理的折中方法，但是复杂的多项问题一定要简短、直接。回答者也可能迫切地要求限制他们花费在电话上的时间，对自由回答的问题可能只有较短的答案。电话会见持续的时间一般短于面对面的情况，有时候会出现回答者过早就终止回答的情况。

与人面试最具灵活性，因为面试者与问卷都清楚地存在着，所以包括标度变化在内的问卷可以很复杂。当面试者把问卷读给回答者听时，也可以采用视觉教具来举例说明标度和标度选择，这个方法虽然费用较高但效果明显。

（2）设计流程

设计问卷时，首先要设计包括主题的流程图。要求详细，包括所有的模型或者按顺序完全列出主要的问题。让顾客和其他人了解面试的总体计划，有助于顾客和其他人在实际检验前，回顾所采用的检验手段。

在大部分情况下应按照以下的流程询问问题：① 能证明回答者的筛选性问题；② 总体接受性；③ 喜欢或不喜欢的可自由回答的理由；④ 特殊性质的问题；⑤ 权利、意见和出版物；⑥ 在多样性检验和（或）再检验可接受性与满意或其他标度之间的偏爱；⑦ 敏感问题。可接受性的最初与最终评价经常是高度相关的。但是如果改变了问题的形式，就可能出现一些冲突情况。例如，当单独品尝时，一个被判断为"太甜"的产品在偏爱检验中，实际上要比甜度合适的产品受到更多的偏爱。问卷中不同的主题可能会产生不同的观点。如上所述，在第一个可接受性的问题中，质地可能是压倒一切的问题，而当以后询问优先权时，便利性可能成为一个结论。这就产生了一些明显的前后矛盾，但它们是消费者检验中的一部分。

（3）面试准则

感官专业人员参加面试要在内心保持几条准则。参与面试时获得如何在实践中进行问卷调查的有利机会，同时提供了与真正回答者相互影响的机会，以便正确评价他们的意见。这是一个需要花时间的过程。

第一，通常是指当时的穿着合体，要介绍自己。与回答者建立友好的关系有益于他们自愿提供更多的想法,距离的缩短可能会得到更加理想的面试效果。

第二,对面试需要的时间保持敏感性,尽量不要花费比预期更多的时间。如果被问及,应该告知回答者关于面试的较接近的耗时长短。这虽然会损害全体协议的比例,但也会导致更短的面试结束时间。第三,如果进行一场个人面试,请注意个人的言语,不要有不适合的迹象。第四,不要成为问卷的奴隶。要明白它是你回答的工具。当代理职员被告诫偏离主题时,项目领导要有更大的灵活性,而当人们认为他们需要放松时,可以接受偏离顺序,跳过去再重复一次。

参与者可能不了解某些标度的含义,适当的给以合适的比喻以提供理解的便利是必要的。有时结果数据可能会有很大变异,是由于可选择的回答没有限制的性质。

面试者永远不要用高人一等的口气对回答者说话,或者让他感觉自己是下属。通过积极的问候,有助于获得回答者合作的、诚实的反应,口头的感激会让回答者感到他们的意见很重要,这就使检验更加让人觉得有兴趣。

（4）问题构建经验法则

构建问题并设立问卷时,心中有几条主要法则。这些简单的法则可以在调查中避免一般性的错误,也有助于确定答案,反映了问卷想要说明的问题。一个人不应该假设人们知道你所要说的内容,他们会理解这个问题或会从所给的参照系中得到结论。预检手段可以揭露不完善的假设,这些准则列于表 2.4 - 7 中,这里就不对其进行详细的解释了。

表 2.4 - 7　问卷构建的 10 条法则

序号	法则
1	简洁
2	词语定义清晰
3	不要询问内容是他们不知道的
4	详细而明确
5	多项选择问题之间应该是专有的和彻底的
6	不要引导回答者
7	避免含糊
8	注意措辞的影响
9	小心光环效应和喇叭效应
10	有必要经过预检验

(5) 问卷中的其他问题及作用

问卷也应该包括一些可能对顾客有用的、额外的问题形式。普通的主题是关于感官性质或产品行为的满意程度。这点与全面的认同密切相关,但是相对于预期的行为而言,可能比它的可接受性要稍微多涉及一些。典型的用词是:"全面考虑后,你对产品满意或不满意的程度如何?"典型的可用以下简短的 5 点标度:非常满意、略微满意、既不是满意也不是不满意、略微不满意以及非常不满意。由于标度很短且间隔性质不明确,因此,通常根据频数来进行分析,有时会把两个最高分的选择放入被称为"最高的两个分数"中。不要对回答者选择对象规定整数值,不要假定数值有等间隔的性质,接着进行如 t 检验式的参与统计分析。

满意度标度中有一些变化包括购买意向和连续使用的问题。购买意向难以根据隐含商标的感官检验来评定,因为相对于竞争中价格与位置没有详细的确定。最好避免在信息的中控中试图确定购买意向。可变换一下方式,采用短语表示一种伪装的购买意向问题,例如,连续使用的意向:"如果这个产品在一个合适的价位上对你有用,有多少可能你会继续使用它?"一个简单的 3 点或 5 点标度在"非常可能"到"非常不可能"之间的基础上构建,无参数顺序分析如同简短满意标度的情况一样进行。

消费者检验过程中也可以探查看法。这经常是通过产品陈述评价的同意与不同意程度来进行的。同意或不同意标度有时是指"喜欢"标度,在人们进行了普及之后加以命名。例如,"检验和表明关于以下陈述的感觉:产品×××使皮肤不再干燥。"标度点典型的按以下方式排列:非常同意、同意(或稍微同意)、既没有同意也没有不同意、不同意(或稍微不同意)以及非常不同意。在接下来的广告和商品信息以及对竞争者合法的防卫中,这一信息对于消费者对产品感知的具体宣布有重要意义。

(6) 自由回答问题

自由回答问题既有优点也有缺点。许多人对自由回答问题的有效性持反面意见,虽然通过实验可以获得他们有效性的感觉,但要慎重决定其是否值得进一步利用。

自由回答的问题有一些优点,即很容易书写这些问题。在人们的感觉中并不存在偏见,回答者可以用他们自己的语言集中他们的意见和判断的理由,没有建议明确的回答、主题或特性。自由回答的问题很适合于回答者在头脑中有准备好的信息的情况,但是面试者不能期望会出现所有可能的答案或提供一个清单。

自由回答的问题还有一个与定性研究方法相类似的缺点。首先,他们难以编码及制成表格。如果一个人说这个产品是乳脂状的,而另一个人说是光滑的,那么他们可能或不可能对同一感官性做出反应。在特定的感官特性中就会出现不确定性,就像品尝描写为酸感,酸的或辛辣的,实验者必须确定作为同一反应的答案编码,否则结论就会变得太长,以至于很难观察主题的模式,答案也难以汇集并总结。

针对自由回答所带来的问题,有一种对立方式是粗略的提供封闭选项问题。对于题目和可能的答复进行了严格的控制,它们易于计量,同时统计分析也是直接的。通常固定的选项很容易回答,因为回答者无须认为与自由回答的问题一样难。他们很容易迅速地进行编码,制表格及分析。

任务分析

通过本项目的学习,在实际的任务引导下,使学生融会贯通消费者试验相关理论。

任务实施

一、消费者试验的样品准备程序设计

1. 准备程序包括的内容

由于消费者试验参加人数多,试验用样品数量大,一定要在试验之前进行认真的准备工作,以免出现问题,或者出现了问题,可以及时找到问题原因,从而尽快解决,一般要对以下情况进行记录。

(1) 样品自身情况

> 1. 产品的筛选
> (1) 实验目的
> (2) 样品的选择
> a. 变量:
> b. 产品/品牌:
> (3) 原因

2. 样品信息
(1) 样品来源：
出厂时间：
地点：
编号：
包装条件：
(2) 样品的存放：
(3) 其他：

(2) 样品的存放与呈送情况

3. 产品的制备
总量：
其他成分：
温度（储存/准备）：
准备时间：
存放时间：
容器：
其他：
特殊说明之处：

4. 产品的呈送
数量：
容器/工具：
编号：
大小：
温度：
呈送程序：
其他：

(3) 参评人员情况

5. 参加试验人员
年龄范围：
性别：
产品的使用：
食用该产品的频率：
可参加试验的时间：

2. 准备程序设计举例(棒棒糖)

---

1. 产品的筛选

(1) 试验目的:确定消费者对含有不同巧克力和花生烤制程度的棒棒糖的接受程度和各感官指标的喜好程度。

(2) 样品的选择

a. 变量:棒棒糖表面巧克力糖衣量;花生量;花生的烤制程度。

b. 产品/品牌:选择 18～22 种试验生产样品,2 种其他厂家产品;对每种样品进行描述,每种产品待测数量为 12～15 个。

(3) 原因:挑选出的 14 个样品在花生/巧克力比例、花生烤制风味以及坚果的脆性上表现出了不同。

---

2. 样品信息

(1) 样品来源:试验生产样品和市售的其他厂家样品。

样品出厂时间:3 个月。

产地:本公司,××厂和×××厂。

编号:本公司编号为 L432－439,其他厂家产品为 489 和 423。

包装条件:所有样品都用铝箔纸包装。

(2) 样品的存放:所有样品在试验前都存放 3 周,每 24 个样品放于一个盒子中,存放条件为 18 ℃,50% 相对湿度。

(3) 其他:无。

---

3. 产品的准备

总量:每个实验地点 250 只(150 个试验地点)。

其他成分:无。

温度(储存/准备):18 ℃～23 ℃。

准备时间:无。

存放时间:无。

容器:塑料盘子。

其他:在呈送给参试人员之前才能将样品打开,切忌过早暴露于空气中;不要呈送折断的、裂开的和有坑凹的样品。

特殊说明之处:用手拿样品的时间不要过长,以免样品融化或有其他损伤。

---

4. 产品的呈送

数量:每个消费者得到一整支。

容器/工具:塑料盘子。

编号:3 位随机编码。

大小:一整支棒棒糖。

温度:18～23 ℃。

呈送顺序:将样品放在直径 15 cm 的盘子中间。

其他:呈送顺序另行准备。

> 5. 参加试验人员
> 年龄范围：12～25 岁占 50％，25～55 岁占 50％。
> 性别：男性女性各占 50％。
> 产品的使用：在最近的一个月之内食用过巧克力糖衣的棒棒糖。
> 食用该产品的频率：每年食用 5 支以上。
> 可参加试验的时间：下午 3～5 点或晚上 7～9 点。

二、消费者试验问卷举例

消费者试验中，问卷的设计非常关键。设计的题目要能够全面反映产品性质，每个问题和问卷总长度又不宜过长；否则，消费者会失去耐心而影响实验结果。因为消费者都是没有经过培训的，涉及食用方式的说明时，要做到简单明了，容易理解。

A. 棒棒糖问卷

姓　　名：＿＿＿＿＿　　　　　产品编号：＿＿＿＿＿

请在试验前漱口，对你面前的产品进行评价，方法是：先观察再品尝。

综合考虑包括外观、风味和质地在内的所有感官特性，在能够代表你对该产品总体印象的方框中打"√"

☐　☐　☐　☐　☐　☐　☐　☐　☐

特别不喜欢　　　　　　　　无所谓　　　　　　　　特别喜欢

评语：请具体写出你对该产品哪些方面喜欢，哪些方面不喜欢。

喜欢　　　　不喜欢
＿＿＿＿　　＿＿＿＿

1. 棒棒糖喜好问题

请在相应的方框中打"√"，表示你对该产品下列性质的喜爱程度。如果有必要的话，你可以再次品尝样品。

总体外观

☐　☐　☐　☐　☐　☐　☐　☐　☐

特别不喜欢　　　　　　　　无所谓　　　　　　　　特别喜欢

总体风味

☐　☐　☐　☐　☐　☐　☐　☐　☐

特别不喜欢　　　　　　　　无所谓　　　　　　　　特别喜欢

总体质地

☐　☐　☐　☐　☐　☐　☐　☐　☐

特别不喜欢　　　　　　　　无所谓　　　　　　　　特别喜欢

---

2. 棒棒糖各项性质具体评价

请在相应的方框中打"√",表示你对该产品下列各项感官性质的喜爱程度和他们的强度/水平。如果有必要的话,你可以再次品尝样品。

外观　　　　　　　　　　　喜爱程度　　　　　　　　性质的强度/水平

颜色

　　　特别不喜欢　　　无所谓　　　特别喜欢　　淡　　　　　　深

颜色均匀性

　　　特别不喜欢　　　无所谓　　　特别喜欢　　淡　　　　　　深

破损气泡数量

　　　特别不喜欢　　　无所谓　　　特别喜欢　　淡　　　　　　深

巧克力

　　　特别不喜欢　　　无所谓　　　特别喜欢　　淡　　　　　　深

花生

　　　特别不喜欢　　　无所谓　　　特别喜欢　　淡　　　　　　深

烤制香味

　　　特别不喜欢　　　无所谓　　　特别喜欢　　淡　　　　　　深

甜味

　　　特别不喜欢　　　无所谓　　　特别喜欢　　淡　　　　　　深

坚实度

　　　特别不喜欢　　　无所谓　　　特别喜欢　　淡　　　　　　深

坚果脆度

　　　特别不喜欢　　　无所谓　　　特别喜欢　　淡　　　　　　深

融化速度

　　　特别不喜欢　　　无所谓　　　特别喜欢　　淡　　　　　　深

糊嘴性

　　　特别不喜欢　　　无所谓　　　特别喜欢　　淡　　　　　　深

项目小结

消费者试验要求具备三个条件:试验设计合理、参评人员合格、被测产品具有代表性,试验方法和试验人员的选择要根据试验目的而定。

消费者试验的目的:

(1) 产品质量维护。

(2) 提高产品质量、对产品进行优化。

(3) 新产品开发。

(4) 市场潜力的预测。

（5）产品种类调查。

（6）对广告的支持。

思考题

（1）消费者试验要求具备三个条件及试验目的是什么？

（2）消费者试验问卷设计原则是什么？

（3）消费者感官检验类型有哪些？

第三部分　综合创新篇

项目 1 食品感官评价方法的选择与应用

随着近代分析科学的发展,人们用气相色谱、液相色谱、质谱、红外分光光度计、紫外分光光度计及核磁共振等精密仪器可以分析数以千万计的物质,它们在食品品质分析中所发挥的作用也日趋重要。既然如此,为什么还要建立和研究感官分析呢? 物理、化学分析检测只能了解组成食品的主要化学成分和物理状态,但对口感的好坏、优劣就很难用理化指标准确地表示出来。例如,理化指标无法表示出红烧肉的滋味、米饭的香味甚至煎饼的味道等。而人的感官却可通过视觉、味觉、嗅觉,将食物的色、香、味、温度、质地综合一体,全面地反映出来。例如,衣服的穿着感,布料的手触感,笔写字的流畅感,床铺睡上去的舒适感等。

理论及实践均已证明,人的感觉器官是非常精密的"生物检测器",它可以检测到用化学分析仪器无法测到的微量成分,经过严格训练的人甚至可以非常灵敏地分辨出几千种不同的气味。例如,人的嗅觉能闻出 1/2 000 万毫克麝香的气味,这是任何现代分析仪器都难以达到的灵敏度。一种食品的独特风格,除决定于所含的成分及各成分的数量外,还取决于各成分之间相互协调、平衡、相乘、相抵、缓冲等效应的影响。例如,两种酒的样品经过理化分析,组成成分可以基本相同,但它们的风格却相差很远。分析仪器无法取代人的感官,而且感官分析与仪器分析相比具有灵敏度范围广、应用方便、成本低、容易掌握、适应性强、结果形象具体等优点。

所谓食品感官评价,就是以心理学、生理学、统计学为基础,依靠人的感觉(视觉、听觉、触觉、味觉、嗅觉)对食品进行评价、测定或检验并进行统计分析以评定食品质量的方法。

感官评价的方法一共可以分为三大类,而每一大类所包含的具体方法都很多,在需要对产品进行真的感官评价时,应该选用什么方法呢? 很多人的做法可能是选用那些熟悉的方法,因为这样实施起来比较容易。而每个人熟悉的方法都非常有限,不见得适用被检测的样品。因此,这种选用方法的原则是不科学的。为了避免这种情况的发生,在选择具体的感官评价方法时,我们建议从以下几个方面进行考虑。

(1)确定项目目的。可以参考表 3.1-1,看自己的项目属于哪一类,再根据表中所列,查找相关讲解。

(2)确定试验目的。本项目中给出的 5 个表可以帮助确定试验目的。

表 3.1-1　感官分析当中经常出现的问题类型及适用试验方法总汇

问题类型	适用试验
1. 新产品开发——产品开发人员希望了解产品各方面的感官性质,以及与市场中同类产品相比,消费者对新产品的接受程度	本书中涉及的所有方法
2. 产品匹配——目的是为了证明新产品和原产品之间没有差别	差别检验中的相似性检验方法
3. 产品改进——首先,确定哪些感官性质需要改进;第二,确定试验产品和原来产品的确有所差异;第三,确定试验产品比原来产品有更高的接受度	先是所有的差别检验,然后是情感试验(见注释)
4. 工艺过程的改变——第一,确定不存在差异;第二,如果存在差异,确定消费者对该差异的态度	差别检验中的相似性试验;情感试验(见注释)
5. 降低成本/改变原料来源——第一,确定差别不存在;第二,如果差别存在,确定消费者对新产品的态度	差别检验中的相似性试验;情感试验(见注释)
6. 产品质量控制——在产品的制造、发送和销售过程中分别取样检验,以保证产品的质量稳定性;培训程度较高的评价小组可以同时对许多指标进行评价	差别检验;描述分析
7. 储存期间的稳定性——在一定储存期之后对现有产品和试验产品进行对比。第一,明确差别出现的时间;第二,使用受过高等培训的评价小组进行描述分析;第三,适用情感试验以确定存放一定时间的产品的接受性	差别检验;描述分析和情感试验
8. 产品分级/打分——应用在具有打分传统的产品中,在政府的监督下进行	打分
9. 消费者接受性/消费者态度——在经过实验室阶段之后,将产品分散到某一中心地点或由消费者带回家进行品尝,以确定消费者对该产品的反应;通过接受性试验可以明确该产品的市场所在及需要改进的方面	情感试验
10. 消费者的喜好情况——在进行真正的市场检验之前,进行消费者喜好试验;员工的喜好试验不能用来取代消费者的喜好试验,但如果通过以往的消费者试验对产品的某些关键指标的消费者喜好有所了解时,员工的喜好试验可以减少消费者试验的规模和成本	情感试验
11. 评价员的筛选和培训——对任何一个评价小组都必要的一个工作,通常包括:面试、敏感性试验、差别试验和描述试验	第一部分　项目 8

问题类型	适用试验
12. 感官评价同物理、化学检验之间的联系——这类试验的目的通常有两个：一是通过试验分析来减少需要品评的样品数量；第二，研究物理、化学因素同感官因素之间的关系	描述分析，单项指标差异试验

注：在 3、4、5 中如果新产品同原产品之间有差别，可以使用描述分析，以对差别有明确的认识。如果新产品同原产品在某一方面有差别，在后面的试验中则应该使用单项指标差异试验。

表 3.1-2(总体)差别试验——样品之间是否存在感官上的差异？

表 3.1-2　差别检验的应用范围

检验名称	适用领域及方法总结
1. 三点试验	两个样品没有视觉上的差异；应用最广的一种差别检验法；虽然在统计上很有效，但会受到感官疲劳和记忆效应的影响；通常需要 20～40 人参加，最少可以仅由 12 人参加；需要简单的培训。
2. 二-三点检验	两个样品没有视觉上的差异；在统计上不十分有效，但受感官疲劳的影响比三角检验要低；通常需要 30 人以上参加，最少可以是 12～15 人参加，最少需要 5 人；需简单培训。
3. 五中选二检验	两个样品没有明显视觉上的差异；统计上有效性很高，但受感官疲劳的影响非常大，因此仅限于视觉、听觉和触觉方面的检验；通常由 8～12 人参加，最少需要 5 人；需要简单培训。
4. 差别成对比较试验(即异同试验)	两个样品没有视觉上的差异；统计的有效性比较低，但适用于具有强烈风味或气味持续时间比较长的样品，或者含有复杂的刺激容易使试验人员搞不清楚方向的检验；参加试验的人员通常是 30 人以上，最少可以是 12～15 人；需要简单培训。
5. A-非 A 试验	同 4，但应用范围是，把其中一个样品作为参照物或标准样，或者将它作为测量的标准。
6. 与对照不同的试验	两个样品之间可能存在由于正常的不一致性而引起的细微差别，如肉类、蔬菜、沙拉、焙烤制品等；应用范围是当差别的大小对试验目的的确定有所影响时，如在产品质量控制和存储期试验中；通常呈送的样品对的数量是 30～50；需要中等程度的训练。
7. 连续试验	同以上 1 到 3 的检验配合使用，在事先确定的显著性水平下，以检验两个样品之间是否相同还是不同为目的所要进行的最少试验的次数。
8. 相似性试验	同 1 到 3 或 7 配合使用，当试验的目的是证明某些情况下两个产品之间不存在差异时。比如，用一种新的成分替代价格升高或货源不足的老成分的变化；用新设备替代原来的老设备而引起的加工工艺的变化，使用此检验方法。

这个表中的检验可以用在以下几个方面：

① 确定产品之间的差异是否来自于成分、加工过程、包装及储存条件的改变；

② 确定产品之间是否存在总体差别；

③ 确定两个样品之间是否可以相互替代；

④ 筛选和培训评价员，并监督他们对样品的区分能力。

表 3.1-3 具体感官指标差别试验——样品之间的指标有何差异。

表 3.1-3　单项感官指标差别试验的应用范围

检验名称	使用领域及方法总结
1. 定向成对比较试验	应用最广泛的一种单项指标差别检验；用来检验两个样品中哪一个具有的待测指标的强度更大（方向性差异试验）或者哪一个样品受欢迎的程度更大（成对喜好试验）；检验可以是单边的，也可以是双边的；通常要求参加人数为 30 人，最少可以是 15 人。
2. 成对排序试验	用来对 3～6 个样品就某项感官指标的强度进行排序；操作简单，而且统计分析也不复杂，但结果不如打分有效；通常参加人数为 20 人以上，最少可以是 10 人。
3. 简单排序试验	用来对 3～6 个或不多于 8 个的样品根据某项指标进行排序；排序容易，但结果不如打分有效；两个样品之间的差异无论大小，可能都不会影响它们各自的位置；可以作为内容更为详细的其他试验的前序试验，用来对样品进行分类和筛选；通常参加人数为 16 人，最少可以是 8 人。
4. 几个样品的打分试验	用来对 3～6 个或不多于 8 个的样品就某项感官指标的强度在数字化的标尺上进行打分；所有样品都要一起比较；通常参加人数是 16 人以上，最少是 8 人；可以用来比较几个样品的描述法分析结果，但注意前一个指标可能对后一个指标产生某种影响，如光环效应。
5. 均衡非完全分块设计试验	同 4，适用于一次呈送的样品过多时，如 7～15 个。
6. 几个样品的打分，均衡非完全分块设计试验	同 5。

该表所包括检验内容可用来确定两个或两个以上样品之间的某一指定感官指标是否具有差别、差别有多大。此指定指标可以只是单独的一项，比如甜度，也可以是几个相关联的指标的综合反应，比如新鲜程度（新鲜度不是一个单一的

概念),或总体评价,比如喜好性。除了喜好试验以外,参加其他试验的评价员都要经过认真培训,做到理解所选指标的含义,并能对其进行识别,而且要严格按照规定程序进行品评,只有这样才能保证试验结果的有效性。如果所选指标之间没有差别,并不意味着样品之间没有总体差别。如果就所选指标进行评价,样品不必视觉上完全相同。

表3.1-4 情感试验——你喜欢哪一种产品?你对样品的接受程度如何?

表3.1-4 在消费者试验和员工接受性试验中情感试验的应用范围

检验名称	典型问题	适用领域
喜好试验		
1. 成对喜好试验	你更喜欢哪一个样品?	两个产品的对比
2. 喜好排序	根据你对样品的喜好性对产品进行排序:1=最喜欢,2=第二喜欢……	对3~6个样品进行比较
3. 多重成对倾向性试验	同1	对3~6个样品进行比较
接受性试验 4. 简单接受性试验	这个样品可以接受吗?	员工接受性试验的第一次筛选
5. 喜好打分	参考模块四项目2,图2.4-1	研究一个或多个样品在实验人员代表人群中的接受程度
指标判断试验 6. 指标倾向试验	你喜欢哪一个样品的香气?	对2~6个样品进行比较,以确定哪一个指标对产品喜好起决定作用
7. 单项指标的喜好打分	对下列指标按照提供的喜好标尺打分	对1个或多个样品进行研究,以确定哪一个指标对产品的喜好起决定作用、起作用的程度是多大
8. 单项指标的强度打分	对下列指标按照提供的强度标尺进行打分	对1个或多个样品进行研究以防试验人员对产品的喜好程度各不相同

情感试验可以分为喜好试验(其任务就是讲样品按照喜好性排序)、接受性试验(任务是按照接受程度对产品打分)和指标判断试验(任务是对那些对产品的喜好性或接受性起着决定性作用的感官指标进行打分或排序)。在进行统计

分析时,可以将喜好性试验和接受性试验看作是单项指标差异试验的一种特殊形式,倾向性或接受程度即为所要研究的"单项指标"。从理论上讲,表3.1-4中列出的所有试验都可以被看作是倾向性试验和接受性试验。在实践中,参加情感试验的人通常都没有什么感官评价的经验,因此不要使用比较复杂的试验设计,比如均衡非完全分块设计试验(BIB)。除特殊说明,该表所列试验适用于试验室试验、员工接受性试验、中心地点的消费者试验及家中进行的消费者试验。

表3.1-5描述分析试验——对问答卷中列出的各项感官指标进行打分。

一般的做法是将试验目的和可能执行的具体试验落实到文字上,然后和试验的有关人员进行商讨、修订。

表3.1-5　描述分析试验的应用范围

检验名称	适用领域
1. 风味剖析法	多个不同的样品需要由几个受过高度训练的评价员对风味进行品评
2. 质地剖析法	多个不同的样品需要由几个受过高度训练的评价员对风味进行品评
3. 定性描述分析法	大公司的质量管理部门,大量同类产品必须每天由培训程度较高的评价小组进行评价;产品开发部门
4. 时间-强度描述分析	适用于摄入口腔之后,风味的感知强度随时间而变化的产品,如啤酒的苦味、人工甜味剂的甜味等
5. 自由选择剖析法	在消费者试验中,评价员不必使用同一的标准
6. 系列描述分析法	适合范围很广,包括以上1,2,3
7. 修订版简单系列描述分析法	在货架期研究中对产品的几个关键指标进行检测;研究可能存在的生产工艺的缺陷和产品的不足;日常质量控制

描述分析试验包括的方面非常多,每种方法的具体使用时都要经过一定程度的设计和修订,并无统一标准。

项目目的和试验目的的修订:

一个感官评价方法的选择不是轻易就能完成的,它需要经过仔细、缜密的思考之后才能做出决定。项目目的和试验目的被重新修订的现象在感官评价中是经常发生的,因为在筹备试验时,总是出现各种问题,对这些问题解决的过程,就是对项目目的和试验目的进行修订的过程,一定要在所有问题都澄清之后,才能最终确定要选用什么方法。感官评价的花费比较大,如果开始设计不好,整个试验就等于白做,不仅浪费人力、物力,还会严重影响生产和市场,因为感官评价通常是产品开发和市场研究的一部分。项目目的和试验目的的修订或检验通过中式试验(参加人数比真正试验少,但比实验室试验要多)即可完成,比如,原来项目目的是确定产品的消费者喜好情况,试验目的是检验产品之间的总体差异性。我们可以通过一个由 10～20 人进行的差别试验来确定产品之间是否真的存在差别,如果产品之间确实存在差别,那么就可以安排下一步的消费者试验。如果这个中式试验的结果表明产品之间没有显著差异,那么就不要盲目地进行动用几百人的消费者试验。

　　本项目中给出 5 个具有总结意义的表,可以在进行试验方法的选择时参考使用。此外,在选择方法时,应优先使用以国际或国家标准颁布的感官分析方法,可参考表 3.1-6 与表 3.1-7。

表 3.1-6　通用感官评价标准方法

感官评价项目	采用方法	方法标准化
整体差别检验 (有无差别?)	成对比较检验	GB/T 12310—2012;ISO 5495:2005《感官分析方法　成对比较检验》
	三点检验	GB/T 12311—2012;ISO 4120:2004《感官分析方法　三点检验》
	二-三点检验	GB/T 17321—2012;ISO 10399:2004《感官分析方法　二、三点检验》
	"A"-"非 A"检验	GB/T 12316—1990;ISO 8588:1987《感官分析方法　"A"-"非 A"检验》
	五中取二检验	GB 10220—2012;ISO 6658:2005《感官分析方法总论》
	序贯分析	ISO 16820:2004《感官分析方法　序贯分析》
特性差别检验 (差别大小?)	排序法	GB/T 12315—2008;ISO 8587:2006《感官分析方法　排序法》
	分类法	GB 10220—2012;ISO 6658:2005《感官分析方法总论》
	分等法	
	评分法	
	标度法	GB/T 19547—2004;ISO 11056:1999《感官分析方法学　量值估计法》;ISO 4121:2003《感官分析使用定量响应标度的一般导则》

（续表）

感官评价项目	采用方法	方法标准化
喜好与接受性试验（差别是否接受或偏爱？）	成对喜好试验	GB/T 12310—2012；ISO 5495：2005《感官分析 方法成对比较检验》
	排序喜好试验	GB/T 12315—2008；ISO 8587：2006《感官分析 方法 排序法》
	喜好标度	ISO/NWI《感官分析 方法学 在控制范围内的消费者偏爱测试方法一般导则》
颜色感官检验	目视比色	GB/T 21172—2007；ISO 11037：1999《感官分析 食品颜色评价的总则和检验方法》
质地感官检验	质地剖析法	GB/T 16860—1997；ISO 11036：1994《感官分析 方法 质地剖面检验》
风味感官检验	风味剖析法	GB/T 12313—1990；ISO 6564：1985《感官分析 方法 风味剖面检验》
感官质量描述分析	感官特性的定性描述	GB/T 10221—2012《感官分析术语》；GB/T 16861—1997；ISO 11035：1994《感官分析 通过多元分析方法鉴定和选择用于建立感官剖面描述词》
	感官特性强度的评价	GB/T 19547—2004《感官分析 方法学 量值估计法》；ISO 4121：2003《感官分析 使用定量响应标度的一般导则》
	感官剖面的建立（剖面法）	GB/T 16860—1997；ISO 11036：1994《感官分析 方法 质地剖面检验》；GB/T 12313—1990；ISO 6564：1985《感官分析方法 风味剖面检验》；ISO 13299：2003《感官分析 方法学 建立感官剖面的一般导则》

表 3.1-7 我国产品专用感官评价方法标准

产品类别	方法标准	标准名称
酒、饮料类4项 国标2项，行标2项	NY 146.2—1988	果汁测定方法感官检验
	QB/T 1326.2—1991	白兰地、威士忌、俄得克感官评定方法
	GB/T 10345—2007	白酒分析方法
	GB/T 5750.4—2006	生活饮用水标准检验方法感官性状和物理指标

(续表)

产品类别	方法标准	标准名称
烟草类 3 项 国标 2 项,行标 1 项	YC/T 138—1998	烟草及烟草制品感官评价方法
	GB.5606.4—2005	卷烟感官技术要求
	GB15269.4—2011	雪茄烟感官技术要求
罐头类 1 项,行标	QB/T 3599—1999	罐头食品的感官检验
茶叶类 3 项 国标 1 项,行标 2 项	SN/T 0737—1997	出口乌龙茶品质感官评审方法
	SN/T 0917—2000	进出口茶叶品质感官评审方法
	GB/T 23776—2009	茶叶品质感官评审方法
粮食以及制品类 5 项, 均为国标	GB/T15682—2008	稻米蒸煮试验品质评定
	GB/T20569—2006	稻谷储存品质判定规则
	GB/T20570—2006	玉米储存品质判定规则
	GB/T20571—2006	小麦储存品质判定规则
	GB/T25005—2010	感官分析方便面感官品质评价方法
调味料类 1 项,国标	GB/T 21265—2007	辣椒辣度的感官评价方法
肉与肉制品类 1 项,国标	GB/T 22210—2008	肉与肉制品感官评定规范

PPT:感官评价在食品制造企业中
的应用实践

项目 2 智能感官

一、智能感官仿生原理

1. 交互感应原理

当有多个不同的非选择性传感器组成一个传感器阵列时,由于各个传感器对被测液中不同的组分均具有不同的感应度,而且是交互感应,这样不同的传感器就可以获得一系列有差异的信号,特别是在对多个样品进行测试比较时,就可以通过化学计量学或模式识别分析将不同样品的相关信息进行整合,得到样品相似、差异等方面的细致描述,这就是人工智能味觉系统的核心原理和技术基础。交互感应原理是一种仿生学原理,生物感觉的进化使得感觉器官具有极大的经济性和智能性,一个核心问题是怎样利用少量类型的感受器件来感测丰富多彩的外部环境。

2. 智能系统的特征

具有人类智能的系统称为智能系统,实现智能的途径是一种高层次仿生技术。智能本质上是一种数学。智能系统的特征:

(1) 多信息感知与融合;

(2) 联想记忆;

(3) 自治性——自相似、自学习、自适应、自组织、自维护;

(4) 知识表达、获取、存储和处理(主要是识别、推理与决策);

(5) 容错。

3. 智能感官系统

电子鼻——对气体检测。

电子舌——对液体检测。

视频:电子舌介绍

二、电子舌

1. 电子舌的结构及基本原理

电子舌是一种模拟人类味觉鉴别味道的仪器,由味觉传感器、信号采集器和模式识别工具三部分组成。其中,味觉传感器是由数种可敏感味觉成分的金属丝组成(多传感器阵列),这些金属丝能将味觉信号转换成电信号;信号采集器将样本收集并存储在计算机内存中;模式识别工具则是模拟人脑将采集的电信号加以分析、识别。它是具有识别单一和复杂味道能力的装置,电子舌的输出信号表明,它可以对不同的味道,也就是不同的化学物质成分进行模式识别。

目前,对电子舌的研究国外较多,虽已有商业化的产品,但都是在 20 世纪 90 年代末才开始生产。在国内,对该项技术的研究尚处于试验阶段,还未出现商业化的电子舌。随着传感器数据融合技术在传感器技术、模式识别、人工智能、模糊理论、概率统计等交叉的新兴学科中的发展,电子舌的功能必将进一步增强,具有更高级的智能,并以其独特的功能,拥有更加广阔的应用前景。

2. 电子舌在食品味觉识别中的应用

电子舌技术主要用于液体食物的味觉检测和识别上,对于其他领域的应用尚处于研究和探索阶段。电子舌可以对 5 种基本味感:酸、甜、苦、辣、咸进行有效的识别。日本的 Toko 应用多通道类脂膜味觉传感器对氨基酸进行研究。结果显示,可以把不同的氨基酸分成与人的味觉评价相吻合的 5 个组,并能对氨基酸的混合味道做出正确的评价。同时,通过对 L-蛋氨酸这种苦味氨基酸研究,得出可能生物膜上的脂质(疏水)部分是苦味感受体的结论。

目前,使用电子舌技术能容易地区分多种不同的饮料。俄罗斯的 Legin 使用由 30 个传感器组成阵列的电子舌技术检测不同的矿泉水和葡萄酒,能可靠地区分所有的样品,重复性好,2 周后再次测量结果无明显的改变。另外,电子舌技术也能对啤酒和咖啡等饮料做出评价。对 33 种品牌的啤酒进行测试,电子舌技术能清楚地显示各种啤酒的味觉特征,同时样品并不需要经过预处理,因此,这种技术能满足生产过程在线检测的要求。对于咖啡,通常认为咖啡碱是咖啡形成苦味的主要成分,但不含咖啡碱的咖啡喝起来反而让人觉得更苦。因为味觉传感器能同时对许多不同的化学物质做出反应,并经过特定的模式识别得到对样品的综合评价,所以它能鉴别不同的咖啡,显示出这种技术独特的优越性。

电子舌技术不仅可以用于液体食物的味觉检测,也可以用在胶状食物或固体食物上。例如,对番茄进行味觉评价,可以先用搅拌器将其打碎,所得到的结果同样与人的味觉感受相符。

此外,国外的一些研究者尝试把电子舌与电子鼻这两种技术融合在一起,从不同角度分析同一个样品,模拟人的嗅觉与味觉的结合,在一些情况下能大大提高识别能力。目前,电子舌已经有了商业化的产品。例如法国的 Alpha MOS 公司生产的 ASTREE 型电子舌,利用 7 个电化学传感器组成的检测器及化学计量软件对样品内溶解物做味觉评估,能在 3 min 内稳妥地提供所需数据,大大提高产品全方位质控的效率,可应用于食品原料、软饮料和药品的检测。

三、电子鼻

1. 电子鼻的构成及原理

电子鼻是模拟动物及人的嗅觉系统研制出的一种人工嗅觉系统。它由气体传感器阵列(初级神经元)、相应的电路和运算放大器(嗅球)以及计算机(大脑)组成。工作时,气味或气体在气体传感器上产生一定信号,经电路转换和放大,再经计算机对信号进行处理。这里对信号处理是应用模式识别原理,建立相应的数学模型和信息处理技术,最终形成对气味或气体的决策、判断和识别。当然,人类大约有1亿个左右的嗅觉细胞,而目前电子鼻所拥有的传感器阵列远远少于这个数目,而且大脑的活动要比计算机强很多,因此,电子鼻还远没有人及动物嗅觉系统所具有的功能和敏感程度。但作为一种先进的感觉测试仪器,电子鼻已经在食品工程、医疗等领域得到一定范围的应用。随着该项技术的不断完善和发展,其应用领域将会得到进一步的拓展。

2. 电子鼻在食品感官检测中的应用

(1) 在食品品质检测中的应用

对不同酒类进行区分和品质检测可以通过对其挥发物质的检测进行。传统的方法是采用专家组进行评审,也可以采取化学分析方法,如采用气相色谱法(GC)和色谱质谱联用技术(GC-MS),虽然这种方法具有较高的可靠性,但处理程序复杂,耗费时间和费用。因此需要有一个更加快速、无损、客观和低成本的检测方法。Guadarrama 等对2种西班牙红葡萄酒和1种白葡萄酒进行检测和区分。为了有对比性,他们同时还检测了纯水和稀释的酒精样品。他们的电子鼻系统采用6个导电高分子传感器阵列,数据采集采用 Test pointTM 软件,模式识别技术采用 PCA 方法,在 Matlab v4.2 上进行,同时他们对这些样品进行气相色谱分析。结论是电子鼻系统可以完全区分5种测试样品,测试结果和气相色谱分析的结果一致。

茶叶的挥发物中包含了大量的各种化合物,而这些化合物也很大程度上反映了茶叶本身的品质。Ritaban Dutta 等对5种不同加工工艺(不同的干燥、发酵和加热处理)的茶叶进行分析和评价。他们用电子鼻检测其顶部空间的空气样品。电子鼻由费加罗公司生产的4个涂锡的金属氧化物传感器组成,数据采集和存储用 LabVIEW 软件,数据处理用 PCA、FCM 和 ANN 等方法。结论是采用 RBF 的 ANN 方法分析时,可以100%的区分5种不同制作工艺的茶叶。

Sullivan 等用电子鼻和 GC-MS 分析4种不同饲养方式的猪肉在加工过程中的气味变化,所有数据采用 Unscramble reversion7.6 软件进行处理。同时邀请了 8 位专家进行评审。得到的结论是,电子鼻不仅可以清晰地区分不同饲养方式的猪肉,也可以评价猪肉加工过程中香气的变化。为了确定电子鼻检测是否具有再现性,他们把样品在不同时期和不同的实验室进行重复试验,结论是电子鼻分析具有很好的重复性和再现性。

(2) 在食品成熟度检测和新鲜度检测中的应用

水果所散发的气味能够很好地反映出水果内部品质的变化,所以可以通过闻其气味来评价水果的品质。然而人只能感受出 10 000 种独特的气味,特别是在区分相似的气味时,人的辨别力受到了限制。水果在贮藏期间,通过呼吸作用进行新陈代谢而变熟,因此在不同的成熟阶段,其散发的气味会不一样。糖度、pH 值和坚实度等是水果成熟度的标志之一,而这些指标都要进行有损检测获得。2000 年 Oshita 等将日本的"La Franch"梨在不成熟时进行采摘,然后将它们分成 3 组,第 1 组在 4 ℃下贮藏 115 d(未成熟期);第 2 组在 4 ℃下贮藏 115 d 后,在 30 ℃下放置 1 d(成熟期);第 3 组在 4 ℃下贮藏 115 d 后,在 30 ℃下放置 5 d(完熟期)。用 32 个导电高分子传感器阵列的电子鼻系统进行分析,采用 non-linear mapping 软件进行数据处理。同时用化学分析方法、GC 和 GC-MS 对 3 个不同阶段的梨进行分析。结论是电子鼻能够很明显地区分出 3 种不同成熟时期的梨,并且同其他分析方法的结果有很强的相关性。

传统鱼肉的新鲜度评价可以通过电流计生物传感器来测定胺或用酶反应来测定。这些方法在实际检测中不是很方便。O'Connell 等采用 11 个费加罗公司产涂锡金属氧化物传感器阵列构成的电子鼻系统来评价和分析阿根廷鳕鱼肉的新鲜度,他们从同一个市场得到新鲜的阿根廷鳕鱼肉后,切成 20～60 g 不同质量的鱼片,放入冰箱内贮藏。每次试验都从冰箱内取样品进行分析。得到的结论是电子鼻可以区分不同贮藏天数的鱼肉,不同质量的鱼肉样品对电子鼻评价其新鲜度无影响。

(3) 在食品早期败坏检测中的应用

因为乳制品的保存期较短,而且容易受到由微生物引起的败坏和变质,所以早期快速定性的检测其败坏和变质非常重要。GC-MS 可以定量分析乳制品挥发物的成分,但它也存在许多的不足,如不能得到样品的总体信息。2001 年 Naresh Magan 等采用 14 个导电高分子传感器阵列组成的电子鼻系统,数据处理采用 PCA、DFA 和 CA 等方法对乳制品加以检测。结论是用电子鼻可以区分未损坏的乳制品和由 5 种单一微生物或酵母引起品质改变的乳制品。而且用电子鼻也可以区分和鉴别由单一微生物或酵母引起的乳制品品质改变的程度。

总之,电子鼻技术作为一个新兴的技术种类也正持续快速地发展着,它必将为食品品质,特别是食品气味的检测带来一次技术的革命。然而受敏感膜材料、制造工艺、数据处理方法等方面的限制,现今电子鼻的应用范围与人们的期望还存在距离。这些问题主要有:降低成本、取样浓缩装置的小型实用化、气敏传感器的灵敏度、检测的时间和速度、合适的数据分析方法、如何培训电子鼻以建立起完整的检测数据库。这些问题的解决,将使电子鼻技术逐步从实验室走向实用。

四、感官评价的发展趋势

感官评价法有其内在缺点:样品必须同时制备并进行评价。而仪器分析(如质地测试仪)可以随时检测并量化食品的物性参数,尽管这些参数必须通过感官的接受性来解释。结合人的感官和仪器进行食品品质(如质地)的综合评价,将能更客观可靠地获得食品特性的数据。近年来,食品感官评价有以下几个发展趋势:

(1) 发展更符合人类感官系统机制的仪器,如电子鼻、电子舌的应用研究。

(2) 在气味或风味研究的部分,气相层析嗅闻技术的应用有普遍化的趋势。

(3) 研究不同的分析仪器与感官特性之间的各种相关性。例如,结合人的感官和仪器进行食品质地的综合评价,将更能客观可靠地获得食品特性数据。质构仪是一种多功能物性测定仪,在食品、化工、医药、化妆品等相关行业的物性学分析都有很好的应用。在食品分析中,质构仪主要应用于分析食品嫩度、硬度、脆性、黏性、弹性、咀嚼性、拉伸强度、抗压强度、穿透强度等物性参数,并且能够结合感官品评分析,客观的评价食品的各种感官指标,控制产品质量,优化产品生产工艺。

项目3　葡萄酒感官评价

一、葡萄酒概论

1. 葡萄酒历史

在葡萄酒诞生之初，人类就给予了它对于任何其他事物与饮品都没有的偏爱。作为西方文明的标志之一，葡萄酒在漫长的人类历史上扮演着重要的角色。它不仅是减轻病痛、消毒杀菌的良药，还是舒缓疲劳、振奋精神的佳酿。葡萄酒曾是唯一内外科通用的消毒剂。直到19世纪晚期，葡萄酒仍是西方医学界不可或缺的用品。

历史上最早有关葡萄种植的记载出现在圣经上。诺亚带着飞禽走兽走出方舟后，便开始耕作土地，并种植了一个葡萄园。然而没有人知道谁最早发明了葡萄酒。但是可以确定的是，古埃及人最早以图画的方式记录了酿造葡萄酒的过程，他们已经完全掌握了酿造葡萄酒的技术，并且已经注意到了不同葡萄酒所具备的不同品质。而在古希腊和古罗马文明中，没有找到关于葡萄酒酿制的确切数据，只有充满神话色彩的史前故事。

葡萄酒中的酒精不仅能给人带来奇妙的迷幻感受，同时还能杀菌。葡萄酒最初仅供给予祭祀和皇室成员享用，古代长期饮用葡萄酒的贵族们，寿命通常也会更长一些。主要是那时候的卫生条件和医疗条件都很不完善，饮用水很不卫生，吃的东西也不洁净，导致人们常常因感染某些疾病而很早死去。同时，葡萄酒还可以增添勇气，打仗之前喝过葡萄酒的战士，会变得更加勇猛。葡萄酒的诸多好处，使它很快成了当时最畅销的贸易货品，例如希腊利用它换取稀有金属，而罗马则利用它换取奴隶。

2. 葡萄酒的分类

葡萄酒的定义：根据国际葡萄与葡萄酒组织的规定（International Office of Vine and Wine，简称OIV，1996），葡萄酒只能是破碎或未破碎的新鲜葡萄果实或葡萄汁经完全或部分酒精发酵后获得的饮料。

葡萄酒的类型可以分为以下几类：

（1）静止葡萄酒（Still Wine）：当葡萄酒在20℃时，二氧化碳含量低于0.05 MPa的葡萄酒。其酒精度为8.5～15度。

（2）起泡葡萄酒（Sparkling Wine）：当葡萄酒在20℃时，二氧化碳含量高于

0.35 MPa 的葡萄酒。

（3）加强型葡萄酒（Fortified Wine）：在天然葡萄酒中加入蒸馏酒，形成酒精度在 15～22 度的葡萄酒，如葡萄牙的波特（Port）和西班牙的雪莉（Sherry）。

（4）蒸馏葡萄酒（Distilled Wine）：酒精度通常大于或等于 40 度，通常称之为白兰地（Brandy）比如最有名的干邑 XO。

我们日常生活中最常遇到的是静止葡萄酒，其又可以按照颜色、甜度进行细分。

（1）按颜色分类：

红葡萄酒（Red）：葡萄带皮发酵而成，酒色分为紫色、宝石红、石榴红等。

桃红葡萄酒（Rose）：颜色类似于粉红色或三文鱼色。

白葡萄酒（White）：用白葡萄或红葡萄榨汁后不带皮发酵酿造，酒色分为柠檬黄、金黄色、琥珀色等。

在所有的葡萄酒产品中，红葡萄酒大约占六成，而白葡萄酒、桃红葡萄酒大约占四成。而在中国，目前红葡萄酒占据将近九成的市场份额。主要原因是：首先是中国人钟情于红色，红色往往与喜庆、好运相关联；其次从商业的角度来说，红葡萄酒具有更大的炒作空间。

（2）按糖分含量分类：

干型葡萄酒（Dry）：也称干酒，是指葡萄酒酿造后，酿酒原料（葡萄汁）中的糖分完全转化成酒精，残糖量≤4.0 g/L 的红葡萄酒。口中觉察不到甜味，只有酸味和清怡爽口的感觉。干酒是世界市场主要消费的葡萄酒类型，由于糖分极低，干酒把葡萄品种的风味体现得最为充分，因此对干酒的品评成为鉴定葡萄品种和酿造优劣的主要依据。

半干型葡萄酒（Medium Dry）：4.0 g/L＜葡萄酒含糖量≤12.0 g/L 的红葡萄酒。

半甜葡萄酒（Medium Sweet）：12.0 g/L＜葡萄酒含糖量≤45.0 g/L 的红葡萄酒。味略甜，是日本和美国消费较多的品种，在中国也很受欢迎。

甜型葡萄酒（Sweet）：葡萄酒含糖量＞45.0 g/L 的红葡萄酒，口中能感到明显的甜味。

二、种植与酿造

1. 种植条件

（1）气候

葡萄的种植与当地气候条件密不可分。遍查全球各大洲的葡萄产区，几乎所有的葡萄酒产区都位于南、北纬 30~50 度之间。在这个区间内,可因纬度的不同而分为凉爽、温和和炎热气候。因此,根据不同的气候特点,要选择与之适应的葡萄品种和种植方法。

(2) 天气

每年的天气变化,对葡萄酒的品质和风格也造成了不同的影响。葡萄的生长期,特别是葡萄成熟的阶段,是葡萄"一生"中最重要的时间段。极端的天气,譬如冰雹、大风、水灾、晚霜,都会影响葡萄的大小和品质。

(3) 土壤

肥沃的土壤并不适合种植葡萄树,因为它会导致枝叶过于茂盛,使得出产的葡萄风味单一,不适合用来酿造葡萄酒。贫瘠的土壤最适合种植葡萄树。

2. 葡萄酒的酿造

无论白葡萄还是红葡萄,压榨出来的果汁是没有颜色的,所以白葡萄酒也可以用红葡萄酿造。葡萄酒的色素来自于红葡萄皮,白葡萄皮不具有色素效果。红葡萄酒和白葡萄酒的最大区别在于红葡萄酒需要萃取葡萄皮中的色素和单宁,因而在酿造方法上与白葡萄酒略有差异:

红葡萄酒酿造过程:葡萄→破皮→浸皮与发酵→压榨→熟成→装瓶。

白葡萄酒酿造过程:葡萄→破皮→压榨→发酵→熟成→装瓶。

上述过程中,压榨对于红葡萄酒而言,是分离酿造好的葡萄酒与渣;而对于白葡萄酒而言,是分离葡萄汁与葡萄皮、果肉。浸皮是将破皮后的葡萄与葡萄汁浸泡在一起,以便从葡萄皮内萃取其所需的颜色、单宁和风味物质。

此外,桃红葡萄酒的酿造方法有两种:① 酿造过程与红葡萄酒相似,只是缩短浸皮时间;② 将红葡萄酒与白葡萄酒混合调配,做出桃红葡萄酒,这种方法常用于香槟产区。

三、葡萄品种

全世界的葡萄品种有成千上万,但是广泛种植并流行的大约只有 20~30 种。我们列举 8 个最常见、最重要的品种,带领大家进入品种世界的大门。

1. 红葡萄品种

(1) 赤霞珠(Cabernet Sauvignon)

赤霞珠是全世界最知名的红葡萄品种,比如著名的拉菲葡萄酒就是由大比例的赤霞珠调配而成的。赤霞珠喜好温暖和炎热的气候,在寒冷的气候里难以成熟。赤霞珠的香气以黑色水果为主,如黑莓、黑醋栗等,常伴随着一些青椒和雪松的香气。上好的赤霞珠葡萄酒使用橡木桶熟成,在柔化单宁的同时也给酒增加了烟熏、香草、橡木的香气。赤霞珠具有极佳的陈年潜力,顶级的酒可以陈放数百年。

（2）美乐（Merlot）

美乐也是著名的红葡萄品种之一,果香丰富甜美,最具有代表性的是李子和草莓的香气。和赤霞珠一样,最好的美乐也会在橡木桶中培养和熟成,以获得更多的巧克力、香草风味。许多新世界国家都偏爱使用美乐酿制果香浓郁、口感柔和的葡萄酒。

（3）黑皮诺（Pinot Nior）

黑皮诺是一种娇贵的红葡萄品种,世界上只有少数几个地区的环境适合黑皮诺的生长,比如最著名的法国勃艮第产区,黑皮诺年轻的时候带有覆盆子、樱桃等红色水果香气,成熟后会带有动物、泥土的复杂香气。世界上最贵的红葡萄酒,就是用100％的黑皮诺酿成的。除了顶级的勃艮第酒,大部分的黑皮诺都适合在其年轻时饮用。

（4）西哈/西拉子（Syrah/Shiraz）

这个葡萄品种在法国叫作西哈Syrah,在澳大利亚叫作西拉子Shiraz。西哈葡萄酒带有浓郁的黑色水果、胡椒香气。西哈葡萄酒非常适合使用橡木桶成熟,以法国罗讷河地区和澳洲最为有名。

2. 白葡萄品种

（1）霞多丽（Chardonnay）

霞多丽是一个最常见的优秀葡萄品种,也非常容易种植,因此无论在寒冷还是炎热的地带,都能酿造出诱人的葡萄酒。在凉爽地区,霞多丽呈现较多苹果、梨、青柠檬的香气;而在温暖炎热的地区,则表现出更多热带水果的香气,如香蕉、菠萝等。在葡萄酒的酿造过程中,霞多丽还会发展出甜美的黄油和奶油香气,而经过橡木处理的霞多丽则会带有香草、椰子和烘烤的香气。

（2）长相思（Sauvignon Blanc）

长相思是一种芳香型的白葡萄,酿出的葡萄酒常常呈现出清爽的绿色水果和植物香气,比如黑醋栗芽孢、芦笋、青草,入口清爽高酸。为了保持更多纯净的果香,绝大多数长相思葡萄酒不使用橡木桶,不过某些温带地区生长的长相思偶尔会在橡木桶中熟成,展现一些烘烤和香料的香气,例如美国加州纳帕谷产区的白富美（Fumé Blanc）。大多数长相思并不会随着陈年储藏而提高品质,尽管它们可以存放,但会失去其自身有魅力的新鲜度,反而变得陈旧乏味。长相思可以为甜酒增添酸度,比如波尔多苏玳（Sauternes）地区的贵腐甜酒中就有长相思作为调配成分。

（3）雷司令（Riesling）

雷司令是一种著名的白葡萄品种,适合种植在凉爽的地区,常常带有绿色水果、柠檬以及小白花的香气。雷司令很容易感染贵腐霉,因而也适合酿造奢华的甜酒。高酸度的特征可以使雷司令具有超强的陈年能力,熟成后的雷司令会显现出蜂蜜和烤面包的香气。有些老雷司令葡萄酒中也会展现出汽油的味道。

（4）琼瑶浆（Gewurztraminer）

琼瑶浆是所有葡萄品种中最容易辨认的一个,非常的芳香,带有浓郁的水果和香料味,如荔枝、玫瑰、丁字香花蕾,口感肥厚圆润。有人戏称该葡萄酒的感觉是"杨贵妃躺在玫瑰花瓣中吃荔枝"。微甜的口感适合亚洲人的口味。世界最有名的琼瑶浆产地是法国阿尔萨斯。

四、葡萄酒品尝

1. 品酒介绍

视频:大师教你如何品葡萄酒

品酒其实并不像我们想象的那样高深艰涩,只要关注外观、嗅觉、口感这三点,就把握了品酒最基本的技巧。不过,品酒毕竟是一门内涵极为广阔且富于变化的学问,所以经验的积累必不可少,不可期望一日成才。

品酒需要良好的环境,包括以下几个方面:

（1）良好的自然光或白光(过于强烈的光线会影响视觉);

（2）无异味的环境(异味会影响嗅觉,例如香水、香烟、厨房的味道);

（3）白色的背景(便于观察葡萄酒的颜色);

（4）干净的口腔(品酒前吸烟、食用口香糖、使用牙膏等会影响味觉的判断);

（5）温度 20～22 ℃,湿度 60% 左右;

（6）标准的 ISO 品酒杯。

值得一提的是,在不同形状的杯子里,葡萄酒的表现会不同,体现最明显的是香气。另外,对葡萄酒的颜色的判断也会因为倒入酒的多少而产生误差。为了公平正确地品鉴葡萄酒,在品酒的时候需要选用 ISO 酒杯,倒入葡萄酒约 50 mL(约为杯身的三分之一)。

不同的葡萄酒,其最佳品尝温度不同:

（1）香槟酒、起泡酒及甜白葡萄酒,酒的温度在 6～8 ℃;

（2）干白和桃红葡萄酒,酒的温度 10～12 ℃;

（3）浓郁的红葡萄酒,酒的温度 16～18 ℃。

品尝多个酒样时,一般应遵循以下原则:① 只有具有可比性的葡萄酒才能相互比较。不同酒样的排列顺序,应从淡到浓,从弱到强;② 对于干白酒可以香气浓淡排序;③ 对于干红酒可按单宁含量、酒度排序;④ 同一类型酒,不同年份,则从新到老排序;⑤ 新手每次品尝的葡萄酒不宜超过 5 个。此外,关于品酒时间,最好在上午 10~12 点,其他时间也可,但应在饭前。

2. 品酒方法

(1) 外观(Apperance)

① 倒酒时产生的气泡

把葡萄酒倒入杯中时,酒液的流动性好且有响声,并在杯中酒液的表面形成一些小气泡和几个较大的气泡,小气泡不久消失。新酒的气泡有色,陈酒的气泡一般无色。注意气泡应是在液面形成,如果在酒体内形成或在液面形成泡沫,则表明该酒二氧化碳含量过高。

② 葡萄酒的液面

倒好酒后,用食指和拇指捏住酒杯的杯脚,将酒杯置于腰带的高度,低头观察葡萄酒的液面,或将酒杯置于白色的桌面上,站立弯腰观察。葡萄酒的液面应洁净、光亮、完整。葡萄酒液面不正常的情况:酒的液面失光,均匀分布着许多细小的尘状物;酒的液面呈彩虹般的颜色;酒的液面呈现蓝色色调。

③ 葡萄酒的色泽与澄清度

将酒杯举至双眼的高度,观察颜色、深浅、澄清度、有无悬浮物及沉淀物。颜色不是判断葡萄酒质量的真正指标,但通过它可以判断酒的醇厚度、酒龄、成熟情况等。澄清度是重要的指标。优良的葡萄酒必须是澄清透明的(色深的红葡萄酒例外),光亮。

葡萄酒的颜色应该是清澈、有光泽的,不应该是浑浊不清的,凭借葡萄酒色泽深浅的差异,可判断出这瓶葡萄酒的成熟度,最好在阳光下,而且尽可能在白色的背景前观察酒的颜色。通常红葡萄酒愈老颜色愈浅,愈年轻颜色愈深。紫红色是很年轻的酒(少于 18 个月),如薄若来新酒;樱红色是不新不老的酒(2~3 年),品质适宜现喝,不宜久藏;草莓红色是已经成熟的酒(3~7 年),开始老化,应现喝;褐红色是名贵的好酒储存多年的色泽,普通的酒如果呈现这个颜色可能品质已走下坡。通常白葡萄酒愈老颜色愈深。白葡萄酒会呈淡淡的黄,颜色加深变成金色。这个时候再不喝就衰老了,如变成琥珀色和土黄,这瓶酒基本走到生命终点。

④ 酒柱与挂杯现象

摇动酒杯,静止后葡萄酒在杯壁上形成无色酒柱,这就是挂杯现象。酒柱多,下降速度慢表明葡萄酒中的乙醇、甘油、还原糖等非挥发物质多。反之,酒柱少,下降速度快表明这些物质少。

（2）嗅觉（Smell）

① 第一次闻香:闻葡萄酒处于静止状态时的香气。有两种方法:a. 将酒杯放在品尝桌上,弯下腰来,将鼻孔置于杯口部闻香;b. 将酒杯端起,但不能摇动,稍稍弯腰,将鼻孔接近液而闻香。第一次闻香闻到的气味很淡,因为只闻到了扩散性最强的那一部分香气,因此,第一次闻香的结果不能作为评价葡萄酒香气的主要依据。

② 第二次闻香:摇动酒杯,促使葡萄酒呈圆周运动,进行第二次闻香。包括两个阶段:第一阶段是在液面静止被破坏后立即闻香;第二阶段是摇动结束后立即闻香。第二次闻香闻到的是使人舒适的香气,这一过程可重复多次,每次结果应该一致。二次闻香后记录下所感觉到的气味的种类、持续性和浓度,并区分、鉴别所闻到的气味。

闻香的目的是品鉴葡萄酒香气质量,从以下三个方面考虑:

① 状态:也就是香气的怡悦与优雅度。如果葡萄酒的气味纯正,令人舒适、和谐,它就是优雅的。优雅的陈年葡萄酒以浓郁、舒适、和谐的醇香为特征。优雅的新酒以花香和成熟的果香为特征。如果葡萄酒的香气不仅愉悦优雅,而且馥郁、罕见、有个性,就可以说其香气是别致、绵长的。

② 浓郁度:如果香气浓郁、馥郁、完整,则葡萄酒芳香、醇厚;如果香气淡,或不具香气,则葡萄酒平淡无味;如果香气消失,则称葡萄酒失香、凋萎、衰老。

③ 香气:指葡萄酒中闻到的气味。葡萄酒香气的种类一般分为 8 种主要类型:

a. 花香:所有花香味;

b. 水果香:所有水果香;

c. 干果香:李子干、葡萄干等;

d. 香料香:主要存在于优质的陈酿葡萄酒中,包括胡椒、桂皮、豆蔻、姜等;

e. 植物性香:青草、蘑菇、苔藓等气味;

f. 动物性香:主要是麝香、肉味和脂肪味;

g. 熏烤烘焙香:主要是在葡萄酒成熟过程中形成的各种烟熏、烧烤的味道;

h. 其他:例如硫、醋、氧化等不良气味。

上述八大类香气对应许多复杂的呈香物质,在葡萄酒中,根据这些物质的来源,可将葡萄酒的香气分为三大类:

一类香气:源于葡萄浆果的香气称作果香或品种香;葡萄酒的品种香是由葡萄浆果中芳香物质的种类及其香气的浓度和优雅度决定的。多数情况下,葡萄酒的果香比葡萄浆果本身的香气要浓得多。

二类香气：源于发酵的香气称作酒香或发酵香；葡萄酒发酵过程中产生了大量副产物，包括高级醇、酯、醛、酸等。葡萄酒的发酵香不应过于强烈，只能作为果香的补充。

三类香气：源于陈酿的香气称作醇香或陈酿香。醇香也包括橡木香，但橡木味不能掩盖其他香气，也不能只有橡木香构成醇香。

优质干白葡萄酒的香气浓郁雅致，表现为清香宜人的果香，没有任何异味。优质干红葡萄酒表现为浓郁的醇香，无任何异味。优质葡萄酒的香味应是缓慢的、柔和地散开，并逐渐接触和包围你的嗅觉器官。而劣质葡萄酒有令人不愉快的馊味，而且往往气味很冲，并有明显的酒精味。

葡萄酒中有些香气是由橡木桶带来的。橡木桶分为新橡木桶和旧橡木桶。新橡木桶与葡萄酒长期接触后，会赋予它额外的单宁，增添复杂的香气。经过新橡木桶熟成的葡萄酒，通常会出现橡木、椰子、香草、烤面包、烟熏等气味。不是所有的葡萄酒都适合用橡木桶，只有香气浓郁、结构感强、有陈年潜力的葡萄酒才适合。常见的适合橡木桶熟成的葡萄品种有：赤霞珠、西哈、美乐、黑皮诺、霞多丽；常见的不适合品种有：长相思、琼瑶浆、雷司令。

（3）口感（Taste）

品酒的方法是将酒杯举起，轻轻向口中吸入酒液，吸入的量约为 6～10 mL，应使酒液均匀地分布在舌头的表面。闭上双唇，头向前微倾，利用舌头和面部肌肉的运动，搅动葡萄酒；也可将口微张，轻轻地吸气，这样可使葡萄酒蒸汽进入鼻腔后部。葡萄酒在口内保留 15 s。咽下少量葡萄酒，其余吐出，用舌头舔牙龈和口腔内表面以鉴别葡萄酒的余味。口腔的各个部位对甜、酸及单宁的敏感度不同，因此应该让葡萄酒在整个口腔中转动，充分接触口腔的各个部位。

葡萄酒味觉方面的主要考察指标有以下几个方面：

① 甜度：葡萄酒里或多或少含有一些糖分。几乎所有的红葡萄酒和大部分白葡萄酒都是干型，也就是说它们几乎不含糖。尝起来稍微有点甜味的白葡萄酒被称为"半干型"。舌尖部分是对甜度最为敏感的区域。

② 酸度：所有的葡萄酒都有酸度，但是通常白葡萄酒的酸度比红葡萄酒高。酸度是白葡萄酒生命的支柱。酸是尝柠檬的感觉，它刺激口腔产生唾液。与炎热气候相比，寒冷气候往往带来更高的酸度。酸度对甜酒非常重要，可以让甜葡萄酒不至于过甜、过腻。舌头的两侧对酸度最为敏感。

③ 单宁：单宁是让红茶又苦又涩的物质，它存在于葡萄皮、籽以及橡木桶中。单宁能带来发干、发涩、收敛、苦味的感觉。单宁是维持红葡萄酒生命的支

柱。单宁柔顺、成熟度高且丰富的葡萄酒往往产自炎热的气候条件。成熟度低的单宁,即使含量不高,也会有强烈的口干的感觉。舌头的末端对苦味最为敏感,而牙龈则对涩味最为敏感。柔和成熟的单宁赋予葡萄酒的酒体和黏稠度。

④ 酒体:有时也被称作"口感"。人们在谈论和评价葡萄酒时,常常会提到"body"(酒体)这个词。当然,作为一个懂礼貌的人,我们通常不会随便议论他人的"body"(身体)。但在葡萄酒领域,这个词并不用来描述一个人的身材,而是用来描述葡萄酒给口腔带来的一种或轻或重,或淡或稠的感觉。酒体可以分成三类:轻盈酒体、中度酒体和厚重酒体。三者的区别,我们可以通过对比脱脂牛奶、全脂牛奶和奶油的口感来加以联想。

图 3.1－1 酒体的含义

葡萄酒的酒体是由多个因素决定的,包括酒精度、残留糖分、可溶性风味物质(如果胶、酚类、蛋白质等)以及酸度,但最重要的指标是酒精度。那么,为什么酒精对酒体的影响最大呢? 原因是酒精使葡萄酒具有黏度,喝起来有轻重之分。通常,葡萄酒中的酒精含量越高,黏度就越大,酒体也更重,口感也更为丰满。这就是为什么黏度高的葡萄酒酒体更为厚重,而黏度低的葡萄酒酒体更为轻盈。获知一款酒的酒精含量十分容易,我们从酒标上就能知道。一般说来,酒精度低于 12.5% 的葡萄酒,其酒体大多较为轻盈。很多我们描述为口感新鲜,酸脆爽口的白葡萄酒就是这个类别的。例如,雷司令(Riesling)、意大利的普罗塞克(Prosecco)和葡萄牙的绿酒(Vinho Verde)。大部分酒精度为 12.5%～13.5% 的葡萄酒,其酒体趋于中等,例如桃红葡萄酒、勃艮第(Bourgogne)、灰皮诺(Pinot Grigio)和长相思(Sauvignon Blanc)。酒精度高于 13.5% 的葡萄酒,酒体一般较为厚重,例如仙粉黛(Zinfandel)、西拉/设拉子(Syrah/Shiraz)、赤霞珠(Cabernet Sauvignon)、梅洛(Merlot)和马尔贝克(Malbec)等葡萄酒。通常,酒精度高于 13.5% 的葡萄酒多为红葡萄酒,但也有例外,如酒体丰满的霞多丽(Chardonnay)有时酒精度也能达到如此之高。

⑤ 味道特征:口腔中的酒的香味成分通过鼻后腔被感知,这就是葡萄酒的味道特征。许多品酒者可通过双唇吸入空气,啜饮葡萄酒来感受味道特征。描述香气和描述味道特征的词汇基本相同。

⑥ 回味(Length):也被称为余味,指葡萄酒咽下或吐出后,香气在口中持续的时间。长而复杂的香气回味是好葡萄酒的象征。

综上,可以通过表3.3-1来简单概括品酒三部曲(看、闻、尝)的内容,在实践操作过程中,应当在品酒表中做好品酒笔记(参见表3.3-2),便于回顾与总结。

表 3.3-1　葡萄酒品尝方法

葡萄酒品尝			
视觉的观	澄清度	清澈—浑浊	
	颜色深度	淡—中—深	
	颜色	白葡萄酒	柠檬色—金黄—琥珀色
		桃红葡萄酒	粉色—黄红色—橙色
		红葡萄酒	紫红色—宝石红色—石榴红色—红茶色
嗅觉的闻	纯净性	纯净—有缺陷	
	气味浓度	淡—中—浓	
	香味特征	果香—花香—香料—植物—橡木—其他	
味觉的尝	甜度	干—半干—半甜—甜	
	酸度	低—中—高	
	单宁	低—中—高	
	酒体	轻—中—饱满	
	味道特征	果香—花卉—香料—植物—橡木—其他	
	回味长度	短—中—长	
评估	质量	有缺陷—差—可接受—好—很好—特好	

表 3.3-2　品酒表

葡萄酒名称(Wine):	葡萄品种(Grape Variety):
产地(Region/Country)	价格(Price):
年份(Vintage):	品尝日期(Tasting Date):

（续表）

外观（Apperance）：

嗅觉（Smell）：

味觉（Taste/Palate）：

结论及食物搭配（Conclusion and Food Match）：

五、葡萄酒的储存

葡萄酒的储存需要良好的环境，包括：

（1）温度适合，恒温

理想的长期储存温度在 12～13 ℃，还有很重要的一点——葡萄酒的存放温度恒定为最佳。

（2）湿度适合，恒湿

葡萄酒储藏的理想湿度是保持在 70％左右，如果太干可放一盘湿沙用以调整。

（3）避光，过滤紫外线

存酒的地方最好向北，除了避开光线外，亦不要接近有强烈气味的物件，门和窗应选择不透光的材料。

（4）通风，无异味

一般而言十天开一次门让酒柜通风，就可以排除掉二氧化硫，最贴心的设计是加装活性炭的通风循环系统，这样只要每隔两三年换一次活性炭，就可以常保葡萄酒在良好的空气环境中陈放。

（5）防振避震

振动对酒的损害纯粹是物理性的。让其保持"沉睡"状态是最好的。

六、葡萄酒与健康

1. 食物与葡萄酒搭配

搭配有两个主要的原则：(1) 酸的食物搭配高酸度的葡萄酒；(2) 甜的食物搭配甜酒。为了更好地理解和实践这些搭配原则,总结了以下经典搭配：

（1）烤牛肉或牛排,适合搭配浓郁的西哈干红或赤霞珠干红；

（2）白肉或鱼,适合搭配霞多丽或者长相思干白；

（3）甜点或布丁,适合搭配甜白葡萄酒。

2. 葡萄酒与健康

古希腊名医希波克拉底曾说："酒对人类是适当的；无论是病人或是健康人,只要饮量合理"。有关医学研究表明,红葡萄酒的单宁物质对人体健康十分有益,尤其是葡萄酒单宁中的前花青二醇(Procyanidols),它不仅对人类的血管有保护作用,还能保护动脉管壁,防止动脉硬化。喝葡萄酒的益处除了预防心血管疾病外,还有助消化,改善睡眠,美容瘦身,抗癌(白藜芦醇)等功效。葡萄酒应健康饮用,饮用量对于不同的人稍有差别,一般成年女性每天不超过 0.2 升,成年男性不超过 0.3 升葡萄酒。饮酒后,适当喝水,而且饮葡萄酒应配合食物。

参考文献

[1] GB/T 10220—2012 感官分析方法　总论. 北京：中国标准出版社.

[2] GB/T 10221—2012 感官分析　术语. 北京：中国标准出版社.

[3] GB/T 12314—1990 感官分析方法　不能直接感官分析的样品制备准则. 北京：中国标准出版社.

[4] GB/T 12310—2012 感官分析方法　成对比较检验. 北京：中国标准出版社.

[5] GB/T 12311—2012 感官分析方法　三点检验. 北京：中国标准出版社.

[6] GB/T 12312—2012 感官分析　味觉敏感度的测定方法. 北京：中国标准出版社.

[7] GB/T 12313—1990 感官分析方法　风味剖面检验. 北京：中国标准出版社.

[8] GB/T 12315—2008 感官分析方法　排序法. 北京：中国标准出版社.

[9] GB/T 12316—1990 感官分析方法　"A"—"非 A"检验. 北京：中国标准出版社.

[10] GB/T 15549—1995 感官分析　方法学　检测和识别气味方面评价员的入门与培训. 北京：中国标准出版社.

[11] GB/T 16291.1—2012 感官分析选拔、培训和管理评价员一般导则第 1 部分：优选评价员. 北京：中国标准出版社.

[12] GB/T 16291.2—2010 感官分析选拔、培训和管理评价员一般导则第 2 部分：专家评价员. 北京：中国标准出版社.

[13] GB/T 16860—1997 感官分析方法　质地剖面检验. 北京：中国标准出版社.

[14] GB/T 16861—1997. 感官分析　通过多元分析方法鉴定和选择用于建立感官剖面描述词.

[15] GB/T 17321—2012 感官分析方法　二—三点检验. 北京：中国标准出版社.

[16] GB/T 19547—2004 感官分析　方法学　量值估计法. 北京：中国标准出版社.

[17] GB/T 21172—2007 感官分析　食品颜色评价的总则和检验方法. 北京：中国标准出版社.

[18] GB/T 22366—2008 感官分析方法学　采用三点选配法(3－AFC)测定嗅

觉、味觉和风味觉察阈值的一般导则.北京:中国标准出版社.

[19] GB/T 23470.1—2009 感官分析　感官分析实验室人员一般导则第一部分:实验室人员职责.北京:中国标准出版社.

[20] GB/T 23470.2—2009 感官分析　感官分析实验室人员一般导则第二部分:评价小组组长的聘用和培训.北京:中国标准出版社.

[21] Lawless H T,Heymann H 著,王栋译.食品感官评价原理与技术(中文版)[M].北京:中国轻工业出版社,2002.

[22] Herbert Stone.感官评定实践(第三版)(影印版)[M].北京:中国轻工业出版社,2007.

[23] 郭秀艳.实验心理学[M].北京:人民教育出版社,2004.

[24] 韩北忠,童华荣.食品感官评价[M].北京:中国林业出版社,2009.

[25] 李华.葡萄酒品尝学[M].北京:科学出版社,2008.

[26] 李里特.食品物性学[M].北京:中国农业出版社,2001.

[27] 马永强,韩春然,刘静波.食品感官检验[M].北京:化学工业出版社,2005.

[28] 区少梅.食品感官品评学及实习[M].台湾:华格那发行,2003.

[29] 王朝臣.食品感官检验技术项目化教程[M].北京:北京师范大学出版社,2013.

[30] 吴谋成.食品分析与感官评定[M].北京:中国农业出版社,2002.

[31] 逸香国际葡萄酒教育.逸香 ESW 品酒师初级课程教材[M].北京:逸香国际葡萄酒教育出版社,2013.

[32] 余疾风.现代食品感官分析技术[M].四川:四川科学技术出版社,1991.

[33] 张水华,徐树来,王永华.食品感官分析与实验[M].北京:化学工业出版社,2006.

[34] 张晓鸣.食品感官评定[M].北京:中国轻工业出版社,2006.

[35] 赵镭,刘文.感官分析技术应用指南[M].北京:中国轻工业出版社,2011.